建筑工程合同管理

主　编　何　檀　杨喜林
副主编　林　野　陈崇乙
参　编　崔金香　李　丹
　　　　张常明　张成武
主　审　李梅芳

北京理工大学出版社
BEIJING INSTITUTE OF TECHNOLOGY PRESS

内容提要

本书结合建设工程项目中合同管理的实际工作情况，全面介绍建筑工程合同管理方面的知识，共分为 11 个项目，主要内容包括工程合同管理入门，初识《民法典》合同编，工程项目招标投标，建设工程勘察、设计合同，建设工程施工合同，建设工程监理合同，建设工程物资采购合同及其他合同，FIDIC施工合同，工程合同索赔管理，建设工程施工合同争议处理，工程合同风险与保险管理等。

本书可作为高等院校建筑工程工程管理类专业的教材，也可作为建筑工程施工管理人员的学习、培训参考用书。

图书在版编目（CIP）数据

建筑工程合同管理 / 何檀，杨喜林主编 . -- 北京：
北京理工大学出版社，2024.4
　　ISBN 978-7-5763-3963-5

　　Ⅰ.①建…　Ⅱ.①何…②杨…　Ⅲ.①建筑工程－经
济合同－管理－高等学校－教材　Ⅳ.① TU723.1

　　中国国家版本馆 CIP 数据核字（2024）第 093860 号

责任编辑：封　雪　　　　文案编辑：毛慧佳
责任校对：刘亚男　　　　责任印制：王美丽

出版发行 /	北京理工大学出版社有限责任公司
社　　址 /	北京市丰台区四合庄路 6 号
邮　　编 /	100070
电　　话 /	(010) 68914026（教材售后服务热线）
	(010) 68944437（课件资源服务热线）
网　　址 /	http://www.bitpress.com.cn
版 印 次 /	2024 年 4 月第 1 版第 1 次印刷
印　　刷 /	河北鑫彩博图印刷有限公司
开　　本 /	787 mm×1092 mm　1/16
印　　张 /	17
字　　数 /	412 千字
定　　价 /	89.00 元

前　言

在"互联网+教育"的大背景下，本书的编写团队在多年教学与培训经验总结的基础上，以在线精品课程、教育部国家级教学资源库为支撑，按微课与慕课的理念建设配套教学资源（附有图片、动画、视频、习题等），将传统纸质图书与现代数字化教学资源相结合。学生可以扫描书中二维码查看相应资源，从而激发学习兴趣。

合同管理是工程项目管理的主要内容，贯穿项目实施全过程，做好合同管理工作对工程项目管理的顺利进行有重要作用，有助于企业获得较好的社会经济效益。施工阶段是建设项目实体和功能实现的主要阶段，做好工程质量、抓紧时间、控制工程造价、按时拨付工程进度价款是履行合同的具体体现。

本书是工程管理相关专业的重要教材，可以让学生在法律法规的指导下，科学地管理建筑工程合同，维护当事人的权利及社会公众利益，以及促进社会经济的有序、健康发展。学习本书后，学生应能掌握建筑工程合同管理相关法律知识体系，了解建筑工程合同管理的基本概念，熟悉建筑工程合同管理的基本理论，了解建筑工程合同管理的基本方法并具备相应的能力。

本书按照工程管理专业的教学要求并结合我国现行法律法规和现代国际工程法律制度组织编写而成，在内容的选择上考虑了土建工程专业的深度和广度，以"必需、够用"为度，以"讲清概念、强化应用"为重点，深入浅出地介绍了相关知识。

本书由黑龙江建筑职业技术学院何檀、黑龙江农业经济职业学院杨喜林担任主编；由黑龙江建筑职业技术学院林野、陈崇乙担任副主编；黑龙江建筑职业技术学院崔金香、李丹、张常明，黑龙江省建工集团有限责任公司张成武也参与了本书的编写。全书由黑龙江建筑职业技术学院李梅芳主审。具体编写分工为：项目一、项目二、项目三由何檀编写，项目四、项目五、项目六由杨喜林编写，项目七、项目八由何檀、林野、陈崇乙共同编写，项目九、项目十由杨喜林、崔金香、李丹、张常明共同编写，项目十一由何檀、张成武共同编写。

本书虽经推敲核证，但限于编者的专业水平和实践经验，难免存在不妥之处，恳请广大读者批评指正。

编　者

目　录

项目一　工程合同管理入门 ……………1

　任务一　合同 ……………………………1
　　一、合同的概念及其法律特征 ………2
　　二、合同三要素 ……………………2
　　三、合同的类型 ……………………3
　　四、合同的形式 ……………………4
　　五、合同的内容 ……………………5

　任务二　工程合同与工程合同管理 ……7
　　一、工程合同的概念与特征 …………7
　　二、工程合同管理的目的与任务 ……8
　　三、工程合同的类型 ………………10
　　四、工程合同管理的方法和手段 ……11
　　五、工程合同相关法律体系 ………13

　任务三　工程合同管理课程介绍 ………14
　　一、本课程的地位、性质和任务 ……14
　　二、本课程的主要内容与特点 ………14
　　三、本课程的教学要求与方法 ………14

项目二　初识《民法典》合同编 ………16

　任务一　了解《民法典》合同编 ………16
　　一、《民法典》合同编简介 …………17
　　二、合同法律关系 …………………17

　任务二　合同代理与合同担保 …………20
　　一、合同代理 ………………………20
　　二、合同担保 ………………………22

　任务三　合同的订立与成立 ……………28
　　一、要约 ……………………………28
　　二、承诺 ……………………………30
　　三、合同成立的时间与地点 ………31

　任务四　合同的效力与履行 ……………32
　　一、合同的效力 ……………………32
　　二、合同的履行 ……………………37

　任务五　合同的变更、转让与终止 ………42
　　一、合同变更 ………………………43
　　二、合同转让 ………………………43
　　三、合同终止 ………………………44

　任务六　合同违约责任 …………………45
　　一、违约行为 ………………………45
　　二、预期违约 ………………………45
　　三、承担违约责任的条件 …………46
　　四、承担违约责任的方式 …………46

项目三　工程项目招标投标 ……………49

　任务一　招标投标法律制度 ……………50
　　一、建设工程招标投标的概念与分类 …50
　　二、政府行政主管部门对招标投标的
　　　　监督 ……………………………52
　　三、建设工程招标投标原则 …………54

　任务二　建设工程招标 …………………55
　　一、建设工程招标方式及招标方式的
　　　　选择 ……………………………56

二、建设工程招标程序 ……… 57
三、建设工程施工招标文件的编制 ……57 62

任务三　建设工程投标 ……… 67
一、建设工程投标人应具备的条件 …67
二、建设工程投标程序 ……… 68
三、建设工程投标文件的编制 ……… 73
四、建设工程投标报价 ……… 75
五、建设工程投标决策、策略与技巧 …77
六、有关投标人的法律禁止性规定 …81
任务四　工程施工评标办法 ……… 82
一、专家评议法 ……… 82
二、低标价法 ……… 83
三、打分法 ……… 83

项目四　建设工程勘察、设计合同 …86

任务一　建设工程勘察、设计合同概述 …86
一、建设工程勘察、设计合同的概念
　　及特征 ……… 87
二、建设工程勘察、设计合同的分类 …88
三、建设工程勘察合同示范文本 …88
四、建设工程设计合同示范文本 …92
任务二　建设工程勘察、设计合同的订立 …92
一、建设工程勘察合同的订立 …93
二、建设工程设计合同的订立 …95
三、建设工程勘察、设计合同订立的
　　管理 ……… 97
任务三　建设工程勘察、设计合同的履行
**　　管理** ……… 99
一、建设工程勘察合同的履行管理 …99
二、建设工程设计合同的履行管理 …101
三、建设工程勘察、设计合同的索赔 …104
任务四　建设工程勘察、设计合同管理 …105
一、勘察、设计单位的资质审查 …105

二、委托方(监理人)对勘察、设计合同
　　的管理 ……… 108
三、承包方(勘察、设计单位)对合同的
　　管理 ……… 108
四、勘察、设计合同的变更和解除 …110
五、国家有关部门对勘察设计合同的
　　管理 ……… 110

项目五　建设工程施工合同 ……… 112

任务一　建设工程施工合同概述 …113
一、建设工程施工合同的概念、
　　特点 ……… 113
二、建设工程施工合同的作用 …114
三、建设工程施工合同示范文本 …114
任务二　建设工程施工合同的订立、谈判及
**　　履行** ……… 118
一、建设工程施工合同的订立 …118
二、建设工程施工合同的谈判 …120
三、建设工程施工合同的履行 …122
任务三　建设工程施工合同管理 …123
一、建设工程施工合同管理概述 …123
二、建设工程施工合同分析 …126
三、建设工程施工合同实施控制 …128
四、建设工程施工合同变更管理 …131

项目六　建设工程监理合同 ……… 136

任务一　监理合同概述 ……… 137
一、监理合同 ……… 137
二、监理合同示范文本 ……… 139
任务二　监理合同的订立 ……… 140
一、监理合同的范围 ……… 140
二、订立监理合同时的注意事项 …141
任务三　监理合同的履行管理 ……… 142
一、监理人应完成的监理工作 …142

二、合同有效期 ················143

三、委托人与监理人双方的义务 ···143

四、合同生效后监理人的履行 ·····148

五、违约责任 ················148

六、监理合同的酬金 ··········150

七、协调双方关系条款 ········151

项目七　建设工程物资采购合同及其他合同 ················155

任务一　建设工程物资采购合同 ·····155

一、建设工程物资采购合同的特点及分类 ·················156

二、建设工程物资采购合同订立 ···157

三、建设工程物资采购合同履行 ···161

任务二　承揽合同 ················163

一、承揽合同的概念及特点 ······164

二、承揽合同的订立方式 ········164

三、承揽合同的主要条款 ········165

四、承揽合同的履行 ··········165

任务三　技术合同 ················166

一、技术合同的概念及特点 ······166

二、技术合同的种类 ··········167

三、技术合同的主要条款 ········168

四、技术合同的订立方式及原则 ···168

任务四　工程建设中的技术咨询与技术服务合同 ················168

一、工程建设中可纳入技术咨询合同的咨询项目 ·············169

二、工程建设中可纳入技术服务合同范畴的服务项目 ·········169

项目八　FIDIC施工合同 ········171

任务一　FIDIC组织 ··········172

任务二　FIDIC合同条件的实施条件及标准化 ················173

一、FIDIC合同条件的实施条件 ···173

二、FIDIC合同条件的标准化 ·····174

任务三　FIDIC土木工程施工合同条件 ···174

一、施工合同条件文本结构 ······175

二、当事人权利与义务 ········179

三、施工合同条件对质量的控制 ···180

四、施工合同条件对进度的控制 ···182

五、施工合同条件对成本的控制 ···185

六、合同中变更管理 ··········188

七、合同中的风险与保险管理 ·····188

八、合同终止 ················190

九、违约惩罚与索赔 ··········191

任务四　设计采购施工（EPC）/交钥匙工程合同条件 ················193

一、EPC合同条件产生的背景 ·····193

二、合同文本结构 ············194

三、施工管理 ················195

四、合同管理的特点 ··········195

五、工程质量管理 ············197

六、支付管理 ················197

七、进度控制 ················197

八、合同变更 ················198

任务五　FIDIC生产设备和设计—施工合同条件 ················198

一、合同文件 ················199

二、工程质量管理 ············199

三、支付管理 ················200

四、进度控制 ················201

项目九　工程合同索赔管理 ·······203

任务一　建设工程施工索赔概述 ·····203

一、工程索赔的概念 ……………… 204

二、工程索赔的特征 ……………… 204

三、工程索赔的分类 ……………… 205

四、工程索赔的起因 ……………… 207

五、工程索赔的要求 ……………… 209

六、工程索赔的事件 ……………… 209

七、工程索赔事件的发生率 ……… 211

八、工程索赔的依据 ……………… 212

九、工程索赔的证据 ……………… 213

任务二　建设工程施工索赔程序与策略 … 214

一、施工索赔程序 ……………… 214

二、施工索赔策略 ……………… 220

任务三　反索赔 ………………… 221

一、反索赔的定义及种类 ………… 221

二、反索赔的内容 ……………… 222

三、反索赔工作的步骤 …………… 223

四、承包商预防反索赔的措施 …… 224

五、发包人防范索赔的措施 ……… 225

任务四　建设工程施工索赔及计算 … 226

一、工期索赔及计算 ……………… 226

二、费用索赔及计算 ……………… 229

项目十　建设工程施工合同争议
　　　　处理 …………………… 233

任务一　建设工程施工合同常见争议及产生
　　　　原因 …………………… 233

一、建设工程施工合同常见争议 … 234

二、建设工程施工合同争议产生
　　原因 …………………… 235

任务二　建设工程施工合同争议解决
　　　　方式 …………………… 236

一、和解 …………………… 236

二、调解 …………………… 237

三、仲裁 …………………… 238

四、经济诉讼 ……………… 240

任务三　建设工程施工合同的争议管理 … 243

一、有理有礼有节，争取协商调解 … 243

二、重视诉讼、仲裁时效，及时主张
　　权利 …………………… 243

三、全面收集证据，确保客观充分 … 244

四、摸清财务状况，做好财产保全 … 245

五、聘请专业律师，尽早介入争议
　　处理 …………………… 245

项目十一　工程合同风险与保险
　　　　　管理 ………………… 247

任务一　工程风险与风险管理 ………… 248

一、风险与责任的分担 …………… 248

二、风险识别 ……………… 250

三、风险分析 ……………… 251

四、风险评估 ……………… 252

五、风险响应 ……………… 255

六、风险控制 ……………… 257

任务二　工程保险与保险合同管理 ……… 258

一、保险的概念及工程建设涉及的主要
　　险种 …………………… 258

二、保险合同的概念及类型 ……… 261

三、保险决策 ……………… 261

四、保险合同的履行 ……………… 262

五、保险索赔 ……………… 262

参考文献 …………………… 264

项目一　工程合同管理入门

　　某综合办公楼工程，建设单位甲通过公开招标确定承包商乙为中标单位，双方签订了工程总承包合同。由于乙承包商不具有勘察、设计能力，经建设单位甲同意，乙与建设设计院丙签订了工程勘察、设计合同，勘察、设计合同约定由丙对甲的办公楼及附属公共设施提供设计服务，并按勘察、设计合同的约定交付有关的设计文件和资料。随后，乙又与建筑工程公司丁签订了工程施工合同。施工合同约定由丁根据丙提供的设计图纸进行施工。工程竣工时根据国家有关验收规定及设计图纸进行质量验收。合同签订后，丙按时将设计文件和有关资料交付给丁，丁根据设计图纸进行施工。工程竣工后，甲会同有关质量监督部门对工程进行验收，发现工程存在严重质量问题，是设计不符合规范所致。原来是因为丙未对现场进行考察而导致的设计不合理，才给甲带来了重大损失。丙以与甲方没有合同关系为由拒绝承担责任，乙又以自己不是设计人为由推卸责任，甲遂以丙为被告，向法院提起诉讼。

课件：工程合同管理入门

　　工作任务：

　　(1)在本案例中，甲与乙、乙与丙、乙与丁分别签订的合同是否有效？

　　(2)甲以丙为被告向法院提起诉讼是否妥当？为什么？

　　(3)工程中存在严重的责任应如何划分？

职业能力

　　掌握合同的基本要素及形式，能够识别合同的类型，理解合同的内容。

职业道德

　　培养学生的工程招标投标法律意识，增强专业及职业素养，提高学生的综合学习能力。同时让学生明白，知识是从刻苦劳动中得来的，任何成就都是刻苦劳动的结果。同时作为公民和学生，必须遵守国家法律、社会法规和学校规章制度。

任务一　合　同

任务导读

　　合同是适应私有制商品经济的客观要求而出现的，是商品交换在法律上的表现形式。合同是两个以上法律地位平等的当事人意思表示一致的协议。合同以产生、变更或终止债权债务关系为目的，是一种民事法律行为。

任务目标

1. 了解合同的概念及其法律特征。
2. 熟悉合同三要素、合同的类型。
3. 掌握合同形式与合同内容。

知识准备

一、合同的概念及其法律特征

合同又称为"契约"，是双方（或数方）当事人依法订立的有关权利义务的协议，或者说是两人或几人之间、两方或多方当事人之间在办理某事时，为了确定各自的权利和义务而订立的各方共同遵守的协议。

合同具有如下法律特征。

（1）合同本质上是双方一致的意思表示。合同当事人意识外化，互相交流、碰撞，趋向均衡，最终耦合的产物，即"合意"。它表明了三层含义：第一，互相独立的当事人进行交换；第二，这种交换是建立在平等、自愿协商的基础上；第三，合同是协商的结果，反映了当事人共同的真实意志。这些特征使合同关系区别于基于命令与服从产生的行政关系，也是评判合同效力的基本依据。

（2）合同以设立、变更、终止民事权利义务关系为目的。当事人订立合同都有一定的目的和宗旨，这就是说，订立合同都要发生、变更、终止民事权利义务关系。无论当事人订立合同旨在达到何种目的，只要当事人达成的协议依法成立并生效，就会对当事人产生法律约束力，当事人也应该依照法律规定享有法律权利和履行法律义务。

（3）合同双方当事人地位平等。合同当事人，无论是自然人与法人之间、法人与其他组织之间还是自然人与其他组织之间，虽然他们的性质不同，经济实力可能存在差异，但只要他们彼此以合同当事人的身份加入合同法律关系，那么他们就处于平等互利的法律地位。

（4）有效合同受法律保障，具有强制执行力。合同区别于一般的约会、约定，这是因为合同是一种法律行为，能产生相应的法律效果，表现为国家赋予合同的强制执行力，权利必须受到保障，义务必须得到履行，当事人权利义务对等。一方当事人不履行义务时，国家依法保障受害方的利益，依其请求追究违约方的法律责任。

二、合同三要素

各国的合同法规范的都是债权合同，是市场经济条件下规范财产流转关系的基本依据，因此，合同是市场经济中广泛进行的法律行为。任何合同均应具备三大要素，即主体、标的和内容。

1. 主体

合同主体即签约双方的当事人。合同的当事人可以是自然人、法人和其他组织，且合同当事人的法律地位平等，一方不得将自己的意志强加给另一方。依法成立的合同具有法律约束力。当事人应当按照合同约定履行各自的义务，不得擅自变更或解除合同。

2. 标的

合同标的又称客体，是当事人的权利和义务共同指向的对象。如建设工程项目、货物、劳务等，标的应规定明确，切忌含混不清。

3. 内容

合同内容指合同当事人之间的具体权利与义务。合同作为一种协议，其本质是一种合意，必须是两个以上意思表示一致的民事法律行为。因此，合同的缔结必须由双方当事人协商一致才能完成。合同当事人作出的意思表示必须合法，这样才能具有法律约束力。建设工程合同也是如此。即使在建设工程合同的订立中承包人一方存在着激烈的竞争（如施工合同的订立过程中，施工单位的激烈竞争是建设单位进行招标的基础），仍须双方当事人协商一致，且发包人不能将自己的意志强加给承包人。

小提示

> 双方订立的合同即使是协商一致的，也不能违反法律、行政法规，否则合同就是无效的，如施工单位超越资质等级许可的业务范围订立的施工合同就没有法律约束力。

三、合同的类型

合同作为商品交换的法律形式，其类型因交易方式的多样化而不同。合同依据其性质、特点、作用等，有如下分类。

1. 双务合同与单务合同

合同根据其双方当事人的权利和义务分为双务合同与单务合同。双方当事人互负对待给付义务的合同，为双务合同；当事人一方负给付义务，另一方只享有权利的合同，为单务合同。现实生活中的合同大多数为双务合同，如买卖、互易、租赁、承揽等。这类合同的每一方当事人既是债权人，也是债务人，其所享有的权利，正是对方所负的义务，其所负担的义务，正是对方享有的权利。双务合同与单务合同之区分，其意义在于合同履行时适用的规则不同。双务合同有对待给付及同时履行抗辩等规则，而单务合同没有。双务合同一般为诺成合同，单务合同原则上为实践合同。

2. 诺成合同与实践合同

合同根据其成立条件分为诺成合同与实践合同。诺成合同是指以缔约当事人意思表示一致为充分成立条件的合同，即一旦缔约当事人的意思表示达成一致即告成立的合同。实践合同是指除当事人意思表示一致以外尚需交付标的物才能成立的合同。在这种合同中，若仅有当事人的合意，合同尚不能成立，还必须有一方实际交付标的物的行为或其他给付，才能成立合同关系。在实践中，大多数合同为诺成合同，实践合同仅限于法律规定的少数合同，如保管合同、自然人之间的借款合同。

小提示

> 诺成合同与实践合同的主要区别，在于两者成立的要件不同。诺成合同自当事人意思表示一致时即告成立，而实践合同除当事人达成合意之外，尚需交付标的物或完

成其他给付才能成立和生效。因此，在诺成合同中，交付标的物或完成其他给付是当事人的合同义务，违反该义务便产生违约责任；而在实践合同中，交付标的物或完成其他给付只是先合同义务，违反该义务不产生违约责任，但可构成缔约过失责任。

3. 为订约人自己订立的合同与为第三人利益订立的合同

根据订约人订立合同的目的是否为自己谋取利益，合同分为"为订约人自己订立的合同"和"为第三人利益订立的合同"。为订约人自己订立的合同是指当事人为自己享有权利和实现自身利益而订立的合同。为第三人利益订立的合同是指当事人一方不是为自己谋取利益，而是为第三人的利益而订立的合同，这种合同只是为第三人设定权利，获得利益，而不得给第三人设定义务，因此无须征得第三人的同意，如企业为职工投保人身安全保险等。

4. 要式合同与不要式合同

合同根据其成立是否必须符合一定的形式为标准分为要式合同与不要式合同。要式合同是按照法律规定或者当事人约定必须采用特定形式订立方能成立的合同。不要式合同是对合同成立的形式没有特别要求的合同。确认某种合同属于要式合同必须法律有规定或者当事人之间有约定。

5. 主合同与从合同

合同根据其相互间的主从关系分为主合同与从合同。所谓主合同，是指不需要其他合同的存在即可独立存在的合同。例如，对于保证合同来说，设立主债务的合同就是主合同。所谓从合同，就是以其他合同的存在为存在前提的合同，例如保证合同相对于主债务合同而言即为从合同。从合同必须以主合同的存在并生效为前提。主合同不能成立，从合同就不能有效成立；主合同转让，从合同也不能单独存在；主合同被宣告无效或被撤销，从合同也将失去效力；主合同终止，从合同也随之终止。但从合同消灭，通常不影响主合同的法律效力。

6. 总合同与分合同

合同根据隶属关系分为总合同与分合同。总合同是指当事人工作任务跨年度或工作项目跨行业单位，其经济内容具有关联性所签订的总体合同，如建设工程总承包合同、物资设备总经销合同等。分合同是指由总包人与分包人为完成分包的具体工程项目或生产经销任务所签订的合同。分包合同也称执行合同，隶属于总合同或者是总合同的组成部分。

四、合同的形式

合同的形式是指合同当事人双方对合同的内容、条款经过协商，作出共同的意思表示的具体方式。合同的形式可分为口头形式、书面形式和其他形式，公证、审批、登记等则是书面合同的特殊形式。

1. 口头形式

口头形式是指当事人用谈话的方式所订立的合同，如当面交谈、电话联系等。集市的现货交易、商店里的零售等一般采用口头形式。凡当事人无约定、法律未规定必须采用特定形式的合同，均可采用口头形式。对于不能即时结清的合同和标的数额较大的合同，不宜采用口头形式。

2. 书面形式

书面形式是指合同书、信件和数据电文（包括电报、电传、传真、电子数据交换和电子邮件)等可以有形地表现所载内容的形式。随着互联网技术的发展,微信、QQ等已成为人们日常交往的重要载体,有的也可成为书面形式的种类。书面形式的合同有其明显的优势,如有据可查、发生纠纷后易于举证、便于分清责任。因此,那些重要的合同、关系复杂的合同、金额大的合同、不能立即履行的合同最好采取书面形式。

3. 其他形式

其他形式是指采用除书面形式、口头形式以外的方式来表现合同内容的形式,一般包括默示形式和视听资料形式。

默示形式也可称为推定形式,它可以是作为的方式,也可以是不作为的方式。不作为的默示形式只有在法律有规定或者当事人之间有约定的情况下才可以视为意思表示。例如,在试用买卖合同中,试用人可以在试用期限内购买标的物,也可以拒绝购买,但是在试用期限届满时如果对是否购买标的物不做表示,视为合意或者愿意购买。又如在房屋租赁合同期满时,承租人和出租人都不提出合同终止的问题,而且承租人继续支付租金,出租人也继续接受租金,从这种行为可以推断出租人已经同意延长房屋租赁合同的期限。

视听资料形式是以录音、录像等视听手段记载合同内容的形式。

五、合同的内容

合同的内容由当事人约定,这是合同自由的重要体现。《中华人民共和国民法典》(以下简称《民法典》)规定了合同一般应当包括的条款,但具备这些条款不是合同成立的必要条件。建设工程合同也应当包括这些内容,但由于建设工程合同往往比较复杂,合同中的内容往往并不全部体现在狭义的合同文本中,如有些内容反映在工程量表中,有些内容反映在当事人约定采用的质量标准中。

1. 合同当事人

合同当事人指签订合同的各方,是合同的权利和义务的主体。当事人是平等主体的自然人、法人或其他经济组织。但对于具体种类的合同,当事人还应当具有相应的民事权利能力和民事行为能力,例如签订建设工程承包合同的承包商,不仅需要工程承包企业的营业执照(民事权利能力),而且还要有与该工程的专业类别、规模相应的资质许可证(民事行为能力)。

2. 合同标的

合同标的是当事人双方的权利、义务所共同指向的对象。它可能是实物(如生产资料、生活资料、动产、不动产等)、行为(如工程承包、委托)、服务性工作(如劳务、加工)、智力成果(如专利、商标、专有技术)等。如工程承包合同,其标的是完成工程项目。标的是合同必须具备的条款,无标的或标的不明确,合同是不能成立的,也无法履行。

小提示

> 合同标的是合同最本质的特征,而合同通常是按照标的物分类的。

3. 数量

数量是衡量合同标的多少的尺度,以数字和计量单位表示。没有数量或数量的规定不明确,就无法确定当事人双方权利义务的多少、合同是否完全履行。数量必须严格按照国家规定的法定计量单位填写，以免当事人产生不同的理解。施工合同中的数量主要体现的是工程量的大小。

4. 质量

质量是标的的内在品质和外观形态的综合指标。签订合同时，必须明确质量标准。合同对质量标准的约定应当是准确而具体的，对于技术上较为复杂的和容易引起歧义的词语、标准，应当加以说明和解释。对于强制性的标准，当事人必须执行，合同约定的质量不得低于该强制性标准。对于推荐性的标准，国家鼓励采用。当事人没有约定质量标准的，如果有国家标准，则依国家标准执行；如果没有国家标准，则依行业标准执行；如果没有行业标准，则依地方标准执行；如果没有地方标准，则依企业标准执行。因为建设工程中的质量标准大多是强制性的质量标准，所以当事人的约定不能低于这些强制性的标准。

5. 价款或者报酬

价款或者报酬是当事人一方向交付标的的另一方支付的货币。标的物的价款由当事人双方协商，但必须符合国家的物价政策，劳务酬金也是如此。合同条款中应写明有关银行结算和支付方法的条款。价款或者报酬在勘察、设计合同中表现为勘察、设计费，在监理合同中体现为监理费，在施工合同中则体现为工程款。

6. 合同期限和履行地点

合同期限是指履行合同的期限，即从合同生效到合同结束的时间。履行地点指合同标的物所在地，如以承包工程为标的的合同，其履行地点是工程计划文件所规定的工程所在地。因为一切经济活动都是在一定的时间和空间上进行的，离开具体的时间和空间，经济活动是没有意义的，所以合同中应非常具体地规定合同期限和履行地点。

7. 违约责任

违约责任即合同一方或双方因过失不能履行或不能完全履行合同责任而侵犯了另一方权利时所应负的责任。违约责任是合同的关键条款之一。没有规定违约责任，则合同对双方难以形成法律约束力，难以确保圆满地履行，发生争执也难以解决。

📄案例

承包人和发包人签订了物流货物堆放场地平整工程合同，规定工程按×市工程造价管理部门颁布的综合价格进行结算。在履行合同过程中，因发包人未解决好征地问题，导致承包人7台推土机无法进入场地，窝工200天，致使承包人没有按期交工。经发包人和承包人口头交涉，在征得承包人同意的基础上按承包人实际完成的工程量变更合同，并商定按"冶金部××省某厂估价标准机械化施工标准"结算。工程完工结算时因为窝工问题和结算依据发生争议。承包人起诉，要求发包人承担全部窝工责任并坚持按第一次合同规定的计价依据和标准办理结算，而发包人在答辩中要求承包人承担延期交工责任。法院经审理判决第一个合同有效，第二个口头交涉的合同无效，工程结算的依据应当以双方第一次签订的合同为准。

分析：

本案例的关键在于如何确定工程结算计价的依据，即当事人所订立的两份合同哪个有效。依《民法典》第七百八十九条中"建设工程合同应当采用书面形式"的规定，建设工程合同的有效要件之一是书面形式，而且合同的签订、变更或解除，都必须采取书面形式。本案例中的第一个合同是有效的书面合同，而第二个合同是口头交涉而产生的口头合同，并未经书面固定，属于无效合同。所以，法院判决第一个合同为有效合同。

任务二　工程合同与工程合同管理

任务导读

　　工程建设对国家的经济发展、公民的工作和生活都有重大的影响，因此，国家对建设工程的计划和程序都有严格的管理制度。工程合同的订立和履行还必须符合国家关于工程建设程序的规定。合同管理是工程管理的核心，对工程项目实施起总的控制和保障作用；依法加强合同管理，可以保障建筑市场的资金、材料、技术、信息、劳动力的管理。

任务目标

　　1. 了解合同的概念及特征、工程合同管理的目的与任务。

　　2. 熟悉工程合同的类型，掌握工程合同管理的方法和手段。

　　3. 熟悉工程相关法律体系。

知识准备

一、工程合同的概念与特征

　　工程合同是指承包人进行工程的勘察、设计、施工等，由发包人支付相应价款的合同。

　　工程合同的双方当事人分别称为承包人和发包人。承包人是指在工程合同中负责工程的勘察、设计、施工任务的一方当事人；发包人是指在工程合同中委托承包人进行工程的勘察、设计、施工任务的一方当事人。在工程合同中，承包人主要的义务是进行工程的勘察、设计、施工等工作；发包人主要的义务是向承包人支付相应的价款。

　　工程合同具有下列特征。

1. 合同主体的严格性

　　工程合同主体一般是法人。发包人一般是经过批准进行工程项目建设的法人，必须有国家批准建设项目，落实的投资计划，并且应当具备相应的协调能力。承包人则必须具备法人资格，而且应当具备相应的从事勘察、设计、施工、监理等资质。无营业执照或无承包资质的单位不能作为建设工程合同的主体，资质等级低的单位不能越级承包建设工程。

2. 合同标的的特殊性

　　工程合同的标的是各类建筑产品。建筑产品是不动产，其基础部分与大地相连，不能移动。这就决定了每个工程合同的标的都是特殊的，具有不可替代性。其还决定了承包人工作的流动性。建筑物所在地就是勘察、设计、施工生产的场地，施工队伍、施工机械必须围绕建筑产品不断移动。另外，建筑产品的类别庞杂，其外观、结构、使用目的、使用人都各不相同，这就要求每一个建筑产品都需单独设计和施工(即使可重复利用标准设计或重复使用图纸，也应采取必要的修改设计才能施工)，即建筑产品是单体性生产，这也决定了工程合同标的的特殊性。

3. 合同履行期限的长期性

工程由于结构复杂、体积大、建筑材料类型多、工作量大，合同履行期限都较长。与一般工业产品的生产相比，工程合同的订立和履行一般都需要较长的准备期。在合同的履行过程中，还可能因为不可抗力、工程变更、材料供应不及时等原因而导致合同期限顺延。所有这些情况，决定了工程合同的履行期限具有长期性。

4. 计划和程序的严格性

工程建设对国家的经济发展、公民的工作和生活都有重大的影响，因此，国家对建设工程的计划和程序都有严格的管理制度。订立工程合同必须以国家批准的投资计划为前提，即使是国家投资以外的、以其他方式筹集的投资，也要受到当年的贷款规模和批准限额的限制，纳入当年投资规模的平衡，并经过严格的审批程序。工程合同的订立和履行还必须符合国家关于工程建设程序的规定。

二、工程合同管理的目的与任务

1. 发展和完善社会主义建筑市场经济

《中华人民共和国宪法》规定，"国家实行社会主义市场经济""国家加强经济立法，完善宏观调控"。因此，我国经济体制改革的目标是建立社会主义市场经济，以利于进一步解放和发展生产力，增强经济实力，参与国际大市场经济活动。建立社会主义市场经济体制，也是作为我国国民经济支柱产业之一的建筑业的体制改革不断发展的要求和基本目标。因此，培育和发展建筑业市场，是我国建筑业系统建立社会主义市场经济体制的一项十分重要的工作。

在我国，建立社会主义市场经济，就是要建立完善的社会主义法制经济。《中华人民共和国建筑法》（以下简称《建筑法》）第一条规定："为了加强对建筑活动的监督管理，维护建筑市场秩序，保证建筑工程的质量和安全，促进建筑业健康发展，制定本法。"此规定也即建设工程合同管理的根本目的。在工程建设领域，首先要加强建筑市场的法制建设、健全建筑市场法规体系，以保障建筑市场的繁荣和建筑业的发达。欲达到此目的，必须加强对工程建设合同的法律调整和管理，贯彻落实《民法典》《中华人民共和国招标投标法》（以下简称《招标投标法》）《建筑法》等有关法律、行政法规，推行建设工程施工合同示范文本制度，以保证建设工程合同订立的合法性、全面性、准确性和完整性，依法严格地履行合同，并强化工程项目承发包双方及有关第三方的合同法律意识，认真做好建设工程合同管理工作。

2. 建立现代企业制度

建立现代企业制度是发展社会化大生产和市场经济的必然要求，是将公有制与市场经济相结合的有效途径，是国有企业改革的方向。现代企业制度的建立，对企业提出了新的要求，企业应当依据《中华人民共和国公司法》（以下简称《公司法》）的规定，遵循"自主经营、自负盈亏、自我发展、自我约束"的原则去发展，这就促使建筑企业必须认真地、更多地考虑市场的需求变化，调整企业发展方向和工程承包经营方式，依据《招标投标法》的规定，通过工程招标投标、签订建设工程合同来实现与其他企业、经济组织在工程项目建设活动中的协作与竞争。

建设工程合同是项目法人单位与建筑企业进行工程承发包的主要法律形式，是进行工程施工、监理和验收的主要法律依据，是建筑企业走上市场的桥梁和纽带。订立和履行建设工程合同，直接关系到建设单位和建筑企业的根本利益。因此，加强建设工程合同管理，已成为推行现代企业制度的重要内容。

3. 规范建筑市场主体、市场价格和市场交易

建立完善的建筑市场体系和有形的建筑市场，是一项经济法制建设工程。它要求在法律上对建筑市场主体、市场价格和市场交易等方面的经济关系加以调整。

(1)建筑市场主体。建筑市场主体进入建筑市场进行交易，其目的就是开展和实现工程项目承发包活动，即建立工程建设项目合同法律关系。欲达到此目的，有关各方主体必须具备和符合法定主体资格，也即具有订立建设工程合同的权利能力和行为能力，方可订立建设工程承包合同。

(2)建筑市场价格。建筑产品价格是市场经济中的一种特殊商品价格。在我国，正在逐步建立"政府宏观指导，企业自主报价，竞争形成价格，加强动态管理"的建筑市场价格机制。因此，建筑市场主体必须依据有关规定，通过招标投标竞争，运用合同形式，调整彼此之间的建筑产品合同价格管理关系。

(3)建筑市场交易。建筑市场交易，是指建筑产品的交易通过工程建设项目招标投标的市场竞争活动，最后采用订立建设工程合同的法定形式确定，在此过程中，建筑市场主体应当依据《招标投标法》和《民法典》的规定行事，方能形成有效的建设工程合同法律关系。

4. 加强合同管理，提高建设工程合同履约率

牢固树立合同法制的观念，加强工程建设项目合同管理，必须从项目法人、项目经理、工程师做起，坚决执行《民法典》和建设工程合同相关行政法规，以及"合同示范文本"制度。严格按照法定程序签订建设工程项目合同，防止论证不足、资金不足、"欺骗工程"、"首长工程"合同和转包合同等违法违规现象的出现，努力做到"步步为营"地履行工程建设项目合同文本的各项条款，就可以大幅提高工程建设项目合同的履约率。

在建设工程合同文本中，对当事人各方的权利、义务和责任做了明确、完善的规定和约定，可操作性强，从而防止由当事人主观上的疏漏和外来因素带来的干扰，有利于合同的正常履行，还可预防违约现象的出现并防止纠纷的发生，从而保证工程建设项目的顺利建成。

5. 加强建设工程合同管理，努力开拓国际建筑市场

在 21 世纪的今天，国际工程市场日益扩大，建筑业得到蓬勃和迅猛发展，各国承包商都在密切注视和分析跨国工程承包动态和信息，从而形成了国际工程建设市场竞争十分激烈的局面。此外，随着我国经济体制的进一步深化改革，世界银行、亚洲开发银行等国际银行贷款成为我国吸引外资进行国家经济建设的重要建设资金渠道。但由于世界银行贷款的某些规定和国际惯例与我国的传统运作方式有很大区别，为我国建筑业进入国际工程承包市场和开放国内工程发包市场提出了新的课题。

发展我国建筑业，努力提高其在国际建筑工程市场中的份额，十分有利于发挥我国建筑工程的技术优势和人力资源优势，进而推动国民经济的迅速发展。在开拓和开放国际工程承发包活动中，我们贯彻"平等互利，形式多样，讲求实效，共同发展"的经济合作方针和"守约、保质、薄利、重义"的经营原则，在国际工程承包市场上树立了信誉，并学习了先进的工程管理经验。

我国实行改革开放的方针以来，建筑业和工程承包活动出现了新局面，但是，对于现代工程管理的科学知识和经验，我们尚不完全熟悉，特别是对于国际工程承包市场中的工

程招标投标与合同管理知识和技能，我们有待于进一步掌握。此外，熟悉世界银行的有关规则，引用国际通用合同文本，努力提高工程合同管理人员的素质，对"开拓和开放"工程建设市场，发展建筑业，为国家创汇和节省建设资金，全面提高工程管理水平具有重要意义。

三、工程合同的类型

1. 按工程合同的任务分类

(1)勘察设计合同。建设项目勘察设计合同是指业主与勘察、设计单位为完成一定的勘察设计任务，明确双方权利义务关系而达成的协议。

(2)施工合同。施工合同是指建筑工程承包合同，它是建设项目的主要合同。施工合同具体是指具有一定资格的业主(业主或总承包单位)与承包商(施工单位或分包单位)为完成建筑工程的施工任务，明确双方权利义务关系而达成的协议。

(3)监理合同。监理合同是指业主(委托方)与监理咨询单位为完成某一工程项目的监理服务，规定并明确双方的权利、义务和责任关系而达成的协议。建设工程委托监理合同是指委托人与监理人对工程建设参与者的行为进行监督、控制、督促、评价和管理而达成的协议。监理合同的主要内容包括监理的范围和内容、双方的权利与义务、监理费的计取与支付、违约责任、双方约定的其他事项等。

(4)物资采购合同。建设项目物资采购合同是指具有平等民事主体的法人与其他经济组织之间为实现建设物资的买卖，通过平等协商，明确相互权利义务关系而达成的协议。它实质上是一种买卖合同。

2. 按承发包的不同范围和数量分类

按承发包的不同范围和数量进行划分，建设工程合同可以分为建设工程总承包合同、建设工程承包合同、建设工程分包合同。发包人将工程建设的全过程发包给一个承包人的合同即为建设工程总承包合同。发包人如果将建设工程的勘察、设计、施工等的每一项分别发包给一个承包人的合同即为建设工程承包合同。经合同约定和发包人认可，从工程承包人承包的工程中承包部分工程而订立的合同即为建设工程分包合同。

3. 按承包工程计价方式分类

(1)总价合同。

1)固定总价合同：指合同双方以招标时的图纸和工程量等说明为依据，承包商按投标时业主接受的合同价格承包实施，并一笔包死。采用这种合同形式，承包商要考虑承担合同履行过程中的主要风险，因此投标报价一般较高。

2)可调整总价合同：其与固定总价合同基本相同，但合同期较长(1年以上)，只是在固定总价合同的基础上，增加合同履行过程中因市场价格浮动等因素对承包价格调整的条款。

3)固定工程量总价合同：其是指在工程量报价单内，业主按单位工程及分项工作内容列出实施工程量，承包商分别填报各项内容的费用单价，然后汇总算出总价，并据以签订合同。合同内原定工作内容全部完成后，业主按总价支付给承包商全部费用。

(2)单价合同。单价合同是指承包商按工程量报价单内分项工程内容填报单价，以实际完成工程量乘以所报单价计算结算款的合同。承包商所填报的单价应为包括各种摊销费用的综合单价，而非直接费用单价。

1)估计工程量单价合同：承包商在投标时以工程量报价单中开列的工作内容和估计工程量填报相应的单价后，累计计算合同价，此时的单价应为计及各种摊销费用后的综合单价，即成品价，不再包括其他费用项目。合同履行过程中以实际完成工程量乘以单价作为支付和结算依据，这种合同方式合同双方较为合理地分担了合同履行过程中的风险。

2)纯单价合同：采用该合同往往会引起结算过程中的麻烦，甚至导致合同争议。

3)单价与包干混合合同：是总价合同与单价合同的一种结合形式。对内容简单、工程量准确的部分，采用总价合同方式承包；对技术复杂、工程量为估算值的部分采用单价合同方式承包。

（3）成本加酬金合同。成本加酬金合同将工程项目的实际投资划分为直接成本费和承包商完成工作后应得酬金两部分。实施过程中发生的直接成本费由业主实报实销，另按合同约定的方式付给承包商相应的报酬。成本加酬金合同大多适用于边设计边施工的紧急工程或灾后修复工程，以邀请招标方式与承包商签订合同。在签订合同时，业主还提供不出可供承包商准确报价的详细资料，因此，合同内只能采用商定酬金的计算方法。

小提示

> 按酬金的计算方式不同，成本加酬金合同又可分为成本加固定百分比酬金合同、成本加固定酬金合同、成本加浮动酬金合同、目标成本加奖罚合同四种类型。

四、工程合同管理的方法和手段

（一）健全工程合同管理法规并依法管理

在培育和发展社会主义市场经济活动中，要根据"依法治国"的方针，充分发挥运用法律手段调整和促进建筑市场正常运行的重要作用。在工程建设管理活动中，确保将工程建设项目可行性研究、工程项目报建、工程建设项目招标投标、工程建设项目承发包、工程建设项目施工和竣工验收等活动纳入法制轨道。增强发包方和承包方的法制观念，保证工程建设项目的全部活动依据法律和合同办事。

《建筑法》是我国经济法的重要组成部分。它是作为我国国民经济支柱产业之一的建筑业的基本法。制定和颁布《建筑法》有助于建立健全我国工程建设法规体系，完善工程建设各项合同管理法规，是培育和发展我国建筑市场经济的客观要求和法律保障。

在建立健全建设工程合同管理法律规范的过程中，各级建设行政主管机关应当在组织学习国家法律和行政法规的基础上，做好制定各地建设工程合同管理规章等配套工作，严格遵照"统一性、严肃性和法定程序的原则"行事。

（二）建立和发展有形建筑市场

建立完善的社会主义市场经济体制，发展我国建设工程发包承包活动，必须建立和发展有形的建筑市场。有形建筑市场必须具备三个基本功能，及时收集、存储和公开发布各类工程信息，为工程交易活动（包括工程招标、投标、评标、定标和签订合同）提供服务，以便政府有关部门行使调控、监督的职能。国务院相关部门对合同管理的职责如下。

（1）原国家工商行政管理总局：组织管理经济合同，组织规范管理各类市场的经营秩序，组织实施经济合同行政监督，组织查处合同欺诈。

（2）住房和城乡建设部：指导和规范全国建设市场，拟订规范建设市场各方主体的市场行为，以及工程招标投标、建设监理、建筑安全生产、建筑工程质量、合同管理和工程风险的规章制度，并监督执行。

（三）建立工程合同管理评估制度

合同管理制度是合同管理活动及其运行过程的行为规范，合同管理制度是否健全是合同管理的关键所在。因此，建立一套对建设工程合同管理制度有效性的评估制度是十分必要的。

建设工程合同管理评估制度具有以下特性：①合法性，指工程合同管理制度符合国家有关法律法规的规定；②规范性，指工程合同管理制度具有规范合同行为的作用，对合同管理行为进行评价、指导、预测，对合法行为进行保护奖励，对违法行为进行预防、警示或制裁等；③实用性，指建设工程合同管理制度能适应建设工程合同管理的要求，以便操作和实施；④系统性，指各类工程合同的管理制度是一个有机结合体，互相制约、互相协调，在建设工程合同管理中，能够发挥其整体效应的作用；⑤科学性，指建设工程合同管理制度能够正确反映合同管理的客观经济规律，保证人们运用客观规律进行有效的合同管理。

（四）推行合同管理目标制

合同管理目标制，是各项合同管理活动应达到的预期结果和最终目的。建设工程合同管理的目的是项目法人通过自身在工程项目合同的订立和履行过程中所进行的计划、组织、指挥、监督和协调等工作，促使项目内部各部门、各环节互相衔接、密切配合，验收合格的工程项目；也是保证项目经营管理活动顺利进行，提高工程管理水平，增强市场竞争能力，高质量、高效益满足社会需要，更好地发展和繁荣建筑业市场经济的要求。

合同目标管理的过程是一个动态过程，它是指工程项目合同管理机构和管理人员为实现预期的管理目标，运用管理职能和管理方法对工程合同的订立和履行行为实施管理活动的过程。其全过程包括下列几方面。

1. 合同订立前的管理

合同签订意味着合同生效和全面履行，所以必须采取谨慎、严肃、认真的态度，做好签订前的准备工作，具体内容包括市场预测、资信调查和决策，以及订立合同前行为的管理。

2. 合同订立时的管理

合同订立阶段，意味着当事人双方经过工程招标投标活动，充分酝酿、协商一致，从而建立起建设工程合同法律关系。订立合同是一种法律行为，双方应当认真、严肃地拟订合同条款，做到合同合法、公平、有效。

3. 合同履行中的管理

合同依法订立后，当事人应认真做好履行过程中的组织和管理工作，严格按照合同条款，享有权利和承担义务。

4. 合同发生纠纷时的管理

合同资料是重要的、有效的法定证据，在履行合同时，当事人之间可能会发生纠纷，当争议纠纷出现时，有关双方首先应从整体、全局利益的目标出发，做好有关的合同管理工作，以利于纠纷的解决。

（五）合同管理机关严肃执法

建设工程合同法律、行政法规，规范建筑市场主体的行为准则。在培育和发展我国建筑市场的初级阶段，具有法制观念的建筑市场参与者能够学法、守法，依据法律法规进入建筑市场，签订和履行工程建设合同，维护其合法权益。

由于我国社会主义市场经济尚处于完善阶段，特别是建筑市场，因其具有领域宽、规模大、周期长、流动广、资源配置复杂等特点，依法治理的任务十分艰巨。在建设工程合同管理活动中，合同管理机关运用动态管理的科学手段，实行必要的"跟踪"监督，可以大大提高工程管理的水平。

工商行政管理机关和建设工程合同主管机关，应当依据《民法典》《建筑法》《招标投标法》《中华人民共和国反不正当竞争法》（以下简称《反不正当竞争法》）、《建筑市场管理规定》等法律、行政法规严肃执法，整顿建筑市场秩序，严厉打击工程承发包活动中的违法犯罪活动。

当前，建筑市场中利用签订建设工程合同进行欺诈的违法活动时有发生，其主要表现形式如下：无合法承包资格的一方当事人与另一方当事人签订工程承发包合同，骗取预付款或材料费；虚构建筑工程项目预付款；本无履约能力，弄虚作假，蒙骗他人签订合同，或是约定难以完成的条款，当对方违约之后，向其追偿违约金等。对因上述违法行为而引发的严重工程质量事故或造成其他严重经济损失的，应依法追究责任者的经济责任、行政责任，构成犯罪的依法追究其刑事责任。

（六）推行合同示范文本制度

推行合同示范文本制度，一方面，有助于当事人了解、掌握有关法律、法规，使具体实施项目的建设工程合同符合法律法规的要求，避免缺款少项，防止出现显失公平的条款，也有助于当事人熟悉合同的运行；另一方面，有利于行政管理机关对合同的监督，有助于仲裁机构或者人民法院及时裁判纠纷，维护当事人的利益。使用标准化的范本签订合同，对完善建设工程合同管理制度起到了极大的推动作用。

五、工程合同相关法律体系

(1)《中华人民共和国民法典》——必须适用。

(2)住房和城乡建设部与国家工商行政管理总局联合颁布：《建设工程施工合同（示范文本)》《建设工程勘察合同（示范文本)》《建设工程设计合同（示范文本)》《建设工程监理合同（示范文本)》，以上示范文本尽管不是法律法规，只是推荐使用的文本，对于当事人无强制性，但对减少合同争议，完善合同管理起到了极大的推动作用。

(3)建设工程相关法律体系。

1)基本法律和规范市场经济流转的基本法律——《民法典》。

2)规范建筑市场工程采购的主要法律——《招标投标法》。

3)规范建筑活动的基本法律——《建筑法》。

4)合同订立履行中需提供担保的法律——《民法典》。

5）合同订立履行中需提供投保的法律——《保险法》。

6）建设合同工程合同中需要建立劳动关系的法律——《劳动法》。

7）合同需要公证的法律——《公证法》。

8）合同履行中发生争议，当事人之间有仲裁协议的法律——《仲裁法》。

9）合同履行中发生争议，当事人之间没有仲裁协议的法律——《民事诉》。

任务三　工程合同管理课程介绍

任务导读

本任务介绍了工程合同管理相关内容，使学生对学习安排有所了解。

任务目标

1. 了解本课程的地位、性质和任务。
2. 熟悉本课程的主要内容与特点。
3. 掌握本课程的教学要求与方法。

知识准备

一、本课程的地位、性质和任务

工程合同管理课程是工程管理本科专业必修的专业主干课程，也是学生形成专业核心能力的重要课程。

工程合同管理课程的主要任务是使学生掌握合同法及其相关的基本理论和方法，工程招标投标的制度和基本方法；使学生熟悉建设工程所涉及的各类合同的示范文本（包括工程监理合同、勘察设计合同、施工合同、FIDIC合同等）的主要内容；使学生掌握合同签订及合同管理相关理论知识与方法；使学生掌握工程索赔的理论与方法，并能运用所学知识解决工程合同管理中的实际问题。

二、本课程的主要内容与特点

工程合同管理课程主要包括合同管理基础知识、合同法及相关理论、工程项目招标投标、建设工程涉及的各类合同管理、工程风险与保险、工程索赔、反索赔及索赔管理等内容。本课程具有如下特点：①综合性强。本课程涉及工程管理、工程造价、工程技术、工程法律等知识体系，对学生的综合能力要求较高。②政策性强。本课程同国家政策法规紧密相关，因此教学课程内容需要及时更新。③实践性强。本课程的实践性比较强，对学生应用理论知识解决实际问题能力的要求比较高。

三、本课程的教学要求与方法

工程合同管理是一门实践性很强的专业课程，必须坚持理论联系实际，注重培养学生实践能力。因此，在本课程的教学过程中，教师绝不能照本宣科，一定要采取灵活多样的教学方法、采纳与实际紧密结合的案例分析，充分调动学生的积极性，除了为学生建立系统的理论基础平台外，还要培养学生独立思考、独立分析和合理解决问题的能力，只有这样才能取得理想的教学效果。

项目小结

本项目主要介绍了合同的概念、法律特征、三要素、类型、形式、内容，工程合同的概念、特征、管理目的与任务、类型、管理方法和手段、相关法律体系，本课程的地位、性质、任务、主要内容、特点、教学要求、方法等内容。通过本项目的学习，学生可对工程合同管理有初步的认识，为日后的学习打下基础。

课后练习

1. 简述合同的法律特征。
2. 诺成合同与实践合同有哪些区别？
3. 什么是工程合同？
4. 简述工程合同的类型。

项目二　初识《民法典》合同编

项目引例

某工程项目建设单位与某设计单位达成口头协议，由设计单位在 3 个月之内提供全套施工图纸。之后又与某施工单位签订了施工合同。半个月后，设计单位以设计费过低为由要求提高设计费，并提出如果建设单位表示同意，双方立即签订书面合同；否则，设计单位将不能按期提供图纸。建设单位表示反对，声称如果设计单位到期不履行协议，将向法院起诉。

课件：初识
《民法典》合同编

工作任务：在此例中，双方当事人签订的合同有无法律效力？为什么？

职业能力

能够正确签订合同，能够识别合同是否有效，能够正确完成合同的履行、变更、终止，能够正确完成合同的鉴证与公证，能够正确处理合同履行过程中出现的违约及争议情况。

职业道德

培养学生的流程意识；并养成细致、严谨、全面分析决策的职业习惯。引导学生做人做事须遵守国家法律及企业规章制度。

任务一　了解《民法典》合同编

任务导读

《民法典》被称为"社会生活的百科全书"，与我们的生活息息相关、密不可分。

任务目标

1. 了解《民法典》合同编；熟悉合同法律关系主体、合同法律关系客体。
2. 掌握合同法律关系的产生、变更与消灭。

一、《民法典》合同编简介

合同法是世界各国民事法律的重要组成部分，也是我国现阶段依法管理经济的重要法律。在 1999 年之前，我国没有一部统一的合同法。1999 年 3 月 15 日，第九届全国人民代表大会第二次会议通过了《合同法》，并自 1999 年 10 月 1 日起施行。由此，我国有了一部统一的合同法，它在保护当事人的合法权益、维护社会经济秩序、促进社会主义现代化建设方面，起到了重要的作用。2021 年 1 月 1 日，《民法典》开始施行，《合同法》随即废止。《民法典》第三编为"合同"，分为 3 个分编、29 章、526 条，对合同的订立、效力、履行、保全、转让、终止、违约责任等进行了规定。合同编是《民法典》中内容最广泛、体系最庞杂的一篇，既体现合同制度作为交易基本规则在民商事活动及日常生活中的重要性，也充分说明了合同法律制度在民法体系中的重要地位。

《民法典》在《合同法》规定的原 15 种有名合同的基础上，增加了保证合同、保理合同、物业服务合同、合伙合同 4 种合同，并将《合同法》中的"居间合同"更名为"中介合同"。《民法典》规定的 19 种有名合同分别是：①买卖合同；②供用电、水、气、热力合同；③赠予合同；④借款合同；⑤保证合同；⑥租赁合同；⑦融资租赁合同；⑧保理合同；⑨承揽合同；⑩建筑工程合同；⑪运输合同；⑫技术合同；⑬保管合同；⑭仓储合同；⑮委托合同；⑯物业服务合同；⑰行纪合同；⑱中介合同；⑲合伙合同。

二、合同法律关系

法律关系是一定的社会关系在相应的法律规范的调整下形成的权利义务关系。法律关系的实质是法律关系主体之间存在的特定权利义务关系。合同法律关系是一种重要的法律关系，是指由合同法律规范所调整的、在民事流转过程中所产生的权利义务关系。

（一）合同法律关系的构成

合同法律关系由合同法律关系主体、合同法律关系客体、合同法律关系内容构成，缺少其中任何一个要素都不能构成合同法律关系，改变其中任何一个要素就改变了原来设定的法律关系。

1. 合同法律关系主体

合同法律关系主体是参加合同法律关系，享有相应权利、承担相应义务的自然人、法人和其他组织为合同当事人。

（1）自然人。自然人是指基于出生而成为民事法律关系主体的有生命的人。作为合同法律关系主体的自然人必须具备相应的民事权利能力和民事行为能力。民事权利能力是民事主体依法享有民事权利和承担民事义务的资格。自然人的民事权利能力始于出生，终于死亡。民事行为能力是民事主体通过自己的行为取得民事权利和履行民事义务的资格。根据自然人的年龄和精神健康状况，可以将自然人分为完全民事行为能力人、限制民事行为能力人和无民事行为能力人。自然人既包括公民，也包括外国人和无国籍的人，他们都可以作为合同法律关系的主体。

(2)法人。法人是具有民事权利能力和民事行为能力，依法独立享有民事权利和承担民事义务的组织。法人是与自然人相对应的概念，是法律赋予社会组织具有人格的一项制度。这一制度为确立社会组织的权利、义务以及便于社会组织独立承担责任提供了基础。

法人应当具备以下条件。

1)依法成立。法人不能自然产生，它的产生必须经过法定的程序。法人的设立目的和方式必须符合法律的规定，设立法人必须经过政府主管机关的批准或者核准登记。

2)有必要的财产或者经费。有必要的财产或者经费是法人进行民事活动的物质基础，它要求法人的财产或者经费必须与法人的经营范围或者设立目的相适应，否则不能被批准设立或者核准登记。

3)有自己的名称、组织机构和场所。法人的名称是法人相互区别的标志和法人进行活动时使用的代号。法人的组织机构是指对内管理法人事务、对外代表法人进行民事活动的机构。法人的场所则是法人进行业务活动的所在地，也是确定法律管辖的依据。

4)能够独立承担民事责任。法人必须能够以自己的财产或者经费承担在民事活动中的债务，在民事活动中给其他主体造成损失时能够承担赔偿责任。

小提示

> 法人的法定代表人是自然人，自然人依照法律或者法人组织章程的规定，代表法人行使职权。法人以其主要办事机构所在地为住所。

法人可以分为企业法人和非企业法人两大类，非企业法人包括行政法人、事业法人、社团法人。企业法人依法经工商行政管理机关核准登记后取得法人资格。企业法人分立、合并或者有其他重要事项变更时，应当向登记机关办理登记并公告。企业法人分立、合并，它的权利和义务由变更后的法人享有和承担。有独立经费的机关从成立之日起，具有法人资格。具有法人条件的事业单位、社会团体，依法不需要办理法人登记的，从成立之日起，具有法人资格；依法需要办理法人登记的，经核准登记，取得法人资格。

(3)其他组织。法人以外的其他组织也可以成为合同法律关系主体，主要包括法人的分支机构，不具备法人资格的联营体、合伙企业、个人独资企业等。这些组织应当是合法成立、有一定的组织机构和财产，但又不具备法人资格的组织。其他组织与法人相比，其复杂性在于民事责任的承担较为复杂。

2. 合同法律关系客体

合同法律关系客体是指参加合同法律关系的主体享有的权利和承担的义务所共同指向的对象。合同法律关系客体主要包括物、行为、智力成果。

(1)物。法律意义上的物是指可为人们控制并具有经济价值的生产资料和消费资料，可以分为动产和不动产、流通物与限制流通物、特定物与种类物等。如建筑材料、建筑设备、建筑物等都可能成为合同法律关系客体。货币作为一般等价物也是法律意义上的物，可以作为合同法律关系客体，如借款合同等。

(2)行为。法律意义上的行为是指人的有意识的活动。在合同法律关系中，行为多表现为完成一定的工作，如勘察设计、施工安装等，这些行为都可以成为合同法律关系客体。行为也可以表现为提供一定的劳务，如绑扎钢筋、土方开挖、抹灰等。

(3)智力成果。智力成果是通过人的智力活动所创造出的精神成果,包括知识产权、技术秘密及在特定情况下的公知技术(如专利权、工程设计等),都有可能成为合同法律关系客体。

3. 合同法律关系内容

合同法律关系内容是指合同约定和法律规定的权利和义务。合同法律关系内容是合同的具体要求,决定了合同法律关系的性质,它是连接主体的纽带。

(1)权利。权利是指合同法律关系主体在法定范围内,按照合同的约定有权按照自己的意志做出某种行为。权利主体也可以要求义务主体做出一定的行为或不做出一定的行为,以实现自己的有关权利。当权利受到侵害时,有权得到法律保护。

(2)义务。义务是指合同法律关系主体必须按法律规定或约定承担应负的责任。义务和权利是相互对应的,相应主体应自觉履行相对应的义务。否则,义务人应承担相应的法律责任。

(二)合同法律关系的产生、变更与消灭

合同法律关系并不是由建设法律规范本身产生的,而是在具有一定的情况和条件下才能产生、变更和消灭。能够引起合同法律关系产生、变更和消灭的客观现象和事实,就是法律事实。法律事实包括行为和事件。

1. 行为

行为是指法律关系主体有意识的活动。能够引起法律关系发生变更和消灭的行为包括作为和不作为两种表现形式。

行为还可分为合法行为和违法行为。凡符合国家法律规定或为国家法律所认可的行为是合法行为,如在建设活动中,当事人订立合法有效的合同,会产生建设工程合同关系;建设行政管理部门依法对建设活动进行的管理活动,会产生建设行政管理关系。凡违反国家法律规定的行为是违法行为,如建设工程合同当事人违约,会导致建设工程合同关系的变更或者消灭。

> **小提示**
>
> 此外,行政行为和发生法律效力的法院判决、裁定,以及仲裁机构发生法律效力的裁决等,也是一种法律事实,也可以引起法律关系的发生、变更、消灭。

2. 事件

事件是指不以合同法律关系主体的主观意志为转移而发生的,能够引起合同法律关系产生、变更、消灭的客观现象。这些客观事件的出现与否,是当事人无法预见和控制的。

事件可分为自然事件和社会事件两种。自然事件是指由于自然现象所引起的客观事实,如地震、台风等。社会事件是指由于社会上发生了不以个人意志为转移的、难以预料的重大事件所形成的客观事实,如战争、罢工、禁运等。无论自然事件还是社会事件,它们的发生都能引起一定的法律后果,即导致合同法律关系的产生或者迫使已经存在的合同法律关系发生变化。

任务二　合同代理与合同担保

任务导读

合同代理与合同担保督促了债务人履行债务，保障债权的实现；合同代理与合同担保有不同的类型、特点和使用范围，当事人应当根据具体情况和实际需要综合考虑，并遵循法律规定。

任务目标

1. 了解代理的特征；熟悉代理的类型，掌握委托代理、无权代理的内容。
2. 掌握保证、抵押、质押、留置和定金的特征及内容。

知识准备

一、合同代理

代理是代理人在代理权限内，以被代理人的名义实施的、民事责任由被代理人承担的法律行为。

(一)代理的特征

(1)代理人必须在代理权限范围内实施代理行为。无论代理权的产生是基于何种法律事实，代理人都不得擅自变更或扩大代理权限，代理人超越代理权限的行为不属于代理行为，被代理人对此不承担责任。在代理关系中，委托代理中的代理人应根据被代理人的授权范围进行代理，法定代理和指定代理中的代理人也应在法律规定或指定的权限范围内实施代理行为。

(2)代理人以被代理人的名义实施代理行为。代理人只有以被代理人的名义实施代理行为，才能为被代理人取得权利和设定义务。如果代理人是以自己的名义从事法律行为，这种行为是代理人自己的行为而非代理行为，这种行为所取得的权利与设定的义务只能由代理人自己承受。

(3)代理人在被代理人的授权范围内独立地表现自己的意志。在被代理人的授权范围内，代理人以自己的意志去积极地为实现被代理人的利益和意愿进行具有法律意义的活动。它具体表现为代理人有权自行解决其如何向第三人作出意思表示，或者是否接受第二人的意思表示。

(4)被代理人对代理行为承担民事责任。代理是代理人以被代理人的名义实施的法律行为，所以，在代理关系中所设定的权利和义务，应当直接归属被代理人享受和承担。被代理人对代理人的代理行为应承担的责任，既包括对代理人在执行代理任务时的合法行为承担民事责任，也包括对代理人不当代理行为承担民事责任。

(二)代理的类型

1. 委托代理

委托代理是基于被代理人对代理人的委托授权行为而产生的代理,因此又称为意定代理。委托代理关系的产生,需要在代理人与被代理人之间存在基础法律关系,如委托合同关系、合伙合同关系、工作隶属关系等,但只有在被代理人对代理人进行授权后,这种委托代理关系才真正建立。授予代理权的形式可以用书面形式,也可以用口头形式。如果法律法规规定应当采用书面形式的,则应当采用书面形式。

在委托代理中,被代理人所作出的授权行为属于单方的法律行为,仅凭被代理人一方的意思表示,即可以发生授权的法律效力。被代理人有权随时撤销其授权委托。代理人也有权随时辞去所受委托。但代理人辞去委托时,不能给被代理人和善意第三人造成损失,否则应负赔偿责任。

在工程建设中涉及的代理主要是委托代理,如项目经理作为施工企业的代理人、总监理工程师作为监理单位的代理人等,当然,授权行为是由单位的法定代表人代表单位完成的。项目经理、总监理工程师作为施工企业、监理单位的代理人,应当在授权范围内行使代理权,超出授权范围的行为则应当由行为人自己承担。如果授权范围不明确,则应当由被代理人(单位)向第三人承担民事责任,代理人负连带责任,但是代理人的连带责任是在被代理人无法承担责任的基础上承担的。如果考虑工程建设的实际情况,被代理人承担民事责任的能力远远高于代理人,在这种情况下实际应当由被代理人承担民事责任。

合同在市场经济条件下得到了广泛应用,但由于合同的种类繁多,当合同主体对欲签订的某一合同因约定的条款内容不熟悉,往往委托代理人或代理机构帮助他形成合同。随着社会分工的不断细化,工程建设领域中的某些中介业务已经产生了专门的代理机构,甚至成为行业,如工程招标代理机构。工程招标代理机构是接受被代理人的委托、为被代理人办理招标事宜的社会组织。工程招标代理的被代理人是发包人,一般是工程项目的所有人或者经营者,即项目法人或通常所称的建设单位。在委托人的授权范围内,招标代理机构从事的代理行为,其法律责任由发包人承担。如果招标代理机构在招标代理过程中有过错行为,招标人则有权根据招标代理合同的约定追究招标代理机构的违约责任。

委托代理关系可以因为代理期间届满或者代理事项完成、被代理人取消委托、代理人辞去委托、代理人死亡、代理人丧失民事行为能力、作为被代理人或者代理人的法人终止等原因而终止。

2. 法定代理

法定代理是指根据法律的直接规定而产生的代理。法定代理主要是为维护无行为能力或限制行为能力的人的利益而设立的代理方式。

法定代理可以因为被代理人取得或者恢复民事行为能力、被代理人或代理人死亡、指定代理的人民法院或指定单位撤销指定或监护关系消灭而终止。

3. 指定代理

指定代理是根据人民法院和有关单位的指定而产生的代理。指定代理只在没有委托代理人和法定代理人的情况下适用。在指定代理中,被指定的人称为指定代理人,依法被指定为代理人的,如无特殊原因,不得拒绝担任代理人。

指定代理可以因为被代理人取得或者恢复民事行为能力、被代理人或代理人死亡、指定代理的人民法院或指定单位撤销指定或监护关系消灭而终止。

（三）无权代理

无权代理是指行为人没有代理权而以他人名义进行民事、经济活动。无权代理包括没有代理权而实施的代理行为、超越代理权限而实施的代理行为及代理权终止后的代理行为。

对于无权代理行为，"被代理人"可以根据无权代理行为的后果对自己有利或不利的原则，行使"追认权"或"拒绝权"。行使追认权后，无权代理行为转化为合法的代理行为。第三人事后知道对方为无权代理的，可以向"被代理人"行使催告权，也可以撤销此前的行为。无权代理行为只有经过"被代理人"的追认，被代理人才承担民事责任。未经追认的行为，由行为人承担民事责任，但"本人知道他人以自己的名义实施民事行为而不做否认表示的，视为同意"。

二、合同担保

担保是指当事人根据法律规定或者双方约定，为促使债务人履行债务、实现债权人权利的法律制度。担保通常由当事人双方订立担保合同。担保合同是被担保合同的从合同，被担保合同是主合同，主合同无效，从合同也无效。但担保合同另有约定的按照约定。

担保活动应当遵循平等、自愿、公平、诚实信用的原则，担保的方式分为保证、抵押、质押、留置和定金。

（一）保证

保证是指保证人和债权人约定，当债务人不履行债务时，保证人按照约定履行债务或者承担责任的行为。保证法律关系必须至少有三方参加，即保证人、被保证人（债务人）和债权人。

1. 保证人资格

具有代为清偿债务能力的法人、其他组织或者公民，可以作为保证人。但是，以下组织不能作为保证人。

（1）企业法人的分支机构、职能部门。企业法人的分支机构有法人书面授权的，可以在授权范围内提供保证。

（2）国家机关。经国务院批准为使用外国政府或者国际经济组织贷款进行转贷的除外。

（3）学校、幼儿园、医院等以公益为目的的事业单位、社会团体。

2. 保证的方式

保证的方式有两种，即一般保证和连带责任保证。在具体合同中，担保方式由当事人约定，如果当事人没有约定或者约定不明确的，则按照连带责任承担保证责任。这是对债权人权利的有效保护。

一般保证是指当事人在保证合同中约定，债务人不能履行债务时，由保证人承担责任的保证。一般保证的保证人在主合同纠纷未经审判或者仲裁，并就债务人财产依法强制执行仍不能履行债务前，对债权人可以拒绝承担担保责任。

连带责任保证是指当事人在保证合同中约定保证人与债务人对债务承担连带责任的保证。连带责任保证的债务人在主合同规定的债务履行期届满没有履行债务的，债权人可以要求债务人履行债务，也可以要求保证人在其保证范围内承担保证责任。

3. 保证合同的内容

保证合同的内容包括被保证的主债权种类、数额，债务人履行债务的期限，保证的方式，保证担保的范围，保证的期间及双方认为需要约定的其他事项。

4. 保证责任

保证合同生效后，保证人就应当在合同规定的保证范围和保证期间承担保证责任。保证担保的范围包括主债权及利息、违约金、损害赔偿金及实现债权的费用。保证合同另有约定的，按照约定。当事人对保证担保的范围没有约定或者约定不明确的，保证人应当对全部债务承担责任。一般保证的保证人未约定保证期间的，保证期间为主债务履行期届满之日起 6 个月。

保证期间债权人与债务人协议变更主合同或者债权人许可债务人转让债务的，应当取得保证人的书面同意，否则保证人不再承担保证责任。保证合同另有约定的按照约定。

5. 保证在建设工程中的应用

(1)施工投标保证。投标保证金是指在招标投标活动中，投标人随投标文件一同递交给招标人的一定形式、一定金额的投标责任担保。其主要保证投标人在递交投标文件后不得撤销投标文件，中标后不得无正当理由不与招标人订立合同，在签订合同时，不得向招标人提出附加条件或者不按照招标文件要求提交履约保证金，否则，招标人有权不予返还其递交的投标保证金。

招标人可以在招标文件中要求投标人提交投标保证金。投标保证金除现金外，还可以是银行出具的银行保函、保兑支票、银行汇票或现金支票。投标人应提交规定金额的投标保证金，并作为其投标书的一部分，数额不得超过招标项目估算价的 2%。投标人不按招标文件要求在开标前以有效形式提交投标保证金的，该投标文件将被否决。

投标保证金有效期应当与投标有效期一致，投标有效期从提交投标文件的截止之日起算。截止时间根据招标项目的情况由招标文件规定。若评标时间过长，使保证到期，招标人应当通知投标人延长保函或者保证书有效期。投标保函或者保证书在评标结束之后应退还给承包商，一般有两种情况：一种是未中标的投标人可向招标人索回投标保函或者保证书，以便向银行或者担保公司办理注销或使押金解冻；另一种是中标的投标人在签订合同时，向业主提交履约担保，招标人即可退回投标保函或者保证书。招标人最迟应当在书面合同签订后 5 日内向中标人和未中标的投标人退还投标保证金及银行同期存款利息。

小提示

> 当发生下列任何情况时，投标保证金将被没收：一是投标人在投标函格式中规定的投标有效期内撤回其投标；二是中标人在规定期限内无正当理由未能根据规定签订合同，或未能根据规定接受对错误的修正；三是中标人根据规定未能提交履约保证金；四是投标人采用不正当的手段骗取中标。

(2)施工合同的履约保证。施工合同的履约保证，是为了保证施工合同的顺利履行而要求承包人提供的担保，以防止承包人在合同执行过程中违反合同规定或违约，并弥补给发包人造成的经济损失。《招标投标法》中规定：招标文件要求中标人提交履约保证金的，中标人应当提供，履约保证的形式有履约担保金(又叫履约保证金)、履约银行保函和履约担保书三种。

履约担保金可用保兑支票、银行汇票或现金支票，一般情况下额度为合同价格的10%；履约银行保函是中标人从银行开具的保函，额度是合同价格的10%；履约担保书是由保险公司、信托公司、证券公司、实体公司或社会上担保公司出具担保书，担保额度是合同价格的30%。

履约保证的担保责任，主要是担保投标人中标后，将按照合同规定，在工程全过程，按期限按质量履行其义务。若发生下列情况，发包人有权凭履约保证向银行或者担保公司索取保证金作为赔偿。

1)施工过程中，承包人中途毁约，或任意中断工程，或不按规定施工。

2)承包人破产，倒闭。履约保证的有效期限从提交履约保证起，一般情况到保修期满并颁发保修责任终止证书后15天或14天止。如果工程拖期，不论何种原因，承包人都应与发包人协商，并通知保证人延长保证有效期，防止发包人借故提款。

履约保证金不同于定金，履约保证金的目的是担保承包商完全履行合同，主要担保工期和质量符合合同的约定。承包商顺利履行完成自己的义务，招标人必须全额返还承包商。履约保证金的功能，在于承包商违约时，赔偿招标人的损失，如果承包商违约，将丧失收回履约保证金的权利，并且不以此为限。如果约定了双倍返还或具有定金独特属性的内容，符合定金法则，则是定金；如果没有出现"定金"字样，也没有明确约定适用定金性质的处罚之类的约定，已经交纳的履约保证金，就不是定金，则不能适用定金法则。

（3）施工预付款担保。预付款担保是指承包人与发包人签订合同后，承包人正确、合理使用发包人支付的预付款的担保。建设工程合同签订以后，发包人给承包人一定比例的预付款，但需由承包人的开户银行向发包人出具预付款担保，金额应当与预付款金额相同。

预付款担保的主要形式为银行保函。其主要作用是保证承包人能够按合同规定进行施工，偿还发包人已支付的全部预付金额。预付款在工程的进展过程中每次结算工程款（中间支付）分次返还时，经发包人出具相应文件担保金额也应当随之减少。

如果承包人中途毁约、中止工程，使发包人不能在规定期限内从应付工程款中扣除全部预付款，则发包人作为保函的受益人有权凭预付款担保向银行索赔该保函的担保金额作为补偿。

真题解读

根据《标准施工招标工作》，工程预付款担保是对承包人正确和合理使用发包人支付的预付款的担保，预付款担保的主要形式是（   ）。（2023年全国监理工程师职业资格考试真题）

A. 保证书　　　　B. 银行汇总　　　　C. 保留金　　　　D. 银行保函

【精析】发包人支付给承包人或供应商合同约定的预付款时，由承包人或供应商想发包人提交的担保，保证其按照合同约定正确和合理地为合同目的使用预付款，以及按合同约定配合发包人全额扣回所预付的金额。其主要形式是银行保函。

（二）抵押

抵押是指债务人或者第三人向债权人以不转移占有的方式提供一定的财产作为抵押物，用以担保债务履行的担保方式。债务人不履行债务时，债权人有权依照法律规定以抵押物折价或者从变卖抵押物的价款中优先受偿。其中债务人或者第三人称为抵押人，债权人称为抵押权人，提供担保的财产为抵押物。

抵押事项可在主债权合同中设立抵押条款，也可以单独签订抵押合同，但是都必须采取书面形式。抵押合同是要式合同。抵押合同的内容包括被担保的主债权种类、数额；债务人履行债务的期限；抵押物的名称、数量、质量、状况、所在地、所有权权属或者使用权权属；抵押担保的范围；当事人认为需要约定的其他事项。抵押合同不完全具备上述规定内容的，可以补正。

抵押权是对债权的保障，当债权无法实现时才出现。抵押合同具有从属性，当主合同即债权合同无效时，抵押合同也无效。因此，签订抵押合还需要明确主合同的效力。

抵押合同变更的，应当签订书面的抵押变更合同。抵押合同的变更事项需要抵押人和抵押权人协商一致，方可变更。

抵押合同可以约定终止事由，一般终止情况如下：抵押所担保的债务已经履行；抵押合同被解除；债权人免除债务；法律规定终止或者当事人约定终止的其他情形。

（三）质押

质押是指债务人或者第三人将其动产或权力移交债权人占有，用以担保债权履行的担保。质押后，当债务人不能履行债务时，债权人依法有权就该动产或权利优先得到清偿。债务人或者第三人为出质人，债权人为质权人，移交的动产或权利为质物。质权是一种约定的担保物权，以转移占有为特征。

质押合同是出质人与质权人双方基于主债务合同就质物担保事项达成的书面担保合同。质押合同与抵押合同有相似之处，关键是担保期限内担保物谁占有。质押合同是质权人（通常是债权人）与出质人（既可以是债务人，也可以是第三人）签订的担保性质的合同。出质人将一定的财物（通常是动产、有价证券等）交质权人占有，向质权人设定质押担保，当债务人不能履行债务时，质权人可以依法以处分质物所得价款优先受偿。

1. 被担保的主债权种类与数额

被担保的主债权是金钱债权、特定物给付债权和种类物给付债权等。被担保的主债权的数额，是指主债权以金钱来衡量的数量，不属于金钱债权的，应当明确债权标的额的数量、价款，以明确实行质权时，就质物优先受偿宾主债权的数额。被担保的主债权种类和数额的规定，主要是为了明确质权发生的依据，同时也确定了质权人实现质权时，质物优先受偿的主债权范围。

2. 债务人履行债务的期限

债务人履行债务的期限是指债务人清偿债务的时间。质押合同订立并生效后，在主债务人债务清偿期届满前，质权人直接享有的只是占有质物的权利，其优先受清偿的质权虽然已经成立，质权人实际享有的只是期待权，质权人就质物的变价实现其质权，必须等到债务人履行期届满且债务人没有履行债务时才能进行。所以质押合同规定了债务人履行债务的期限，就可以据此确定债务人清偿期届满的时间，明确质权人实现质权的时间，保障质权人及时实现质权。

3. 质物的状况

质物的状况是指质物的名称、数量、质量与现状。质物的名称是要说明用于质押的动产为何物。因为在债务人履行债务后，质权人须将质物返还给出质人，就是在质权实现时，也要实行质物的变价。所以，为避免于返还质物或实现质权时，对质物的状况发生争议，当事人应当在质押合同中具体明确质物的状况，不仅要说明质物的名称，而且要说明质物的数量、质量与现状。如以仪器设备为质物的，不仅要说明仪器设备的名称、数量，还要说明用于质押的仪器设备的规格、型号、牌号、出产厂家、出厂日期等，并且要说明出质时质物的现况。

4. 质押担保的范围

质押担保的范围包括主债权及利息、违约金、损害赔偿金、质物保管费用和实现质权的费用。因此，出质人若想适当减轻自己的担保风险，可以与质权人约定仅就主债权或仅就主债权的一部分等内容提供质押担保。

5. 质押移交的时间

由于只有当出质人将质物移交于质权人占有时，质押合同才算生效，若质押合同不记载质物移交的时间或者记载得不明确，则质押合同虽已成立，但若债务人或第三人迟迟不移交质物，则质押合同没有生效，因此，合同必须明确质物移交的时间。如果债务人或第三人未按合同约定的时间移交质物，而给质权人造成损失的，出质人应当根据其过错承担赔偿责任。

6. 当事人约定的其他事项

出质人与质权人还可以在质押合同中记载其认为需要约定的其他事项，只要不违反强制性法律规范和公序良俗，均对双方当事人产生约束力。例如，质押合同是否公正，发生争议是否仲裁，质权人占有质物期间的义务等。

（四）留置

留置是指债权人按照合同约定占有对方（债务人）的财产，当债务人不能按照合同约定期限履行债务时，债权人有权依照法律规定留置该财产并享有处置该财产得到优先受偿的权利。留置权以债权人合法占有对方财产为前提，并且债务人的债务已经到了履行期。例如，在承揽合同中，定作方逾期不领取其定作物的，承揽方有权将该定作物折价、拍卖、变卖，并从中优先受偿。

留置是一种比较强烈的担保方式，必须依法行使，不能通过约定产生留置权。

1. 留置担保的特点

（1）留置担保，依照法律规定直接产生留置权，不需要当事人之间有约定为前提。

（2）被留置的财产必须是动产。

（3）留置的动产与主合同有牵连关系，即必须是因主合同合法占有的动产。

（4）留置权的实现，不得少于留置财产后两个月的期限。

（5）留置权人就留置物有优先受偿的权利。

2. 留置担保的范围

债务人违反合同约定的违约金，包括法定违约金和约定违约金。违约金是一种重要的民事责任形式。直接由法律或者条例规定的违约金，称为法定违约金。无法定违约金标准或者虽有法定违约金标准但当事人不理会这种规定，而由双方当事人在合同中商定违约金条款，此种违约金称为约定违约金，法律承认约定违约金的效力。

损害赔偿金，是在保管、加工承揽、运输等合同关系中，由于一方的违法行为给另一方造成财产损失，即发生损害赔偿责任，由实施违法行为一方支付一定数额的损害赔偿金以弥补受害人因违法行为所遭受的财产损失。损害赔偿责任是民事责任中最重要常用的责任形式，强调民事责任的补偿性质而有别于行政责任和刑事责任的财产责任形式。这里损害赔偿责任应包括两个方面，即由于债务人逾期不付价款所发生的违约行为所产生的损害赔偿责任和留置物本身隐有瑕疵所致的侵权损害之债。

留置权人有妥善保管留置物的义务，同时也有权向留置人请求保管费用。这里要注意两个问题：一是留置人必须以善良管理人之注意尽保管义务；二是留置物保管费用如何合理限制。保管费用的开支应以必要为原则，即为留置物保全完好功能无损所必要的保管费用的支出方为合理。当留置权人与留置人对保管费用的支出发生争议时，法院将本着公平和诚实信用的原则加以裁定。

所谓实现留置权的费用，也就是实行留置权时所进行的必要支出。实行留置权包括①留置物折价，所有权归于留置权人，原债权消灭，留置权也随之消灭。②将留置物拍卖，从其价款中优先受偿。由此可见，行使留置权的费用一般包括所有权转移时的签约、公示手续等费用，申请拍卖等拍卖费用。

(五)定金

定金是指当事人双方为了保证债务的履行，约定由当事人一方先行支付给对方一定数额的货币作为担保。定金的数额由当事人约定，但不得超过主合同标的额的20%。定金合同要采用书面形式，并在合同中约定交付定金的期限，定金合同以实际交付定金之日生效。债务人履行债务后，定金应当抵作价款或者收回。给付定金的一方不履行约定债务的，无权要求返还定金；收受定金的一方不履行约定债务的，应当双倍返还定金。

真题解读

1. 下列关于履约担保和预付款担保的说法中，正确的是(   )。(2023年全国监理工程师职业资格考试真题)

A. 履约担保是无条件担保，预付款担保是有条件担保

B. 履约担保是有条件担保，预付款担保是无条件担保

C. 两者都是有条件担保

D. 两者都是无条件担保

【精析】履约担保是指发包人在招标文件中规定的要求承包人提交的保证履行合同义务的担保。预付款担保是对承包人正确和合理使用发包人支付的预付款的担保。两种担保方式均是无条件担保。

2. 根据《民法典》合同编，当事人在保证合同中对保证方式没有约定或约定不明确的，保证人按照(   )方式承担保证责任。(2022年全国监理工程师职业资格考试真题)

A. 连带责任   B. 仲裁协议约定

C. 一般保证   D. 当事人诉讼请求

【精析】根据《民法典》合同编，保证的方式包括一般保证和连带责任保证。当事人在保证合同中对保证方式没有约定或者约定不明确时，按照一般保证承担保证责任。

任务三　合同的订立与成立

　　合同的本质是一致意思表示。意思表示是行为人将进行民事法律行为的内心愿望，以一定的方式表达于外部的行为。合同实际上是由两个独立的意思构成，合同的订立过程是各方本着意思自治、独立展现不同的利益和愿望的过程，其中首先表明意思的一方为要约方，相应地作出回应的一方为承诺方，当代表不同的意思和利益的两种意思能趋于稳定时，合同成立；反之则合同不成立。

　　1. 了解要约有效的条件，熟悉要约邀请、要约的效力。
　　2. 了解承诺的条件，掌握承诺的方式、承诺的期限、承诺的撤回。
　　3. 熟悉合同成立的时间与地点。

　　《民法典》规定："当事人订立合同，采取要约、承诺方式或者其他方式。"

一、要约

　　要约即一方当事人以缔约合同为目的，向对方当事人提出合同条件，希望对方当事人接受的意思表示。

　　1. 要约有效的条件

　　(1)内容具体确定。要约作为希望与他人订立合同的意思表示，其作用在于唤起受要约人的承诺，从而达到订立合同的目的。因此，要约的内容必须具体确定。

　　(2)表明经受要约人承诺，要约人即受该意思表示约束。合同是一种双方法律行为，合同的成立以当事人双方意思表示一致为基本条件。依法成立的合同对当事人双方均具有法律约束力。

　　2. 要约邀请

　　要约邀请是希望他人向自己发出要约的意思表示。要约邀请并不是合同成立过程中的必经过程，它是当事人订立合同的预备行为，在法律上无须承担责任。这种意思表示的内容往往不确定，不含有合同得以成立的主要内容，也不含相对人同意后受其约束的表示。例如价目表的寄送、招标公告、商业广告、招标说明书等，都是要约邀请。

　　要约邀请有别于要约。要约是希望和他人订立合同的意思表示，对要约人有约束力，它有一经承诺就产生合同的可能性，是合同协商的一个必要的步骤，为订立合同的开端和起点。要约一经同意(承诺)即转化为合同。而要约邀请只是当事人为订立合同的预备行为，严格来说，它还不是合同的协商阶段，不构成合同谈判的内容，其目的是邀请别人向自己发出订约提议，当事人仍处于订立合同的准备阶段。要约邀请不发生要约的法律效力，受邀请人即便完全同意邀请方的要求，也并不产生合同。

3. 要约的效力

(1)要约的生效时间。要约的生效时间具有十分重要的意义，它明确要约人受其提议约束的时间界限，也表明受要约人何时具有承诺的权利。

(2)要约的约束力。

1)对要约人的约束力。要约一经发出，即受法律的约束，且非依法不得撤回、变更和修改；要约一经送达，要约人应受其约束，非依法不得撤销、变更和修改，不得拒绝承诺。

2)受要约人因要约的送达获得了承诺的权利，受要约人一经做出承诺，即能成立合同，成为合同当事人一方。受要约人作出承诺的，要约人不得拒绝，必须接受承诺。承诺并不是受要约人的义务，受要约人有权明示拒绝，通知对方，也有权默示拒绝，不通知对方。

3)要约的存续期间。要约的存续期间，也称承诺期限，是指要约人受要约约束的时间，在该时间内不得拒绝受要约人的承诺；受要约人在该时间内作出承诺并到达要约人的，合同即告成立；逾期承诺的，要约即行失效，不再具有约束力。

(3)要约的撤回和撤销。要约撤回是指要约在发生法律效力之前，欲使其不发生法律效力而取消要约的意思表示。要约人可以撤回要约，撤回要约的通知应当在要约到达受要约人之前或与要约同时到达受要约人。

要约撤销是要约在发生法律效力之后，要约人欲使其丧失法律效力而取消该项要约的意思表示。要约可以撤销，撤销要约的通知应当在受要约人发出承诺通知之前到达受要约人。但有下列情形之一的，要约不得撤销：第一，要约人确定承诺期限或者以其他形式明示要约不可撤销；第二，受要约人有理由认为要约是不可撤销的，并已经为履行合同做好了准备工作。可以认为，要约的撤销是一种特殊的情况，且必须在受要约人发出承诺通知之前到达受要约人。

二、承诺

承诺是指受要约人完全同意要约的意思表示。承诺与要约一样，是一种法律行为。

1. 承诺的条件

(1)承诺必须由受要约人作出。

(2)承诺只能向要约人作出。非要约对象向要约人作出的完全接受要约意思的表示也不是承诺，因为要约人根本没有与其订立合同的意愿。

(3)承诺的内容应当与要约的内容一致。但是，近年来，国际上出现了允许受要约人对要约内容进行非实质性变更的趋势。受要约人对要约的内容作出实质性变更的，视为新要约。有关合同标的、数量、质量、价款和报酬、履行期限、履行地点、方式、违约责任和解决争议方法等的变更，是对要约内容的实质性变更。承诺对要约的内容作出非实质性变更的，除要约人及时反对或者要约表明不得对要约内容做任何变更以外，该承诺有效，合同以承诺的内容为准。

(4)承诺必须在承诺期限内发出。超过期限的，除要约人及时通知受要约人该承诺有效外，为新要约。

2. 承诺的方式

承诺的方式是指受要约人采用一定的形式将承诺的意思表示告诉要约人。《民法典》规定：承诺应当以通知的方式作出，但根据交易习惯或者要约表明可以通过行为作出承诺的除外。因此，承诺的方式可以有两种：通知和行为。通知包括口头通知，如对话、交谈、电话等；书面通知，如信件、传真、电报、数据电文等。行为即受要约人在承诺期限内不用发出通知，而是通过履行要约中确定的义务来承诺要约。以行为承诺的前提条件是该行为符合交易习惯或是要约表明的。

3. 承诺的期限

承诺必须以明示的方式，在要约规定的期限内作出。要约没有规定承诺期限的，视要约的方式而定。对于以对话方式作出的要约，应当即时作出承诺，但当事人另有约定的除外。对于以非对话方式作出的要约，承诺应当在合理期限内到达。

受要约人在承诺期限内发出承诺，按照通常情形能够及时到达要约人，但因其他原因承诺到达要约人时超过承诺期限的，除要约人及时通知受要约人因承诺超过期限不接受该承诺的以外，该承诺有效。

4. 承诺的撤回

承诺的撤回是指承诺人阻止已发生的承诺发生法律效力的意思表示。承诺发生后，承诺人会因为考虑不周、承诺不当，而企图修改承诺，或放弃订约，法律上有必要设定相应的补救机制，给予其重新考虑的机会。允许撤回承诺与允许撤回要约相对应，体现了当事人在订约过程中权利、义务是均衡、对等的。为保证交易的稳定，承诺的撤回也是附条件的。《民法典》规定："承诺可以撤回。撤回承诺的通知应当在承诺通知到达要约人之前或者与承诺通知同时到达要约人。"但是，在以行为承诺的情形下，要约要求的或习惯做法所认同的履行行为一经作出，合同就已成立，不得通过停止履行或恢复原状等方法来撤回承诺。

三、合同成立的时间与地点

合同成立是指订约当事人就合同的主要条款达成合意。合同的本质是一种合意，合同成立就是各方当事人的意思表示一致，达成合意。

1. 合同成立的时间

根据《民法典》的规定，合同成立的时间有以下方面的规定。

(1)通常情况下，承诺生效时合同成立。

(2)在签名、盖章或者按指印之前，当事人一方已经履行主要义务，对方接受时，该合同成立。

(3)当事人采用信件、数据电文等形式订立合同要求签订确认书的，签订确认书时合同成立。

(4)当事人一方通过互联网等信息网络发布的商品或者服务信息符合要约条件的，对方选择该商品或者服务并提交订单成功时合同成立，但是当事人另有约定的除外。

2. 合同成立的地点

合同成立的地点，关系到当事人行使权利、承担义务的空间范围，关系到合同的法律适用、纠纷管辖等一系列问题。根据《民法典》的规定，合同成立的地点有以下几方面规定。

(1)承诺生效的地点为合同成立的地点。

(2)采用数据电文形式订立合同的，收件人的主营业地为合同成立的地点；没有主营业地的，其住所地为合同成立的地点。当事人另有约定的，按照其约定。

(3)当事人采用合同书形式订立合同的，最后签名、盖章或者按指印的地点为合同成立的地点，但是当事人另有约定的除外。

案例

原告于 2023 年 3 月 25 日通过其代理人向被告发出书面要约，请求以 300 万元的价格购买被告位于甲市长河路 34 号的一幢两层楼房。3 月 29 日，被告通过其代理人向原告发出新的书面要约，被告称愿意以 350 万元的价格将其同一楼房出卖给原告，并要求原告在 4 月 3 日之前作出答复。新要约文件中提供原告予以承诺的栏目，说明只要在此处签名，即视为承诺。原告于 4 月 2 日在该承诺栏目中签名，并向被告的代理人发出。被告代理人于 4 月 3 日上午收到该承诺时告知原告，被告已经决定不再出售其楼房了。双方因此产生纠纷。

分析:

在本案例的处理过程中，对原告与被告之间的合同是否成立，产生了争议。一种观点认为，被告向原告发出的是一份新要约，该要约是一份规定有承诺期限的要约，在该承诺期限内，受要约人承诺有效，于承诺送达被告时合同成立。另一种观点认为，被告的新要约规定了承诺的期限，但被告在承诺到达之前已经撤回了该要约，所以合同不成立。

在本案例中，被告所发出的新要约，已经到达受要约人，该要约已经生效，所以被告已经不可能撤回该要约了。被告如果不愿意与原告订立合同，只能撤销要约。

在本案例中，被告在新要约中明确规定，受要约人应当在 4 月 3 日之前作出答复，也就是说，该要约规定了明确的承诺期限。在承诺期限届满之前，也就是在 4 月 3 日之前，原告已经在新要约上的承诺栏中签名，并发送给被告的代理人。在 4 月 3 日，被告的代理人收到承诺后，才告知原告，被告已经不愿意再出卖其楼房了，该行为视为撤销要约。

但此时，承诺已经到达被告的代理人，也即可以视为已经到达被告本人，被告在承诺到达后才通知撤销要约，已经不能产生撤销要约的法律后果。《民法典》第四百七十六条明确规定，确定了承诺期限的要约不得撤销。所以在本案例中，被告的代理人收到原告的承诺通知时，合同成立。被告拒绝出卖其楼房的，依照最高人民法院对《民法典》的解释，被告构成违约，应当对原告承担违约责任。

任务四　合同的效力与履行

任务导读

合同效力是法律赋予依法成立的合同所产生的约束力；合同的履行是债务人完成合同义务的行为，这是合同目的的基本要求。

任务目标

1. 了解合同生效的条件，掌握合同生效的时间、地点。
2. 了解无效合同的分类，熟悉无效合同的法律后果，掌握无效合同的法律后果。
3. 了解合同履行原则，掌握合同履行内容、合同履行方式。

知识准备

一、合同的效力

合同的效力又称合同的法律效力，是指依法成立的合同对当事人具有法律约束力。具有法律效力的合同不仅表现为对当事人的约束，同时，在合同有效的前提下，当事人可以通过法院获得强制执行的法律效果。《民法典》中规定："依法成立的合同，对当事人具有法律约束力。当事人应当按照约定履行自己的义务，不得擅自变更或者解除合同。依法成立的合同，受法律保护。"

（一）合同生效

合同生效是指已经成立的合同具有法律约束力，合同是否生效，取决于是否符合法律规定的有效条件。《民法典》中规定："依法成立的合同，自成立时生效。"合同的成立是合同生效的前提。已经成立的合同如不符合法律规定的生效要件，仍不能产生法律效力。合同的效力制度体现了国家对当事人已经订立的合同的评价：若是肯定的，即合同能够发生法律效力；若是否定的，即合同不能发生法律效力。因此，可以说合同的成立主要表现了当事人的意志，体现了自愿订立合同的原则；而合同效力制度反映了国家对合同关系的干预。

1. 合同生效的条件

合同生效是合同对双方当事人的法律约束力的开始。合同成立后，必须具备相应的法律条件才能生效，否则合同是无效的。合同生效应当具备下列条件。

(1)签订合同的当事人应具有相应的民事权利能力和民事行为能力，也就是主体要合法。在签订合同之前，要注意并审查对方当事人是否真正具有签订该合同的法定权利和行为能力，是否受委托，以及委托代理的事项、权限等。

(2)意思表示真实。合同是当事人意思表示一致的结果，因此，当事人的意思表示必须真实。但是，意思表示真实是合同的生效条件而非合同的成立条件。意思表示不真实包括意思与表示不一致、不自由的意思表示两种。含有意思表示不真实的合同是不能取得法律效力的。如建设工程合同的订立，一方采用欺诈、胁迫的手段订立的合同，就是意思表示不真实的合同，这样的合同就欠缺生效的条件。

(3)合同的内容、合同所确定的经济活动必须合法，必须符合国家的法律、法规和政策要求，不得损害国家和社会公共利益。不违反法律或者社会公共利益，是合同有效的重要条件。所谓不违反法律或者社会公共利益，是就合同的目的和内容而言的。合同的目的，是指当事人订立合同的直接内心原因；合同的内容，是指合同中的权利义务及其指向的对象。不违反法律或者社会公共利益，实际上是对合同自由的限制。

2. 合同生效的时间

合同生效的时间是指合同对双方当事人的法律约束力的开始时间。一般来说，依法成立的合同，自成立时生效。关于合同成立的时间，应根据不同种类的合同所具有的不同特点加以确定。《民法典》规定："承诺生效时合同成立。""当事人采用合同书形式订立合同的，自双方当事人签字或者盖章时合同成立。""当事人采用信件、数据电文等形式订立合同的，可以在合同成立之前要求签订确认书，签订确认书时合同成立。"根据上述规定，合同生效的时间有以下三种情况。

(1)承诺生效时成立。当事人以非书面形式订立合同，或者以信件、数据电文等形式订立合同的，该合同自承诺生效时成立，即自承诺通知到达要约人时或者承诺人作出承诺的行为时合同成立。

(2)合同签字或盖章时成立。当事人采用合同书形式订立合同的，该合同自双方当事人签字或者盖章时成立。如果在签字或者盖章之前，当事人一方已经履行主要义务，对方接受的，该合同也成立。

(3)签订确认书时成立。当事人采用信件、数据电文等形式订立合同，如一方提出要求签订对合同内容予以确认的书面文件确认书，则该合同自签订确认书时成立。

3. 合同生效的地点

合同生效的地点也称为合同的签订地，确定合同的签订地，对于解决合同纠纷，明确诉讼管辖、适用法律等，具有很重要的意义。对合同生效的地点的确定，同样要考虑合同的种类、形式等因素。《民法典》中规定："承诺生效的地点为合同成立的地点。采用数据电文形式订立合同的，收件人的主营业地为合同成立的地点；没有主营业地的，其经营居住地为合同成立的地点；当事人另有约定的，按照其约定。""当事人采用合同书形式订立合同的，双方当事人签字或者盖章的地点为合同成立的地点。"

4. 附条件和附期限合同的生效

当事人可以对合同生效约定附条件或者约定附期限。附条件的合同，包括附生效条件的合同和附解除条件的合同两类。附生效条件的合同，自条件成就时生效；附解除条件的合同，自条件成就时失效。当事人为了自己的利益不正当阻止条件成就的，视为条件已经成就；不正当促成条件成就的，视为条件不成就。附生效期限的合同，自期限届至时生效；附终止期限的合同，自期限届满时失效。

附条件合同的成立与生效不是同一时间，合同成立后虽然并未开始履行，但任何一方不得撤销要约和承诺，否则应承担缔约过失责任，赔偿对方因此而受到的损失；合同生效后，当事人双方必须忠实履行合同约定的义务，如果不履行或未正确履行义务，应按违约责任条款的约定追究责任。一方不正当地阻止条件成就，视为合同已生效，同样要追究其违约责任。

（二）无效合同

无效合同是指虽经当事人协商签订，但因其不具备或违反法定条件，国家法律规定不承认其效力的合同。无效合同是相对于有效合同而言的，凡不符合法律规定的要件的合同，不能产生合同的法律效力，都属于无效合同。

无效合同具有违法性和不履行性。所谓违法性，是指违反了法律和行政法规的强制性规定和社会公共利益。所谓不履行性，是指当事人在订立无效合同后，不得依据合同实际履行，也不承担不履行合同的违约责任。

无效合同违反了法律的规定，国家不予承认和保护。一旦确认无效，将具有溯及力，使合同从订立之日起就不具有法律约束力，以后也不能转化为有效合同。

1. 无效合同的分类

无效合同按照全部还是部分不具有法律效力分为全部无效合同和部分无效合同。

全部无效合同是指合同的全部内容自始不产生法律约束力。其主要有以下形式。

（1）订立合同主体不合格，表现为以下三点。第一，无民事行为能力人、限制民事行为能力人订立合同且法定代理人不予追认的，该合同无效，但有例外，纯获利益的合同和与其年龄、智力、精神健康状况相适应而订立的合同，不需追认，合同当然有效；第二，代理人不合格且相对人有过失而成立的合同，该合同无效；第三，法人和其他组织的法定代表人、负责人超越权限订立的合同，且相对人知道或应当知道其超越权限的，该合同无效。

（2）订立合同内容不合法，表现为以下四点。第一，违反法律、行政法规的强制性规定的合同，无效；第二，违反社会公共利益的合同，无效；第三，恶意串通，损害国家、集体或第三人利益的合同，无效；第四，以合法形式掩盖非法目的的合同，无效。

（3）意思表示不真实的合同，即意思表示有瑕疵，如一方以欺诈、胁迫的手段订立合同的，无效。

小提示

> 部分无效合同是指合同的部分内容不具有法律约束力，而合同的其余部分内容仍然具有法律效力。

2. 免责条款

免责条款是指合同旨在排除或限制当事人未来应负责任的合同条款。免责条款根据不同的划分标准，有不同的分类。

(1)按排除和限制的责任范围可划分为完全免责(如"货经售出，概不退换")和部分免责，可以表现为规定责任的最高限额、计算方法，如洗涤、冲晒合同规定，如有遗失、损坏，最高按收取费用的10倍赔偿；有的列明免责的具体项目，如保险单；有的可以将两者同时使用。

(2)按免责条款的运用，可划分为格式合同中的免责条款和一般合同中的免责条款。一般而言，国家对格式合同的规定较严，对其中的免责条款效力的认定，条件较严；对于后者的规定相对较宽。

当然，并不是所有免责条款都有效，对于合同中造成对方人身伤害的及因故意或者重大过失造成对方财产损失的情况，都具有一定的社会危害性，双方即使没有合同关系也可追究对方的侵权责任。因此，这两种免责条款无效。

3. 无效合同的法律后果

合同被确认无效后，尚未履行或正在履行的，应当立刻终止履行。对无效合同的财产后果，应本着维护国家利益、社会公共利益和保护当事人合法权益相结合的原则，根据《民法典》合同编的规定予以处理。

(1)返还财产。无效合同自始至终没有法律约束力，因此，返还财产是处理无效合同的主要方式。合同被确认无效后，当事人依据该合同所取得的财产，应当返还给对方；不能返还的，应当作价补偿。建设工程合同如果无效一般无法返还财产，因为无论是勘察、设计成果还是工程施工，承包人的付出都是无法返还的，因此，一般应当采用作价补偿的方法处理。

(2)赔偿损失。赔偿损失是指不能返还财产时，当事人有过错一方承担因其过错而给当事人另一方造成额外损失的法律责任。如果无效经济合同当事人双方都有过错，也即发生混合过错时，则当事人双方各自承担与其过错相应的法律责任。

(3)追缴财产。追缴财产是指当事人故意损害国家利益或社会公共利益所签订的经济合同被确认无效后，国家机关依法采取最严厉的经济制裁手段。如果只有一方是故意的，故意的一方应将从对方取得的财产返还对方；非故意的一方已经从对方取得或约定取得的财产，应收归国库所有。

(三)可变更或可撤销合同

可变更或可撤销合同是指欠缺生效条件，但一方当事人可依照自己的意思使合同的内容变更或者使合同的效力归于消灭的合同。如果合同当事人对合同的可变更或可撤销发生争议，只有人民法院或者仲裁机构有权变更或者撤销合同。可变更或可撤销合同不同于无效合同，当事人提出请求是合同被变更、撤销的前提，人民法院或者仲裁机构不得主动变更或者撤销合同。当事人如果只要求变更，人民法院或者仲裁机构不得撤销其合同。

1. 可变更或可撤销合同的条件

有下列情形之一的，当事人一方有权请求人民法院或者仲裁机构变更或者撤销其合同。

(1)当事人对合同的内容存在重大误解。

(2)在订立合同时显失公平。

(3)一方以欺诈、胁迫的手段或者乘人之危，使对方在违背真实意思的情况下订立合同。

对可撤销合同,只有受损害方才有权提出变更或撤销。有过错的一方不仅不能提出变更或撤销,还要赔偿对方因此所受到的损失。

2. 可变更或可撤销合同的变更或撤销

可变更或可撤销合同为效力相对合同,依据权利人的意思表示可使合同处于不同的效力状态。

(1)全面履行原则。权利人有按其意思决定合同命运的选择权。表现为权利人有权完全接受原合同,不行使变更或撤销的请求权;有权在承认合同效力的前提下,请求变更合同内容,也有权请求撤销合同。当事人的自由选择权应受尊重,可变更或可撤销合同是否变更或被撤销,以当事人主动行使请求权为前提,即必须向法院或仲裁机构诉讼或申请仲裁,当事人不行使程序上的主张权的,有关机关不得依职权加以变更或撤销。

(2)撤销权的消灭。可撤销合同只是涉及当事人意思表示不真实的问题,因此法律对撤销权的行使有一定的限制。有下列情形之一的,撤销权消灭。

1)具有撤销权的当事人自知道或者应当知道撤销事由之日起1年内没有行使撤销权。

2)具有撤销权的当事人知道撤销事由后明确表示或者以自己的行为放弃撤销权。

3)确认权属人民法院或仲裁机构。

可变更或可撤销合同与无效合同的区别如下。

(1)可变更或可撤销合同必须由当事人提出,变更还是撤销,当事人可以自由选择。

(2)对可变更或可撤销合同提出变更或撤销的当事人有举证责任。请求人要提出存在的重大误解,或者显失公平,或对方在签订合同中所采取的欺诈、胁迫手段,或者乘人之危的证据。

(3)可变更或可撤销合同必须由人民法院或者仲裁机构作出裁决,作出裁决之前该合同还是有效的。如果裁决决定对合同内容予以变更,则按裁决履行;如果裁决该合同被撤销,那么它从签订时开始就没有法律约束力。

3. 被撤销的合同的法律后果

被撤销的合同自始没有法律约束力。合同被撤销的,不影响合同中独立存在的有关解决争议方法的条款的效力。合同被撤销后,其中规定的权利义务即为无效,履行中的合同应当终止履行,尚未履行的不得继续履行。对因履行被撤销的合同而产生的财产后果应当依法进行如下处理。

(1)返还财产。被撤销的合同自始没有法律约束力,因此返还财产是处理被撤销的合同的主要方式。合同被撤销后,当事人依据该合同所取得的财产,应当返还给对方。

(2)赔偿损失。合同被撤销后,有过错的一方应赔偿对方因此而受到的损失。如果双方都有过错,应当根据过错的大小各自承担相应的责任。

(3)追缴财产,收归国有。双方恶意串通,损害国家或者第三人利益的,应将双方取得的财产收归国库或者返还第三人。

(四)合同效力待定

某些合同或合同某些方面不符合合同的有效要件，但又不属于无效合同或可撤销的合同，则不要随便宣布无效或撤销，应当采取补救措施，有条件的应尽量促使其成为有效合同。

合同效力待定主要有两种情况。

第一，签订合同的主体有问题。例如，合同的一个当事人属于限制民事行为能力人，在这种情况下，合同的另外当事人可以催告前者的法定代理人在一个月内予以追认。如果该法定代理人作出追认，则该合同有效；否则合同不发生效力。

第二，合同的客体有问题。例如，对某项财产无处分权的人与他人订立合同处分该项财产，或者未经其他共有人同意处分共有财产（如合伙财产或联营财产）。如果经该财产的权力人追认或者无处分权人在订立合同后取得相应的处分权，则该合同有效；如果没有经过追认，则该合同作为无效合同或可撤销的合同处理。

二、合同的履行

签订合同的目的在于履行。合同履行是指合同各方当事人按照合同的规定，全面履行各自的义务，实现各自的权利，使各方的目的得以实现的行为。合同履行以有效的合同为前提和依据，而无效合同从订立之时起就没有法律效力，不存在合同履行的问题，因此合同履行是该合同具有法律约束力的首要表现。

(一)合同履行原则

合同履行应遵循全面履行、实际履行和诚实信用的原则。

1. 全面履行原则

全面履行原则也称适当履行或正确履行，它要求按照合同规定的内容全面适当地履行，使合同的各个要素都能正确实现。

当事人应当按照约定全面履行自己的义务，即按合同约定的标的、价款、数量、质量、地点、期限、方式等全面履行各自的义务。按照约定履行自己的义务，既包括全面履行义务，又包括正确适当履行合同义务。建设工程合同订立后，双方应当严格履行各自的义务，不按期支付预付款、工程款，不按照约定时间开工、竣工，都是违约行为。

小提示

> 合同有明确约定的，应当依约定履行。但是，合同约定不明确并不意味着合同无须全面履行或约定不明确部分可以不履行。

2. 实际履行原则

实际履行原则是指除法律和合同另有规定或者客观上已不可能履行外，当事人要根据合同规定的标的完成义务，不能用其他标的来代替约定标的，一方违约时也不能以偿付违约金、赔偿金的方式代替履约，对方要求继续履行合同的，仍应继续履行。

合同中所确定的标的，是为了满足当事人在生产、经营或管理等活动中一定的物资、技术、劳务等的需要，用其他标的代替，或者当一方违约时用违约金、赔偿金来补偿对方经济、技术等方面的损失，都不能满足当事人这种特定的实际需要。因此，实际履行原则的贯彻，能够促进合同当事人按合同规定的标的认真地履行自己应尽的义务。

贯彻这一原则时，必须从实际出发，在某种情况下，过于强调实际履行，不仅在客观上不可能，还会给需方造成损失。在这种情况下，应当允许用支付违约金和赔偿损失的办法代替合同的履行。如货物运输合同，按照合同法和有关货物运输法规的规定，当货物在运输途中发生损坏、灭失时，属于运输部门的过错，则承运方只按损失、灭失货物的实际损失赔偿，而不负再交付实物的义务。

3. 诚实信用原则

诚实信用原则要求人们在市场交易中讲究信用、恪守诺言、诚实无欺，在不损害他人经济利益的前提下追求自己的利益。这一原则对于一切合同及合同履行的一切方面均应适用。

(二)合同履行内容

1. 约定义务履行

约定义务是指当事人在合同中明确约定的义务，即经双方协商一致确定的义务。约定义务明确了合同履行的范围和边界，在一般情况下，合同之外超越当事人意思表示范围的义务对当事人并无拘束力，只有约定范围内的义务，才有强制执行力，必须履行。《民法典》规定："当事人应当按照约定全面履行自己的义务。"这一规定含有两层含义：第一，当事人应当按照约定全面履行自己的义务，这是合同全面履行原则的要求和体现；第二，当事人应当按照约定适当履行自己的义务，适当履行的核心是实际履行，即在通常情况下除非依法律规定，当事人应当实际履行合同，即交付标的、提供服务，而不得以承担违约责任的方式代替履行。

2. 默示义务履行

默示义务指当事人未以明示的方式写入合同，但是基于法律的直接规定或根据诚实信用原则或双方交易习惯推定的结果，应当承担义务。默示义务尽管在合同约定之外，有些甚至为当事人所反对，但它是合同义务不可缺少的组成部分，必须履行。主要原因如下：第一，有些义务是国家法律、行政法规的强制性规定，不以当事人的意志为转移，如标的的合法性，产品的强制性质量标准，合同的批准、登记，投资的验收等；第二，有些条款是当事人在谈判过程中疏忽的，因为当事人不可能面面俱到、不厌其烦地谈判，将各种义务一一列举；第三，有些义务是当事人为了促进交易，避免在某方面存在分歧而诱发谈判破裂有意忽略的，即所谓的"求大同，存小异"。

3. 附随义务履行

附随义务是指合同中属于附随、辅助和补充性质的义务。相对于主给付义务而言，其特点有以下两点：第一，它不能决定合同的性质和类型、不能独立存在，在不同的合同中表现形式不尽一致，很多情况下只能靠推定的方法才能确定；第二，它不是合同必备的基本义务，一方不得以对方不履行附随义务而同时履行抗辩权，也不得以此为由解除合同等。

4. 合同空缺条款履行

合同是当事人之间设立、变更、终止民事关系的协议，其条款的设计应当是具体、完备和全面的。但在实践中，由于当事人知识的欠缺或单纯追求效率，造成了大量条款不具体、不完备、不全面的合同的出现，这就带来了合同条款的补缺问题。凡是没有约定或约定不明确而又给履行带来困难的条款称为空缺条款。合同空缺条款不是合同的必备条款，不对合同的成立、生效构成影响，只是给履行带来困难。合同空缺条款根据合同的性质、特点及其他情况，具有可以弥补的合理基础。正因为这些条款可通过弥补方式加以明确，所以即使这些条款非常重要，空缺也不足以影响合同的成立。

《民法典》规定："合同生效后，当事人就质量、价款或者报酬、履行地点等内容没有约定或者约定不明确的，可以协议补充；不能达成补充协议的，按照合同有关条款或者交易习惯确定。"当事人就有关合同内容约定不明确，依照《民法典》合同编规定仍不能确定的，适用下列规定。

(1)质量要求不明确的，按照强制性国家标准履行；没有强制性国家标准的，按照推荐性国家标准履行；没有推荐性国家标准的，按照行业标准履行；没有国家标准、行业标准的，按照通常标准或者符合合同目的的特定标准履行。

(2)价款或者报酬不明确的，按照订立合同时履行地的市场价格履行；依法应当执行政府定价或者政府指导价的，依照规定履行。

(3)履行地点不明确，给付货币的，在接受货币一方所在地履行；交付不动产的，在不动产所在地履行；其他标的，在履行义务一方所在地履行。

(4)履行期限不明确的，债务人可以随时履行，债权人也可以随时请求履行，但是应当给对方必要的准备时间。

(5)履行方式不明确的，按照有利于实现合同目的的方式履行。

(6)履行费用的负担不明确的，由履行义务一方负担；因债权人原因增加的履行费用，由债权人负担。

(三)合同履行方式

合同履行方式是指债务人履行债务的方法。合同采取何种方式履行，与当事人有着直接的利害关系。因此，在法律有规定或者双方有约定的情况下，应严格按照法定的或约定的方式履行。没有法定或约定，或约定不明确的，应当根据合同的性质和内容，按照有利于实现合同目的的方式履行。合同履行方式主要有以下几种。

1. 分期履行

分期履行是指当事人一方或双方不在同一时间和地点以整体的方式履行完毕全部约定义务的行为，是相对于一次性履行而言的，如分期交货合同、分期付款买卖合同、按工程进度付款的工程建设合同等。如果一方不按约定履行某一期次的义务，则对方有权请求违约方承担该期次的违约责任；如果对方也是分期履行的，且没有履行先后次序，一方不履行某一期次义务，对方可作为抗辩理由，也不履行相应的义务。分期履行的义务，不履行其中某一期次的义务时，对方是否可以解除合同？这需要根据该一期次的义务对整个合同履行的地位和影响来区别对待。一般情况下，不履行某一期次的义务，对方不能因此解除全部合同，如发包方未按约定支付某一期工程款的违约救济，承包方只可主张延期交付工程项目，却不能解除合同。但是不履行的期次具备了法定解除条件的，则允许解除合同。

2. 部分履行

部分履行是就合同义务在履行期届满后的履行范围及满足程度而言的。履行期届满，全部义务得以履行为全部履行，但是其中一部分义务得以履行的，为部分履行。部分履行同时意味着部分不履行。在时间上适用的是到期履行。履行期限表明义务履行的时间界限，是适当履行的基本标志。债权人在履行期届满后有权要求其权利得到全部满足，对于到期合同，债权人有权拒绝部分履行。

3. 提前履行

提前履行是债务人在合同约定的履行期限届满以前就向债权人履行给付义务的行为。在多数情况下，提前履行债务对债权人是有利的。但在特定情况下提前履行也可能构成对债权人的不利，如可能使债权人的仓储费用增加，对鲜活产品的提前履行可能增加债权人的风险等。因此，债权人可能拒绝接受债务人提前履行，但若合同的提前履行对债权人有利，债权人则应当接受提前履行。提前履行可视为对合同履行期限的变更。

(四)合同履行中的第三人

合同一般只发生在特定的当事人之间，只对当事人具有法律约束力，只有当事人一方才有权请求对方履行合同义务，合同关系人以外的其他任何第三人均无权依据合同向当事人主张权利，当事人也不得向第三人主张权利。但随着交易的发展，为保障交易的快捷、高效、简便，在维护意思自治的基本原则下，合同可以直接为第三人设定权利义务，第三人也可通过合同获得相应的法律救济。涉及第三人的合同主要有第三方受益人合同和委托债务人合同两种情形。

(1)第三方受益人合同是指合同当事人约定债务人不向合同债权人直接履行义务，而是由债务人向合同当事人之外的第三人履行。由第三人代替债权人接受债务人的履行，应当符合以下条件：第一，必须有有效存在的债权，且第三人代替债权人接受债务人的履行并不改变债权的内容；第二，需事先经过债权人、债务人协商并达成一致；第三，债权人与第三人就代替接受债务人的履行达成合意。

《民法典》规定："当事人约定由债务人向第三人履行债务的，债务人未向第三人履行债务或者履行债务不符合约定，应当向债权人承担违约责任。"

(2)委托债务人合同是当事人约定由合同之外的第三人向债权人履行债务。由第三人代为履行债务应满足以下条件：第一，必须有有效存在的债务。双方当事人不得协商决定由第三人代为履行本不存在或已经消灭的债务；第二，第三人代为履行的债务需具有可替代性，和债务人人身密切相关的债务不可由第三人代为履行；第三，由第三人代为履行需经债权人同意；第四，债务人、第三人须就代为履行达成合意。

《民法典》规定："当事人约定由第三人向债权人履行债务的，第三人不履行债务或者履行债务不符合约定，债务人应当向债权人承担违约责任。"

(五)合同履行顺序及其抗辩权

1. 合同履行顺序的一般规则

合同履行的顺序表面上看是一个谁先谁后的时间顺序排列问题，由于市场经济中各种机会的存在，它实质上是一种风险的分担与化解机制，履行时间的设定、履行行为的启动，往往都是双方反复博弈、精心设计的。首先合同的履行顺序一般由当事人自行约定，严格按照约定进行。对于当事人的义务有先后履行顺序的，按先后顺序履行；先履行一方未履行之前，后履行一方有权拒绝其履行请求；先履行一方履行债务不符合约定的，后履行一方有权拒绝其相应的履行。这又称为"后履行抗辩权"或"异时履行抗辩权"。对于当事人的义务没有约定先后顺序的，往往要适用法律的补缺条款或惯例。

2. 同时履行抗辩权

当事人互负债务，对于没有先后履行顺序的，应当同时履行。同时履行抗辩权包括一方在对方履行之前有权拒绝其履行要求；一方在对方履行债务不符合约定时，有权拒绝其相应的履行要求。如施工合同中期付款时，对承包人施工质量不合格部分，发包人有权拒付该部分的工程款；如果发包人拖欠工程款，则承包人可以放慢施工进度，甚至停止施工。产生的后果，由违约方承担。

同时履行抗辩权的构成条件如下。

(1)双方当事人因同一双务合同互负对价义务，即双方的债务必须由同一双务合同产生，且债务具有对价性。两项给付互为条件或互为原因，两项给付的交换即为合同的履行。若双方非因同一合同产生的债务或债务虽由同一合同产生但不具有对价性，都不能成立同时履行抗辩权。

(2)两项给付没有履行先后顺序。当事人没有约定，法律也没有规定合同哪一方负有先履行给付的义务，当事人只有在此情况下才可行使同时履行抗辩权。

(3)对方当事人未履行给付或未提出履行给付。同时履行的提出是为了催促另一方当事人及时给付，故在一方当事人履行了给付后，同时履行抗辩原因就消失了。对于当事人提出履行给付的，一般来说，对方当事人不产生同时履行抗辩权。但此处的"提出履行给付"应满足两个条件：一是当事人表示要履行给付义务；二是当事人在合同规定的履行期限到来时有充分的能力履行其给付义务。否则提出履行给付不可能构成对同时履行抗辩权的对抗。

(4)同时履行抗辩权的行使，以对方给付尚属可能为限。同时履行抗辩权的行使是期待对方当事人与自己同时履行给付，若对方当事人已丧失履行能力，则合同归于解除，同时履行抗辩权就丧失了存在价值和基础。

3. 后履行抗辩权

后履行抗辩权包括两种情况：当事人互负债务，有先后履行顺序的，应当先履行的一方未履行时，后履行的一方有权拒绝其对本方的履行要求；应当先履行的一方履行债务不符合规定的，后履行的一方也有权拒绝其相应的履行要求。如材料供应合同按照约定应由供货方先行交付订购的材料后，采购方再行付款结算，若合同履行过程中供货方交付的材料质量不符合约定的标准，采购方有权拒付货款。

小提示

后履行抗辩权应满足的条件如下。
(1)由同一双务合同产生互负的对价给付债务。
(2)合同中约定了履行的顺序。
(3)应当先履行的合同当事人没有履行债务或者没有正确履行债务。
(4)应当先履行的对价给付是可能履行的义务。

---

4. 先履行抗辩权

先履行抗辩权又称不安抗辩权，是指合同中约定了履行的顺序，合同成立后发生了应当后履行合同一方财务状况恶化的情况，应当先履行合同一方在对方未履行或者提供担保前有权拒绝先为履行。设立先履行抗辩权的目的在于，预防合同成立后情况发生变化而损害合同先履行一方的利益。

先履行抗辩权的构成条件如下。

(1)先履行抗辩权的合同属双务合同，在时间上存在前后相继的两个不同履行次序。倘若没有履行上的先后次序之分，应为同时履行，则适用同时履行抗辩权。

(2)行使先履行抗辩权必须基于对方有不履行之预兆。如后履行一方财务状况恶化，履行能力急剧下降，存在明显的不履行合同的预兆，此时要求先履行一方依约履行合同，只能是无谓地扩大损失，是不公平的。因而先履行一方预料到对方确实不能履行义务时有权行使先履行抗辩权。

(3)对方不履行之预兆必须建立在确切的证据基础之上。由于经济生活复杂多变，对后履行一方的担忧不应当是主观上的推测、预料、臆断，而必须通过客观的事实来证明。

应当先履行合同的一方有确切证据证明对方有经营状况严重恶化或转移财产、抽逃资金，以逃避债务的或丧失商业信誉或有丧失或者可能丧失履行债务能力的其他情形时，可以中止履行。

当事人中止履行合同的，应当及时通知对方。对方提供适当的担保时应当恢复履行。中止履行后，对方在合理的期限内未恢复履行能力并且未提供适当的担保的，中止履行一方可以解除合同。当事人没有确切证据就中止履行合同的，应承担违约责任。

📄 案例

2023年9月，杭州市某房地产企业与该市某建筑公司签订了价值3 500万元的建筑施工总承包合同。该合同约定：房地产企业于开工前先支付25%的工程款，总计875万元。合同签订后，某房地产企业发现该建筑公司存在严重的债务问题，经营状况严重恶化，因此未按合同的约定支付25%的工程款，并要求对方提供担保。而该建筑公司未提供任何担保，并以房地产公司违约为由上诉法院要求支付违约金。

经法院调查审理，认定该建筑企业因在以往多处建筑项目中违规带资施工，导致公司资金无法正常运转，存在严重的财务风险，丧失了商业信誉，判决房地产企业的先履行抗辩权成立，该建筑公司败诉，从而使房地产企业免受巨大的经济损失。

分析：

先履行抗辩制度的构成要符合严格的条件，要防止当事人滥用。我国法律规定了先履行义务一方当事人应负担两项附随义务，即通知义务和举证义务。没有充分的证据证明对方不能履行合同而中止自己的履行的，应当承担违约责任，因此，行使先履行抗辩权的一方有主张不成立而承担违约责任的危险。

任务五 合同的变更、转让与终止

任务导读

合同变更是在不改变主体而使权利义务发生变化的现象，合同变更不仅在实践中司空见惯，也是合同制度的重要内容。

1. 熟悉合同变更的方式、变更合同的效力。
2. 掌握债权转让、债务承担、权利和义务同时转让。
3. 掌握合同的权利义务终止的相关规定。

一、合同变更

合同变更是指合同依法成立后，在尚未履行或尚未完全履行时，当出现法定条件时当事人对合同内容进行的修订或调整。当事人协商一致，可以变更合同。法律、行政法规规定变更合同时应当办理批准、登记等手续的，依照其规定办理。合同变更的特征有：合同变更必须双方协商一致，并在原合同的基础上达成新协议。合同变更必须在原合同履行完毕之前实施。合同变更只是在原合同存在的前提下对部分内容进行修改、补充，而不是对合同内容的全部变更。

1. 合同变更的方式

合同变更的方式包括当事人协商变更和法定变更两种。

当事人可以协商一致订立合同，在订立合同后，双方也有权根据实际情况，对权利义务作出合理调整。

2. 变更合同的效力

合同变更后，在维持原合同性质、效力的基础上，若干新的权利义务关系代替了旧有的规定，被变更的权利义务归于消灭，当事人受新的权利义务关系约束。合同变更不是消灭既有合同的效力，因而没有溯及力，对于已履行的债权债务，除非法律有规定或当事人特别约定，不得主张更改。合同变更或者解除，不影响当事人要求赔偿损失的权利。

二、合同转让

合同转让是指当事人一方将其合同权利或者义务的全部或者部分，或者将权利和义务一并转让给第三人，由第三人相应地享有合同权利，承担合同义务的行为。其实质是在权利义务内容维持不变的情况下，使权利、义务的主体发生转移。其中合同权利人转移的，称为合同权利转让；合同义务人转移的，称为合同义务转让；合同权利人、义务人同时转移的，称为合同的概括转让，也称一并转让。

合同转让是合同主体的变化，即权利义务从原来合同一方当事人转移至第三方，由第三方作为新的合同承受人，享有权利、承担义务。合同转让后，转让方与对方当事人的权利义务归于消灭，转让方的合同地位由受让方取而代之。这一特征使合同转让区别于转包合同、分包合同。转包合同、分包合同中的转包方、总承包方都不能终结与对方当事人的权利义务及其相应责任。

合同转让不导致合同权利义务的变更。合同转让只是权利义务主体的转移，即从一方转移至其他第三方，并不导致权利、义务的增加、减少或其他变更，且合同内容不发生变化。

1. 债权转让

债权转让是指合同债权人通过协议将其债权全部或者部分转让给第三人的行为。债权人可以将合同的权利全部或者部分转让给第三人。法律、行政法规规定转让权利应当办理批准、登记手续的，应当办理批准、登记手续。但是，对于根据合同性质不得转让、根据当事人约定不得转让或依照法律规定不得转让的情形，债权不可以转让。

债权人转让权利的，应当通知债务人。未经通知的，该转让对债务人不发生效力，且转让权利的通知不得撤销，除经受让人同意。受让人取得权利后，同时拥有与此权利相对应的从权利。若从权利与原债权人不可分割，则从权利不随之转让。债务人对债权人的抗辩同样可以针对受让人。

2. 债务承担

债务承担是指债务人将合同的义务全部或者部分转移给第三人的情况。债务人将合同的义务全部或部分转移给第三人的必须经债权人的同意；否则，这种转移不发生法律效力。法律、行政法规规定转移义务应当办理批准、登记手续的，应当办理此类手续。

债务人转移义务的，新债务人可以主张原债务人对债权人的抗辩，且新债务人应当承担与主债务有关的从债务，但该从债务专属于原债务人自身的除外。

3. 权利和义务同时转让

当事人一方经对方同意，可以将自己在合同中的权利和义务一并转让给第三人。当事人订立合同后合并的，由合并后的法人或者其他组织行使合同权利，履行合同义务。当事人订立合同后分立的，除债权人和债务人另有约定外，由分立的法人或其他组织对合同的权利和义务享有连带债权，承担连带债务。

三、合同终止

合同终止是指合同效力归于消灭，合同中的权利义务对双方当事人不再具有法律约束力。合同终止即合同的死亡，是合同生命旅程的终端。

《民法典》规定：有下列情形之一的，合同的权利义务终止。

(1)债务已经履行。

(2)债务相互抵销。

(3)债务人依法将标的物提存。

(4)债权人免除债务。

(5)债权债务同归于一人。

(6)法律规定或者当事人约定终止的其他情形。

合同终止后，权利义务整体不复存在，但一些附随义务依然存在。此外，合同终止后有些内容具有独立性，并不因合同终止而失去效力。

真题解读

根据《标准施工招标文件》，发生工程变更时，已标价工程量清单中无适用或类似子目单价的变更工作，单价应由(　　)商定或确定。(2023年全国监理工程师职业资格考试真题)

A. 发包人　　　　　　B. 承包人　　　　　　C. 监理人　　　　　　D. 造价管理机构

【精析】根据《标准施工招标文件》，已标价工程量清单中无适用或类似子目的单价，可按照成本加利润的原则，由监理人按规定商定或确定变更工作的单价。

任务六　合同违约责任

任务导读

　　合同的违约责任是由双方当事人在合同当中的内容来进行约定的。根据我们国家法律的规定，没有约定违约责任的，按照实际的损失确定。

任务目标

　　1. 了解违约行为、预期违约。
　　2. 掌握承担违约责任的条件、承担违约责任的方式。

知识准备

一、违约行为

　　违约行为也称违反合同行为，简称违约，是指一方当事人不合理拒绝或者不履行合法和强制性的合同义务，即完全不履行合同中规定的任何义务，通常表现为拒绝履行、不履行、延迟履行或者不当履行等形式。《民法典》中将违约行为分为"不履行合同义务"和"履行合同义务不符合约定"两种，前者简称为全部违约，后者简称为部分违约。"不履行合同义务"，并非是指义务人没有履行合同中规定的任何一项义务，而是未履行的义务是可以使权利方不能实现其目的，即构成"不履行合同义务"。与此相对应的，尚未履行的义务并非至关紧要的内容，不会导致债权人预期利益和订约目的的丧失，就不能视为"不履行合同义务"，只能视为"履行合同义务不符合约定"，如交付时间、数量、方式不符合约定。

二、预期违约

　　预期违约又称为先期违约，是指合同依法成立后，在约定的履行期限届满前，合同一方当事人向对方明确表示其将拒绝履行合同的主要义务或以自己的行为表明不履行主要义务的情形。预期违约与实际违约既有联系又有区别。两者都发生在有一定履行期限的有效合同之中，无效合同、即时结清的合同根本不存在违约。但预期违约时发生在合同履行期限届满之前，而实际违约时发生在合同履行期限届满之后；前者是一种预见性的，有可能对对方当事人造成重大损失的潜在威胁，而后者是已经发生的，并实际已给对方造成了一定的经济损失；前者并不是直接违反合同给付义务本身，而是实施了危害给付义务实现的不作为义务，后者违反的则是合同的现实给付义务。预期违约与实际违约间并非不可逾越。如果预期违约行为得不到及时矫正、补救与制约，持续到履行期届满之时便成为实际违约。

　　预期违约根据其行为方式可以划分为两种：一种是明示毁约，即通过文字、言辞等明确表示不履行将要到期的义务；另一种是默示毁约，即通过履约的准备行为、与履行不一致的其他行为推断，未来履行义务十分困难。这种推断、预见必须有合法的理由和足够的证据，而非当事人的主观臆断，如在履约期限届满前对方的履约能力严重不足、对方信用严重缺陷、对方持续较长时间的停止支付等客观行为表明对方将不会或不能履约等。

预期违约制度的设置，主要是适应经济生活千变万化的需要。有些合同在履行中出现变故，履行起来十分困难，趁早通知对方，既有利于对方尽快采取补救措施，防范损失的进一步扩大，也有利于自己尽早摆脱履行的困境。因而，预期违约是均衡双方利益基础上的一种极为有效的制度设计。

三、承担违约责任的条件

当事人承担违约责任的条件，是指当事人承担违约责任应当具备的条件。承担违约责任的条件采用严格责任原则。只要当事人有违约行为，即当事人不履行合同或者履行合同不符合约定的条件，就应当承担违约责任。具体分析，违反合同的当事人的行为符合下列条件时，应当承担法律责任。

(1)违反合同要有违约事实。当事人不履行或不完全履行合同约定义务的行为一经出现，即形成违约事实，不论造成损失与否，均应承担违约责任。

(2)违反合同的行为人有过错。所谓过错，包括故意和过失，是指行为人决定实施其行为时的心理状态。

(3)违反合同的行为与违约事实之间有因果关系。

小提示

> 对于当事人一方不履行非金钱债务或者履行非金钱债务不符合约定的，对方可以要求履行，但有下列情形之一的除外。
> (1)法律上或事实上不能履行。
> (2)债务的标的不适于强制履行或者履行费用过高。
> (3)债权人在合理期限内未要求履行。

四、承担违约责任的方式

违约责任承担的方式主要有以下几种。

1. 支付违约金

违约金是指当事人因过错不履行或不完全履行经济合同，应付给对方当事人的、由法律规定或合同约定的一定数额的货币。违约金只能在合同中约定，没有约定则不产生违约金。如果约定的违约金低于或过分高于违约行为所造成的损害，当事人可请求人民法院或者仲裁机构增加或适当减少。

2. 支付赔偿金

赔偿金是指当事人过错违约给对方造成损失，在没有规定违约金或违约金不足以弥补损失时，支付的一定数额的货币。一方当事人违反经济合同的赔偿责任，应相当于对方当事人因此所受到的损失，包括财产的毁损、灭失、减少和为减少损失所发生的费用，以及按照合同约定履行可以获得的利益。但违约一方的损失赔偿不得超过其订立合同时应当预见到的损失。法律、法规规定责任限额的，依照法律、行政法规的规定承担责任。当事人也可以在合同中约定因违约而产生的损失赔偿额的计算方法。

赔偿金应在明确责任后 10 天内偿付，否则就按逾期付款处理。所谓明确责任，在实践中有两种情况：一是由双方自行协商明确各自的责任；二是由合同仲裁机关或人民法院明确责任。日期的计算，前者以双方达成协议之日起计算，后者以调解书送达之日起或裁决书、审判书生效之日起计算。

3. 继续履行

继续履行是指由于当事人一方的过错造成违约事实发生，并向对方支付违约金或赔偿金之后，合同未经解除，而仍然不失去其法律效力，也即并不因违约人支付违约金或赔偿金而免除其继续履行合同的义务。合同的继续履行，既是实际履行原则的体现，也是一种违约责任，它可以实现双方当事人订立合同要达到的实际目的。

继续履行有如下限制：法律上或者事实上不能履行，债务的标的不适于强制履行或者履行费用过高，债权人在合理期限内未要求履行的，债务人可以免除继续履行的责任。

4. 赔偿损失

赔偿损失是指当事人一方不履行合同义务或者履行合同义务不符合约定，而给对方当事人导致经济上的损失，依法应承担的一种违约责任。第一，赔偿损失作为一般规则具有补偿性。第二，赔偿损失作为例外，对消费者予以惩罚性赔偿。《中华人民共和国消费者权益保护法》规定："经营者提供商品或者服务有欺诈行为的，应当按照消费者的要求赔偿其受到的损失，增加赔偿的金额为消费者购买商品的价款或者接受服务的费用的三倍。"这一规定从合同领域对消费者提供了特别的保护。第三，赔偿损失可以与其他救济手段相结合。第四，赔偿损失以金钱的方式进行。

在法定免责情形之外，赔偿损失必须具备三个构成要件，即违约行为的客观存在、损害后果、违约行为和损害后果之间存在因果关系，就可承担赔偿责任，而没有必要再去证明违约是不是基于过错引起的。

赔偿损失的责任限制包括损失赔偿的减轻和损益相抵两个方面。损失赔偿的减轻，指的是当事人一方违约后，对方应当采取适当措施防止损失的扩大，没有采取措施致使损失扩大的，不得就扩大的损失要求赔偿。损益相抵是指违约方承担赔偿责任的数额中应扣除该违约行为给受害人带来的利益或因此所避免的损失或费用。

5. 其他救济措施

其他救济措施包括质量瑕疵的救济和补救措施。对于质量不符合约定的，应当按照当事人的约定承担违约责任。当事人根据自身需要在合同中约定责任方式。《民法典》规定："当事人一方不履行合同义务或者履行合同义务不符合约定的，应当承担继续履行、采取补救措施或者赔偿损失等违约责任。"补救措施应是继续履行合同、质量救济、赔偿损失等之外的法定救济措施。补救措施在不同的违约中有不同的表现形式，如出卖人自己生产的产品数量不足，经买受人同意用购买替代品来履行等。

真题解读

根据《招标投标法实施条例》，要求投标人提交投标保证金的，投标保证金数额不得超过招标项目估算价的（　　）。（2023 年全国监理工程师职业资格考试真题）

A. 2% B. 3% C. 5% D. 10%

【精析】根据《招标投标法实施条例》，招标人在招标文件中要求投标人提交投标保证金的，投标保证金不得超过招标项目估算价的 2%。投标保证金有效期应当与投标有效期一致。

案例

甲公司与乙公司依法订立一份总货款为20万元的购销合同。合同约定违约金为货款总值的5%。同时，甲公司向乙公司给付定金5 000元，后乙公司违约，给甲公司造成损失2万元。甲公司依法最多可要求乙公司偿付多少？

分析：

本案例涉及违约责任制度的一个重大理论问题——违约金与定金的关系。《民法典》第五百八十八条规定："当事人既约定违约金，又约定定金的，一方违约时，对方可以选择适用违约金或者定金条款。"也就是说，该条授权受损害方有选择适用两条条款的权利。那么，如何选择呢？当然是选择最有利于受损害方的条款，也即哪一条款的价额高，就适用哪个条款。本案若适用定金条款，甲公司只能得到1万元(定金双倍返还)，那么依违约金条款呢？本案例中违约金也为1万元，但又依据《民法典》第五百八十五条中的规定，约定的违约金低于造成的损失的，当事人可以请求人民法院或者仲裁机构予以增加；约定的违约金过分高于造成的损失的，当事人可以请求人民法院或仲裁机构予以适当减少。本案中甲公司受损2万元，故甲公司可请求人民法院或仲裁机构增至2万元。另外，乙公司还应返还甲公司交付的定金5 000元，即共返2.5万元。

项目小结

本项目主要介绍了合同法律关系，合同代理与合同担保，合同的订立与成立，合同的效力与履行，合同的变更、转让与终止，合同违约责任等内容。通过本项目的学习，学生可对《民法典》合同编有一定的认识，能在工作中正确应用相关合同法律。

课后练习

1. 什么是自然人与法人？
2. 法人应具备哪些条件？
3. 简述合同法律关系。
4. 什么是无权代理？
5. 发生什么情况时应没收投标保证金？
6. 简述抵押合同的内容。
7. 使要约有效的条件都有什么？
8. 合同成立的时间应符合哪些规定？
9. 合同生效应具备哪些条件？
10.《民法典》规定的无效合同的条件是什么？
11. 可撤销合同与无效合同有哪些区别？
12. 合同终止的情形有哪些？
13. 分析预期违约与实际违约的联系与区别。

项目三 工程项目招标投标

项目引例

某重点工程项目计划于2020年12月28日开工，由于工程复杂，技术难度高，一般施工队伍难以胜任，业主自行决定采取邀请招标方式。于2020年9月8日向通过资格预审的A、B、C、D、E五家施工承包企业发出了投标邀请书。该五家企业均接受了邀请，并在规定时间(9月20—22日)内购买了招标文件。招标文件中规定，10月18日下午4时是招标文件规定的投标截止时间，11月10日发出中标通知书。

课件：工程项目
招标投标

在投标截止时间之前，A、B、D、E四家企业提交了投标文件，但C企业于10月18日下午5时才送达，原因是中途堵车；10月21日下午由当地招投标监督管理办公室主持进行了公开开标。

评标委员会成员共有7人组成，其中当地招标投标监督管理办公室1人，公证处1人，招标人1人，技术经济方面专家4人。评标时发现E企业投标文件虽无法定代表人签字和委托人授权书，但投标文件均已有项目经理签字并加盖了公章。评标委员会于10月28日提出了评标报告。B、A企业分获综合得分第一名和第二名。由于B企业投标报价高于A企业，11月10日招标人向A企业发出了中标通知书，并于12月12日签订了书面合同。

(1)企业自行决定采取邀请招标方式的做法是否妥当？说明理由。

(2)C企业和E企业投标文件是否有效？说明理由。

(3)请指出开标工作的不妥之处，说明理由。

职业能力

能够根据工程项目特点、要求编制招标文件，具有组织工程项目招标的基本技能；能够掌握建设工程项目投标程序的要求，具备编制建设工程投标文件，以及在建筑市场中获取工程建设任务的能力。

职业道德

从招标投标的制度联系国家法律法规对人民的保护、家国情怀和人文关怀，引导学生对国家政策的正确理解，进而培养同学们的爱国情怀。培养学生养成公正、严谨、规范的职业习惯，让学生懂得职业不分贵贱，付出劳动才能获得快乐。

任务一 招标投标法律制度

建设工程招标投标制度,是建设单位对拟建的建设工程项目通过法定的程序和方法吸引承包单位公平竞争,并从中选择条件优越者来完成建设工程任务的行为。

1. 熟悉建设工程招标投标的概念、建设工程招标投标的分类。
2. 了解政府行政主管部门对招标投标的监情况,定下工程招标投标原则。

一、建设工程招标投标的概念与分类

(一)建设工程招标投标的概念

招标与投标实际上是一种商品交易方式。这种交易方式的成本比较高,但具有很强的竞争性。通过竞争,发包方或买受人在得到质量、期限等保证的同时,享受优惠的价格,当交易数量大到一定规模时,较高的交易成本就可忽略不计,因此在工程项目承发包和大宗物资的交易中应用十分广泛,特别是建设工程的发包,我国的法律法规明确规定除不宜招标的工程项目外,都应当实行招标发包。

建设工程招标投标是在市场经济条件下,在工程承包市场中围绕建设工程这一特殊商品而进行的一系列特殊交易活动(如可行性研究、勘察设计、工程施工、材料设备采购等)。

建设工程招标投标是引入竞争机制订立合同(契约)的一种法律形式。它是指招标人对工程建设、货物买卖、劳务承担等交易业务,事先公布选择分派的条件和要求,招引他人承接,若干或众多投标人作出愿意参加业务承接竞争的意思表示,招标人按照规定的程序和办法择优选定中标人的活动。按照我国有关规定,招标投标的标的,即招标投标有关各方当事人权利和义务所共同指向的对象,包括工程、货物、劳务等。

(二)建设工程招标投标的分类

1. 按工程项目建设程序分类

根据工程项目建设程序,招标可分为三类,即工程项目开发招标、工程勘察设计招标和工程施工招标。这是由建筑产品交易生产过程的阶段性决定的。

(1)工程项目开发招标。这种招标是建设单位(业主)邀请工程咨询单位对建设项目进行可行性研究,其"标的物"是可行性研究报告。中标的工程咨询单位必须对自己提供的研究成果认真负责,可行性研究报告应得到建设单位认可。

(2)工程勘察设计招标。工程勘察设计招标是指招标单位就拟建工程勘察和设计任务发布通告，以法定方式吸引勘察单位或设计单位参加竞争，经招标单位审查获得投标资格的勘察、设计单位，按照招标文件的要求，在规定的时间内向招标单位填报投标书，招标单位从中择优确定中标单位，完成工程勘察或设计任务。

（3）工程施工招标。工程施工招标投标是针对工程施工阶段的全部工作开展的招标投标，根据工程施工范围大小及专业不同，可分为全部工程招标、单项工程招标和专业工程招标等。

2. 按工程承包的范围分类

（1）项目总承包招标。这种招标可分为两种类型：一种是工程项目实施阶段的全过程招标；另一种是工程项目全过程招标。前者是在设计任务书已经审完，从项目勘察、设计到交付使用进行一次性招标；后者是从项目的可行性研究到交付使用进行一次性招标，业主提供项目投资和使用要求及竣工、交付使用期限，其可行性研究、勘察设计、材料和设备采购、施工安装、职工培训、生产准备和试生产、交付使用都由一个总承包商负责承包，即所谓的"交钥匙工程"。

（2）专项工程承包招标。在对工程承包招标中，对其中某项比较复杂或专业性强，施工和制作要求特殊的单项工程，可以单独进行招标的，称为专项工程承包招标。

3. 按行业部门类别分类

按行业部门类别分类，招标可分为土木工程招标、勘察设计招标、货物设备采购招标、机电设备安装工程招标、生产工艺技术转让招标、咨询服务（工程咨询）招标。

土木工程包括铁路、公路、隧道、桥梁、堤坝、电站、码头、飞机场、厂房、剧院、旅馆、医院、商店、学校、住宅等。货物设备采购包括建筑材料和大型成套设备等。咨询服务包括项目开发性研究、可行性研究、工程监理等。我国财政部经世界银行同意，专门为世界银行贷款项目的招标采购制定了有关方面的标准文本，包括货物采购国内竞争性招标文件范本、土建工程国内竞争性招标文件范本、资格预审文件范本、货物采购国际竞争性招标文件范本、土建工程国际竞争性招标文件范本、生产工艺技术转让招标文件范本、咨询服务合同协议范本、大型复杂工厂与设备的供货和安装监督招标文件范本总包合同（交钥匙工程）招标文件范本，以便利用世界银行贷款来支持和帮助我国的国民经济建设。

4. 按工程建设项目的构成分类

按照工程建设项目的构成，建设工程招标投标可以分为全部工程招标投标、单项工程招标投标、单位工程招标投标、分部工程招标投标、分项工程招标投标。全部工程招标投标，是指对一个工程建设项目（如一所学校）的全部工程进行的招标投标。单项工程招标投标，是指对一个工程建设项目（如一所学校）中所包含的若干单项工程（如教学楼、图书馆、食堂等）进行的招标投标。单位工程招标投标，是指对一个单项工程所包含的若干单位工程（如一幢房屋）进行的招标投标。分部工程招标投标，是指对一个单位工程（如土建工程）所包含的若干分部工程（如土石方工程、深基坑工程、楼地面工程、装饰工程等）进行的招标投标。分项工程招标投标，是指对一个分部工程（如土石方工程）所包含的若干分项工程（如人工挖地槽、挖地坑、回填土等）进行的招标投标。

5. 按工程是否具有涉外因素分类

按照工程是否具有涉外因素，建设工程招标投标可以分为国内工程招标投标和国际工程招标投标。国内的工程招标投标是指对本国没有涉外因素的建设工程进行的招标投标。国际工程招标投标是指对有不同国家或国际组织参与的建设工程进行的招标投标，包括本国的国际工程(习惯上称为涉外工程)招标投标和国外的国际工程招标投标两个部分。

国内工程招标投标和国际工程招标投标的基本原则是一致的,但在具体做法上有差异。随着社会经济的发展和国际工程交往的增多,国内工程招标投标和国际工程招标投标在做法上的区别已越来越小。

二、政府行政主管部门对招标投标的监督

(一)依法核查必须采用招标方式选择承包单位的建设项目

工程建设招标可以是全过程招标,其工作内容包括可行性研究、勘察设计、物料专供、建筑安装施工乃至使用后的维修,也可是阶段性建设任务的招标,如勘察设计、项目施工;可以是整个项目发包,也可是单项工程发包。在施工阶段,还可依承包内容的不同,分为包工包料、包工部分包料、包工不包料。进行工程招标时,业主必须根据工程项目的特点,结合自身的管理能力,确定工程的招标范围。

1. 必须招标的范围

《招标投标法》规定,任何单位和个人不得将必须进行招标的项目化整为零或以其他任何方式规避招标。如果发生此类情况,不仅责令其改正,还可暂停项目执行或暂停资金拨付,并对单位负责人或其他直接责任人依法给予行政处分或纪律处分。《招标投标法》中规定,属于必须以招标方式进行工程项目建设及与建设有关的设备、材料等采购的总体范畴包括

(1)大型基础设施、公用事业等关系社会公共利益、公众安全的项目。

(2)全部或者部分使用国有资金或者国家融资的项目。

(3)使用国际组织或者外国政府贷款、援助资金的项目。

2. 可以不进行招标的范围

按照《招标投标法》和其他规定,属于下列情形之一的,经县级以上地方人民政府建设行政主管部门批准,可以不进行招标。

(1)涉及国家安全、国家秘密的工程。

(2)抢险救灾工程。

(3)利用扶贫资金实行以工代赈、需要使用农民工等特殊情况的工程。

(4)对建筑造型有特殊要求的设计。

(5)采用特定专利技术、专有技术进行设计或施工。

(6)停建或者缓建后恢复建设的单位工程,且承包人未发生变更的。

(7)施工企业自建自用的工程,且施工企业资质等级符合工程要求的。

(8)在建工程追加的附属小型工程或者主体加层工程,且承包人未发生变更的。

(9)法律、法规、规章规定的其他情形。

(二)招标备案

工程项目的建设应当按照建设管理程序进行。为了保证工程项目的建设符合国家或地方总体发展规划,以及能使招标后工作顺利进行,不同标的的招标均需满足相应的条件。

为了保证招标行为的规范化,能科学评标,达到通过招标选择承包人的预期目的,招标人应满足下列要求。

(1)有与招标工作相适应的经济、法律咨询和技术管理人员。

(2)有组织编制招标文件的通力。

(3)有审查投标单位资质的能力。

(4)有组织开标、评标、定标的能力。

招标代理机构是依法成立的组织,与行政机关和其他国家机关没有隶属关系。为了保证完满地完成代理业务,必须取得建设行政主管部门的资质认定。招标代理机构应具备的基本条件如下。

(1)有从事招标代理业务的营业场所和相应资金。

(2)有能够编制招标文件和组织评标的相应专业能力。

(3)有可以作为评标委员会成员人选的技术、经济等方面的"专家库"。

委托代理机构招标是招标人的自主行为,任何单位和个人不得强制委托代理或指定招标代理机构。招标人委托的代理机构应尊重招标人的要求,在委托范围内办理招标事宜并遵守《招标投标法》对招标人的有关规定。

依法必须招标的建筑工程项目,无论是招标人自行组织招标还是委托代理招标,均应当按照法规,在发布招标公告或者发出招标邀请书前,持有关材料到县级以上地方人民政府建设行政主管部门备案。

(三)对招标有关文件的核查备案

招标人有权依据工程项目特点编写与招标有关的各类文件,但内容不得违反法律规范的相关规定。建设行政主管部门核查的内容主要包括以下几个方面。

1. 对投标人资格审查文件的核查

(1)不得以不合理条件限制或排斥潜在投标人。为了使招标人能在较广泛范围内优选最佳投标人,以及维护投标人进行平等竞争的合法权益,不允许在资格审查文件中以任何方式限制或排斥本地区、本系统以外的法人或组织参与投标。

(2)不得对潜在投标人实行歧视待遇。为了维护招标投标的公平、公正原则,不允许在资格审查标准中针对外地区或外系统投标人设立压低分数的条件。

(3)不得强制投标人组成联合体投标。以何种方式参与投标竞争是投标人的自主行为,投标人可以选择单独投标,也可以作为联合体成员与其他人共同投标,但不允许既参加联合体投标,又单独投标。

2. 对招标文件的核查

(1)招标文件的组成是否包括招标项目的所有实质性要求和条件,以及拟签订合同的主要条款,能使投标人明确承包工作范围和责任,合理预见风险,从而编制出符合规范的投标文件。

（2）招标项目需要划分标段时，核查承包工作范围的合同界限是否合理。承包工作范围可以是包括勘察设计、施工、供货的交钥匙工程承包，也可以按工作性质划分成勘察、设计、施工、物资供应、设备制造、监理等的分项工作内容承包。施工招标的独立合同承包工作范围应是整个工程、单位工程或特殊专业工程的施工内容，不允许肢解工程招标。

（3）招标文件是否有限制公平竞争的条件。在文件中不得要求或标明特定的生产供应者，以及含有倾向或排斥潜在投标人的其他内容，主要核查是否有针对外地区或外系统设立的不公正评标条件。

（四）对投标活动的监督

全部使用国有资金投资或者国有资金投资占控股或主导地位，依法必须进行施工招标的工程项目，应当进入有形建筑市场进行招标投标活动。各地建设行政主管部门认可的建设工程交易中心，既为招投标活动提供场所，又可以使相关行政主管部门对招标投标活动进行有效的监督。

（五）查处招标投标活动中的违法行为

《招标投标法》明确提出，国务院规定的有关行政监督部门有权依法对招标投标活动中的违法行为进行查处。视情节和对招标的影响程度，承担后果责任的形式如下：判定招标无效，责令改正后重新招标；对单位负责人或其他直接责任者给予行政或纪律处分；没收非法所得，并处以罚金；构成犯罪的，依法追究刑事责任。

三、建设工程招标投标原则

1. 公开原则

公开原则要求建设工程招标投标活动具有较高的透明度，具体有以下几层意思。

（1）建设工程招标投标的信息公开。通过建立和完善建设工程项目报建登记制度，及时向社会发布建设工程招标投标信息，让有资格的投标者都能享受到同等的信息，便于进行投标决策。

（2）建设工程招标投标的条件公开。什么情况下可以组织招标，什么机构有资格组织招标，什么样的单位有资格参加投标等，必须向社会公开，便于社会监督。

（3）建设工程招标投标的程序公开。工程建设项目的招标投标应当经过哪些环节、步骤，在每一环节、步骤有什么具体要求和时间限制等，凡是适宜公开的，均应当予以公开；在建设工程招标投标的全过程中，招标单位的主要招标活动程序、投标单位的主要投标活动程序和招标投标管理机构的主要监管程序，必须公开。

（4）建设工程招标投标的结果公开。对于哪些单位参加了投标，哪个单位中标，应公开。

2. 公平原则

公平原则是指所有当事人和中介机构在建设工程招标投标活动中，享有均等的机会，具有同等的权利，履行相应的义务，任何一方都不受歧视。它主要体现在以下方面。

（1）工程建设项目，凡符合法定条件的，都一样进入市场通过招标投标进行交易，市场主体不仅包括承包方，而且也包括发包方，发包方进入市场的条件是一样的。

（2）在建设工程招标投标活动中，所有合格的投标人进入市场的条件和竞争机会都是一样的，招标人对投标人不得搞区别对待，厚此薄彼。

（3）建设工程招标投标涉及的各方主体，都负有与其享有的权利相适应的义务，因情势变迁（不可抗力）等原因造成各方权利义务关系不均衡的，都可以而且应当依法予以调整或解除。

（4）当事人和中介机构对建设工程招标投标中自己有过错的损害根据过错大小承担责任，对各方均无过错的损害则根据实际情况分担责任。

3. 公正原则

公正原则是指在建设工程招标投标活动中，按照同一标准实事求是地对待所有的当事人和中介机构，如招标人按照统一的招标文件示范文本公正地表述招标条件和要求，按照事先经建设工程招标投标管理机构审查认定的评标定标办法，对投标文件进行公正评价，择优确定中标人等。

4. 诚实信用原则

诚实信用原则简称诚信原则，是指在建设工程招标投标活动中，当事人和有关中介机构应当以诚相待、讲求信义、实事求是，做到言行一致、遵守诺言、履行成约，不得见利忘义、投机取巧、弄虚作假、隐瞒欺诈、以次充好、掺杂使假、坑蒙拐骗，损害国家、集体和其他人的合法权益。诚信原则是建设工程招标投标活动中的重要道德规范，也是法律上的要求。诚信原则要求当事人和中介机构在进行招标投标活动时，必须具备诚实无欺、善意守信的内心状态，不得滥用权力损害他人，要在自己获得利益的同时充分尊重社会公德和国家的、社会的、他人的利益，自觉维护市场经济的正常秩序。

真题解读

工程总承包招标与施工招标相比，两者存在的差异是（　　　）。（2023年全国监理工程师职业资格考试真题）

A. 招标程序　　　　B. 中标通知书格式　　　C. 价格清单组成　　　D. 评标方式

【精析】与施工招标相比，工程总承包招标文件中价格清单的内容与施工合同中投标报价的内容不同，前者包含有关勘察设计费等。

任务二　建设工程招标

任务导读

建设工程招标投标是市场经济条件下进行大宗货物的买卖、工程建设项目的发包与承包，以及服务项目的采购与提供时所采用的一种交易方式。

任务目标

1. 熟悉建设工程招标方式及招标方式的选择。

2. 掌握建设工程招标程序、建设工程施工招标文件的编制方法。

一、建设工程招标方式及招标方式的选择

1. 公开招标

公开招标是指招标人在指定的报刊、电子网络或其他媒体上发布招标公告，吸引众多的投标人参加投标竞争，招标人从中择优选择中标单位。公开招标是一种无限制的竞争方式，按竞争程度又可以分为国际竞争性招标和国内竞争性招标。公开招标可以保证招标人有较大的选择范围，可在众多的投标人中选定报价合理、工期较短、信誉良好的承包商，这有助于打破垄断，实行公平竞争。

2. 邀请招标

邀请招标也称选择性招标或有限竞争招标，是指招标人以投标邀请书的方式邀请特定的法人或者其他组织投标，选择一定数目的法人或其他组织（不少于3家）。邀请招标的优点是经过选择的投标单位在施工经验、技术力量、经济和信誉上都比较可靠，因此，一般能保证进度和质量要求。此外，由于加投标的承包商数量少，招标时间相对缩短，招标费用也较低。

小提示

> 邀请招标在价格、竞争的公平方面仍存在一些不足之处，因此《招标投标法》规定，国家重点项目和省、自治区、直辖市的地方重点项目不宜进行公开招标的，经过批准后可以进行邀请招标。

公开招标与邀请招标的区别如下。

(1)招标信息的发布方式不同。公开招标是利用招标公告发布招标信息，而邀请招标是采用向3家以上具备实施能力的投标人发出投标邀请书，请他们参与投标竞争。

(2)对投标人资格预审的时间不同。进行公开招标时，由于投标响应者较多，为了保证投标人具备相应的实施能力以及缩短评标时间，突出投标的竞争性，通常设置资格预审程序。而邀请招标由于竞争范围小，且招标人对邀请对象的能力有所了解，不需要再进行资格预审，但评标阶段仍要对各投标人的资格和能力进行审查和比较，通常称为"资格后审"。

(3)邀请的对象不同。邀请招标邀请的是特定的法人或者其他组织，而公开招标发布对象是不特定的法人或者其他组织。

3. 议标

议标由工程建设项目招标单位选择几家有承担能力的建筑安装企业进行协商，在保证工程质量的前提下，在施工图预算或工程量清单计价的基础上，对工程造价、工期等进行协商，若能达成一致意见，就可被认定为中标单位。

4. 招标方式的选择

公开招标与邀请招标相比，可以在较大的范围内优选中标人，有利于投标竞争，但招标花费的费用较高、时间较长。采用何种形式招标应在招标准备阶段进行认真研究，主要分析哪些项目对投标人有吸引力，可以打开市场。对于明显可以展开竞争的项目，应首先

考虑采用打破地域和行业界限的公开招标。

为了符合市场经济要求并规范招标人的行为，《建筑法》规定，依法必须进行施工招标的工程，全部使用国有资金投资或者国有资金投资占控股或主导地位的，应当公开招标。《招标投标法》进一步明确规定："国务院发展计划部门确定的国家重点和省、自治区、直辖市人民政府确定的地方重点项目不适宜公开招标的，经国务院发展计划部门或者省、自治区、直辖市人民政府批准，可以进行邀请招标。"采用邀请招标方式时，招标人应当向3个以上具备承担该工程施工能力、资信良好的施工企业发出投标邀请书。

采用邀请招标的项目一般属于以下几种情况之一。

(1)涉及保密的工程项目。

(2)专业性要求较强的工程，一般施工企业缺少技术、设备和经验，采用公开招标响应者较少。

(3)工程量较小，合同额不高的施工项目，对实力较强的施工企业缺乏吸引力。

(4)地点分散且属于劳动密集型的施工项目，对外地域的施工企业缺乏吸引力。

(5)工期要求紧迫的施工项目，没有时间进行公开招标。

(6)其他采用公开招标所花费的时间和费用与招标人最终可能获得的好处不相适应的施工项目。

二、建设工程招标程序

建设工程招标程序是指建设工程项目招标活动按照一定的时间和空间应遵循的先后顺序，是以招标单位及其代理人为主进行的有关招标的活动程序。

建设工程招标包括三个阶段。

(1)准备阶段。从办理招标申请开始到发出招标公告或投标邀请书为止的时间段，主要工作有办理工程报建手续、选择招标方式、设立招标组织或委托招标代理人、编制招标文件和招标控制价、办理招标备案手续。

(2)招标阶段。该阶段也是投标人的投标阶段，从发布招标广告之日起到投标截止之日的时间段，主要包括发布招标公告或发出投标邀请书、投标资格预审、发放招标文件和有关资料、组织现场踏勘、标前会议和接受投标文件。

(3)决标阶段。从开标之日起到与中标人签订承包合同为止的时间段。主要工作是开标、评标、定标和发放中标通知书、签订合同。

《标准施工招标文件》规定的建设工程招标的一般程序如图3-1所示。

(一)招标准备工作(主要是业主的工作)

招标准备工作包括招标资格与备案、招标机构的资格、编制招标文件、编制招标控制价等。这些准备工作应该相互协调，有序实施。

1. 招标资格与备案

建设工程招标人是提出招标项目，发出招标邀约要求的法人或其他组织。招标人是法人的，应当有必要的财产或者经费，有自己的名称、组织机构和场所，具有民事行为能力，且能够依法独立享有民事权利和承担民事义务的机构，包括企业、事业、政府、机关和社会团体法人。

招标人向建设行政主管部门办理申请招标手续。招标备案文件应说明招标工作范围、招标方式、计划工期、对投标人的资质要求、招标项目的前期准备工作的完成情况、自行招标还是委托代理招标等内容。

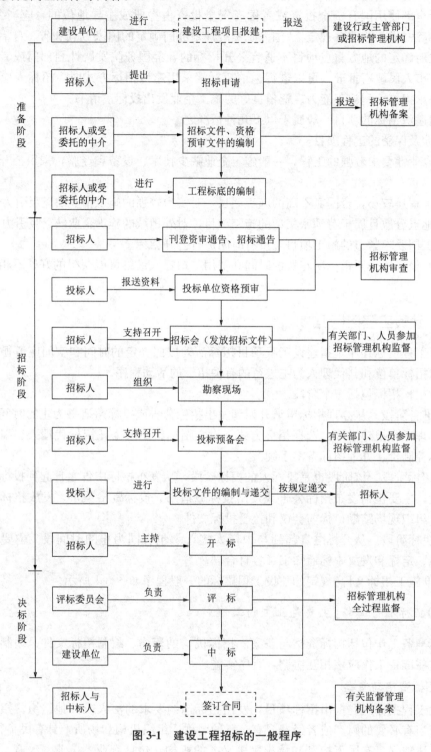

图 3-1　建设工程招标的一般程序

2. 招标机构的资格

(1)自行组织。招标人如具有与招标项目规模和复杂程度相适应的技术、经济等方面的专业人员，经审核后可以自行组织招标。

招标人自行办理招标事宜，应当具有编制招标文件和组织评标的能力，具体包括具有项目法人资格（或者法人资格）；具有与招标项目规模和复杂程度相适应的工程技术、概预算、财务和工程管理等方面的专业技术力量；有从事同类工程建设项目招标的经验；拥有 3 名以上取得招标职业资格的专职业务人员；熟悉和掌握《招标投标法》及其他法规的规定。

（2）委托代理。招标人如不具备自行组织招标的能力条件，应当委托招标代理机构办理招标事宜。《招标投标法》第十三条规定："招标代理机构应当具备下列资格条件：有从事招标代理业务的营业场所和相应资金；有能够编制招标文件和组织评标的相应专业力量。"

3. 编制招标文件

招标人应根据《标准施工招标文件》和《行业标准施工招标文件》（如有），结合招标项目具体特点和实际需要，编制招标文件。招标文件是投标人编制投标文件和报价的依据，因此应该包括招标项目的所有实质性要求和条件。

4. 编制招标控制价

招标控制价是由招标人组织专门人员为准备招标的工程计算出的一个合理的基本价格。它不等于工程的概（预）算，也不等于合同价格。招标控制价是招标人的绝密资料，在开标前不能向任何无关人员泄露。招标人根据招标项目的技术、经济特点和需要可以自主决定是否编制招标控制价。

（二）发布招标公告或发出招标邀请

公开招标的投标机会必须通过公开广告的途径予以通告，使所有的合格的投标者都有同等的机会了解投标要求，以形成尽可能广泛的竞争局面。我国有关法律规定，依法应当公开招标的工程，必须在主管部门指定的媒介上发布招标公告。招标公告的发布应当充分公开，任何单位和个人不得非法限制招标公告的发布地点和发布范围。指定媒介发布依法必须发布的招标公告，不得收取费用。

招标公告的主要内容如下。

（1）招标人名称、地址，联系人姓名、电话；委托代理机构进行招标的，还应注明该机构的名称和地址。

（2）工程情况简介，包括项目名称、建筑规模、工程地点、结构类型、装修标准、质量要求、工期要求。

（3）承包方式，材料、设备供应方式。

（4）对投标人资质的要求及应提供的有关文件。

（5）招标日程安排。

（6）招标文件的获取办法，包括发售招标文件的地点、文件的售价及开始和截止出售的时间。

（7）其他要说明的问题。

（三）组织资格审查

为了保证潜在投标人能够公平地获得投标竞争的机会，确保投标人满足投标项目的资格条件，招标人应当对投标人进行资格审查。根据《招标投标法实施条例》中的相关规定，资格预审一般按以下程序进行。

招标人或招标代理机构编制和发布招标公告时应注意以下事项。

(1)招标公告的发布应当充分公开,任何单位和个人不得非法限制招标的发布地点和发布范围。

(2)招标公告内容应当真实、准确和完整。

(3)对拟发布的招标公告文本应当由招标人或招标代理机构主要负责人签名并加盖公章。

(4)招标人或招标代理机构应至少在一家指定的媒介发布招标公告。招标公告须在国家指定的报纸、媒介上发布;同时,还应在政府招标投标行政管理部门规定的网站上发布。

(5)《工程建设项目施工招标投标办法》第十五条规定:"招标人在发布招标公告、发出投标邀请书后或者售出招标文件或资格预审文件后不得擅自终止招标。"

依法实行邀请招标的工程项目,应由招标人或其委托的招标代理机构向拟邀请的投标人发送投标邀请书。邀请书的内容与招标公告大同小异。

1. 编制资格预审文件

对依法必须进行招标的项目,招标人应使用相关部门制定的标准文本,根据招标项目的特点和需要编制资格预审文件。

2. 发布资格预审公告

公开招标的项目,应当发布资格预审公告。对于依法必须进行招标的项目的资格预审公告,应当在国务院发展改革部门依法指定的媒介发布。

3. 发售资格预审文件

招标人应当按照资格预审公告规定的时间、地点发售资格预审文件。给潜在投标人准备资格预审文件的时间应不少于5日。发售资格预审文件收取的费用,相当于补偿印刷、邮寄的成本支出,不得以营利为目的。申请人对资格预审文件有异议,应当在递交资格预审申请文件截止时间2日前向招标人提出。招标人应当自收到异议之日起3日内作出答复;作出答复前,应当暂停进行招标投标的下一步。

4. 资格预审文件的澄清、修改

投标人收到招标文件、图纸和有关资料后,若有疑问或不清楚的问题需要解答、解释的,应当在招标文件中相应规定的时间内以书面形式向招标人提出,招标人应以书面形式或在投标预备会上予以解答。

招标人对招标文件所做的任何澄清和修改,须报建设行政主管部门备案,并在投标截止日期15日前发给获得招标文件的所有投标人。投标人收到招标文件的澄清或修改内容后应以书面形式确认。不足15日的,招标人应当顺延提交资格预审申请文件或者投标文件的截止时间。潜在投标人或者其他利害关系人对招标文件有异议的,应当在投标截止时间10日前提出。招标人应当自收到异议之日起3日内作出答复;作出答复前,应当暂停招标投标活动。

招标文件的澄清或修改内容作为招标文件的组成部分,对招标人和投标人起约束作用。

5. 潜在投标人递交资格预审申请文件

潜在投标人应严格依据资格预审文件要求的格式和内容,编制、签署、装订、密封、标识资格预审申请文件，按照规定的时间、地点、方式递交。

6. 资格预审审查报告

资格审查委员会应当按照资格预审文件载明的标准和方法，对资格预审申请文件进行审查，确定通过资格预审的申请人名单并向招标人提交书面资格审查报告。资格审查报告一般包括几个内容：①基本情况和数据表；②资格审查委员会名单；③澄清、说明、补正事项纪要等；④评分比较一览表的排序；⑤其他需要说明的问题。

7. 确认通过资格预审的申请人

招标人根据资格审查报告确认通过资格预审的申请人，并向其发出投标邀请书。招标人应要求通过资格预审的申请人收到通知后，以书面方式确认是否参加投标。同时，招标人还应向未通过资格预审的申请人发出资格预审结果的书面通知。

（四）发售招标文件

招标人应当根据工程项目的特点和需要编制招标文件。招标文件应当包括招标项目技术要求、对投标人资格审查的标准、投标报价要求和评标标准等所有实质性要求和调价，以及拟签订合同的主要条款。若招标项目需要划分标段、确定工期，则招标人应合理划分标段、确定工期，并在招标文件中载明。

（五）踏勘现场和投标预备会

招标单位组织投标人勘察现场的目的在于让投标人了解工程场地和周围环境情况，以获取投标人认为有必要的信息。勘察现场一般安排在投标预备会的前1～2天。投标单位在勘察现场中如有疑问，应在投标预备会前以书面形式向招标单位提出，但应给招标单位留有解答时间。

投标预备会是指在投标截止日期以前，按招标文件中规定的时间和地点，召开的解答投标人质疑的会议，又称交底会。在标前会议上，招标单位负责人除了向投标人介绍工程概况，还可对招标文件中的某些内容加以修改（但须报请招标投标管理机构核准）或予以补充说明，并口头解答投标人书面提出的各种问题，以及会议上即席提出的有关问题。会议结束后，招标单位应将其口头解答的会议记录加以整理，用书面补充通知（又称"补遗"）的形式发给每一位投标人。补充文件作为招标文件的组成部分，具有同等的法律效力。补充文件应在投标截止日期前一段时间发出，以便让投标者有时间作出反应。

（六）开标、评标、定标、签订合同

开标应当在投标截止时间公开进行，开标地点应当在招标文件中预先确定。开标会议由招标人或招标代理人组织和主持，并在招标投标管理机构和公证机构的监督下进行。评标由依法组建的评标委员会在招标投标管理机构和公证机构的监督下进行。评标委员会向招标人推荐中标候选人或者根据招标人授权直接确定中标人。

确定中标人后，招标人应当向中标人发出中标通知书并通知未中标人，且要与中标人在30个工作日内签订合同。

案例

某承包商通过资格预审后，对招标文件进行了仔细分析，发现业主所提出的工期要求过于苛刻，且合同规定每拖延一天工期罚合同价的千分之一。若要保证实现该工期要求，必须采取特殊措施，从而增加成本。还发现，原设计结构方案采用框架剪力墙结构过于保守，因此该承包商在投标文件中说明业主的工期难以实现。因而按自己认为的合理工期编制施工进度计划，并据此报价；还建议将原结构体系改为框架体系，并对两种体系进行了技术经济分析和比较，证明框架体系能保证结构的可靠性和安全性，增加使用面积，降低造价约3%。

该承包商将技术标和商务标分别封装，在封口处加盖本单位公章和项目经理签字后，在投标截止日期前一天上午将投标文件报送业主。次日下午，在开标前一小时，又递交一份补充材料声明将原报价降低4%。但招标单位认为一个承包商不得递交两份文件，从而拒收其材料。

开标会由市招标投标办主持，市公证处有关人员到位，各投标单位代表均到场。开标前，市公证人员对各单位资质进行审查并对所有投标文件进行审查，确认所有投标文件均有效后正式开标。主持人宣读投标单位名称、投标价格、投标工期。

该项目招标程序中存在哪些问题？

分析：

该项目招标程序中存在以下问题。

(1)招标单位的有关工作人员不应拒收承包商的补充文件，因为承包商在投标截止时间之前所递交的任何正式书面文件都是有效文件，都是投标文件的有效组成部分，也就是说，补充文件与原投标文件共同构成一份投标文件，而不是两份相互独立的投标文件。

(2)根据《招标投标法》，招标人(招标单位)应主持开标会并宣读投标单位名称、投标价格等内容，而不应由市招标投标办工作人员主持和宣读。

(3)资格审查应在投标之前进行(背景资料说明了承包商已通过资格预审)，公证处人员无权对承包商资格进行审查，其到场的作用在于确认开标的公正性和合法性(包括投标文件的合法性)。

(4)公证处人员确认所有投标文件均为有效标书是错误的，因为该承包商的投标文件仅有投标单位的公章和项目经理的签字，而无法定代表人或其代理人的签字或盖章，应当作废标处理。

三、建设工程施工招标文件的编制

根据《招标投标法》《招标投标法实施条例》等的规定，为了规范施工招标活动，提高资格预审文件和招标文件编制质量，促进招标投标活动的公开、公平和公正，国家发展和改革委员会、财政部、建设部、铁道部、交通部、信息产业部、水利部、民用航空总局、广播电影电视总局联合编制了《标准施工招标资格预审文件》和《标准施工招标文件》。

(一)建设工程施工招标文件的编制原则

建设工程施工招标文件由招标人或招标人委托的招标代理人负责编制。在编制时必须遵循以下原则。

(1)遵守国家有关法律、行政法规、规章和有关方针、政策的规定，保证招标文件的合法性，否则不受法律保护。

(2)必须遵循公开、公平、公正的原则，不得以不合理的条件限制或排斥潜在投标人，更不得对潜在投标人实行歧视待遇。

（3）真实可靠、诚实信用。招标文件中提供的工程情况要确保真实和可靠，不能以任何形式欺骗或误导投标人。招标人或招标代理人对招标文件的真实性负责。招标人应本着诚实信用的态度行使权利、履行义务，以维护双方的利益和国家利益。

（4）完整统一、具体明确。招标文件的内容应当全面系统、完整统一，能够清楚地反映工程的规模、性质、商务和技术要求等内容。各部分之间必须力求一致，避免相互矛盾或冲突。招标文件确定的目标和提出的要求，必须具体明确，不能存有歧义、模棱两可。

（5）招标文件规定的各项技术标准应符合国家强制性标准。招标文件中规定的各项技术标准均不得要求或标明某一特定的专利、商标、名称、设计、原产地或生产供应者，不得含有倾向或者排斥潜在投标人的其他内容。

（6）招标人应当在招标文件中规定实质性要求和条件，并用醒目的方式标明。

（7）兼顾招标人和投标人双方利益。招标文件的规定要公平合理，不能不恰当地将招标人的风险转移给投标人。

（二）建设工程施工招标文件的编制要求

招标人应当在招标文件中规定实质性要求和条件，并用醒目的方式标明。

招标人在招标文件中要求投标人提交投标保证金的，投标保证金不得超过招标项目估算价的2%。投标保证金有效期应当与投标有效期一致。依法必须进行招标的项目的境内投标单位，以现金或者支票形式提交的投标保证金应当从其基本账户转出。招标人不得挪用投标保证金。

招标人可以要求投标人在提交符合招标文件规定要求的投标文件外，提交备选投标方案，但应当在招标文件中作出说明，并提出相应的评审和比较办法。

招标文件应当明确规定评标时除价格以外的所有评标因素，以及如何将这些因素量化或者据此来评估。在评标过程中，不得改变招标文件中规定的评标标准、方法和中标条件。招标文件应当规定一个适当的投标有效期，以保证招标人有足够的时间完成评标和与中标人签订合同。投标有效期从投标人提交投标文件截止之日计算。在原投标有效期结束前，出现特殊情况的，招标人可以书面形式要求所有投标人延长投标有效期。投标人同意延长的，不得要求或被允许修改其投标文件的实质性内容，但应当相应延长其投标保证金的有效期；投标人拒绝延长的，其投标失效，但投标人有权收回其投标保证金。因延长投标有效期造成投标人损失的，招标人应当给予补偿，但因不可抗力需要延长投标有效期的除外。

施工招标项目工期较长的，招标文件中可以规定工程造价指数体系、价格调整因素和调整方法。招标人应当确定投标人编制投标文件所需要的合理时间。

（三）建设工程施工招标文件的组成

《标准施工招标文件》共包含封面格式和四卷八章的内容，第一卷包括第一章至第五章，涉及招标公告（投标邀请书）、投标人须知、评标办法、合同条款及格式、工程量清单等内容；第二卷包括第六章图纸；第三卷包括第七章技术标准和要求；第四卷包括第八章投标文件格式。标准招标文件相同序号标示的节、条、款、项、目，由招标人依据需要选择其一形成一份完整的招标文件。

1. 招标公告（投标邀请书）

招标公告适用于进行资格预审的公开招标，内容包括招标条件、项目概况与招标范围、投标人资格要求、招标文件的获取、投标文件的递交、发布公告的媒介和联系方式等内容。投标邀请书适用于进行资格后审的邀请招标，内容包括被邀请单位名称、招标条件、项目概况与招标范围、投标人资格要求、招标文件的获取、投标文件的递交、确认和联系方式等。

投标邀请书（或资格预审通过通知书）适用于进行资格预审的公开招标或邀请招标，是对通过资格预审申请投标人的投标邀请通知书。其内容包括被邀请单位名称、购买招标文件的时间、售价、投标截止时间、收到邀请书的确认时间和联系方式等。

2. 投标人须知

投标人须知包括前附表、正文和附表格式三部分。

（1）前附表。针对招标工程列明正文中的具体要求，明确新项目的要求、招标程序中主要工作步骤的时间安排、对投标书的编制要求等内容。

（2）正文。

1）总则：包括项目概况、资金来源和落实情况、招标范围、计划工期和质量要求、投标人资格要求等内容。

2）招标文件：包括招标文件的组成、澄清与修改等内容。

3）投标文件：包括投标文件的组成、投标报价、投标有效期、投标保证金和投标文件的编制等内容。

4）投标：包括投标文件的密封和标识、递交、修改与撤回等内容。

5）开标：包括开标时间、地点和程序。

6）评标：包括评标委员会和评标原则等内容。

7）合同授予。

8）重新招标和不再招标。

9）纪律和监督。

10）需要补充的其他内容。

（3）附表格式。它是招标过程中用到的标准化格式，包括开标记录表、问题澄清通知书格式、中标通知书格式和中标结果通知书格式。

3. 评标办法

评标办法分为经评审的最低投标价法和综合评估法，供招标人根据项目的具体特点和实际需要选择适用。每种评标办法都包括评标办法前附表和正文。正文包括评标办法、评审标准和评标程序等内容。

4. 合同条款及格式

合同条款及格式包括通用合同条款、专用合同条款和合同附件格式三部分。通用的合同条款包括一般约定、发包人义务、监理人、承包人、材料和工程设备、施工设备和临时设施、交通运输、测量放线、施工安全、治安保卫和环境保护、进度计划、开工和竣工、暂停施工、工程质量、试验与检验、变更、价格调整、计量与支付、竣工验收、缺陷责任与保修责任、保险、不可抗力、违约、索赔、争议的解决。专用合同条款由国务院有关行业主管部门和招标人根据需要编制。合同附件格式包括合同协议书、履约担保、预付款担保三个标准格式文件。

5. 工程量清单

工程量清单是分门别类地将不同的计价项目列出来的一套表格，而业主将在工程量清单中告诉投标人每一细目(尽管其中有些项目是按总价使用的)的计价工程量(如土方开挖、土方回填、混凝土浇筑、砌石工程等)各有多少并以这个工程量为基准,比较各个投标人的投标价格(标价)。

工程量清单是招标人提供给投标人对合同工作进行报价的格式化文件。其中的工程量由招标人给出。工程量清单的计价办法一般分两类:一类是单价计价项目,如分部分项费项目;另一类是按项包干计价项目,如一般要求和开办项目。

6. 图纸

图纸包括图纸目录和图纸两部分。图纸在招标与投标中是基础的资料,它是业主向投标人传达工程意图的技术文件,其目的在于使投标人能准确地确定合同所包括的工作(包括性质和范围),投标人需要根据它来编制施工规划,复核工程量。如果招标文件要求投标人递交选择性报价,必须由投标人完成选择性方案包括的图纸。

图纸必须完整、准确,且需要提供电子文档。

小提示

图纸的详细程度取决于设计的深度和合同的类型。施工过程中补充和修改的图纸须经监理工程师签字后正式下达,才能作为施工和结算的依据。

7. 技术规范

技术规范由招标人依据行业管理规定和项目特点进行编制。

施工技术规范大多套用国家、部委或地方编制的规范、规程内容。它是施工过程中承包商控制质量和工程师检查验收的主要依据,只有严格按规范施工、验收,才能保证最终得到合格的工程。规范图纸和工程量表是投标者在投标时必不可少的参考资料,只有依据它们,投标者才能拟订施工规划(包括施工方案、施工工序等),并据以进行工程估价和确定投标价。

在拟订技术规范时,既要满足设计要求、保证工程的施工质量,又不能过于苛刻,因为过于苛刻的要求必然导致投标者抬高报价。编写规范时一般可引用国家、部委正式颁布的规范,但一定要结合本工程的具体环境和要求来选用,一般包括以下内容。

(1)工程的全面描述。

(2)工程所采用材料的技术要求。

(3)施工质量要求。

(4)工程记录、计量方法和支付的有关规定。

(5)验收标准和规定。

(6)其他不可预见因素的规定。

8. 投标文件格式

投标文件格式包括投标函及投标函附录、法定代表人身份证明(授权委托书)、联合体协议书、投标保证金、已标价工程量清单、施工组织设计、项目管理机构、拟分包项目情况表、资格审查资料、其他材料共10个方面的格式或内容要求。

另外,根据《标准施工招标文件》的规定,招标人对招标文件的澄清与修改也应作为招标文件的组成部分。

案例

　　某市轻轨新线一期工程地下车站及折返线土建工程发布招标公告称：该工程采用公开招标方式，工程范围及规模包括车站主体结构，含土石方开挖、基坑防护、车站结构混凝土及钢筋工程、防排水与车站相关的人防洞室的处理、通风道与出入口、轨道梁顶留基坑、混凝土开挖、支座基础等，投资 3 000 多万元。投标人资质要求为一级资质等级（含隧道施工），获得 ISO 9000 质量认证，具有经济、技术管理实力，以及类似工程业绩（明挖、暗挖施工）；若是外市投标人，须与本市具有一级资质等级的投标人联合投标。

　　分析：

　　该招标公告中对招标人资质提出要求不违反法律规定，但"要求外市投标人须与本市具有一级资质的投标人联合投标"明显违反法律规定。按照惯例，以公开方式进行招标，凡具有相应资质等级及承担工程施工能力的承包人，都应有同等机会投标。上述条件剥夺了或限制了外市承包人投标中标的机会，因而是不妥的做法，具体体现为如下几点。

　　(1)该规定有强制投标人组成联合体投标的嫌疑。在招标中，法律允许并鼓励投标人组成联合体投标以致中标，不过这种组合不能强制组成。按该要求理解，外市企业必须具有一级资质等级；同时，应与本市具有一级资质的投标人联合投标。也就是说，外市企业不与本市具有一级资质的投标人联合投标就不可能成为合格投标人。这明显违反了《招标投标法》第三十一条关于"招标人不得强制投标人组成联合体共同投标，不得限制投标人之间的竞争"的规定。

　　(2)招标人对本市投标人和外市投标人不应区别待遇。同是一级资质等级，本市投标人可以独自投标，而外市投标人须与本市具有一级资质的投标人联合投标，这实际上是对外市投标人的歧视，设置了额外的限制条件，明显违背了"招标投标活动不受地区或者部门的限制"的规定。《招标投标法》第六条规定："依法必须进行招标的项目，其招标投标活动不受地区或者部门的限制。任何单位和个人不得违法限制或者排斥本地区、本系统以外的法人或者其他组织参加投标，不得以任何方式非法干涉招标投标活动。"

　　《招标投标法》第五十一条规定："招标人以不合理的条件限制或者排斥潜在投标人的，对潜在投标人实行歧视待遇的，强制要求投标人组成联合体共同投标的，或者限制投标人之间竞争的，责令改正，可以处一万元以上五万元以下的罚款。"

　　《招标投标法》第六十二条规定："任何单位违反本法规定，限制或者排斥本地区、本系统以外的法人或者其他组织参加投标的，为招标人指定招标代理机构的，强制招标人委托招标代理机构办理招标事宜的，或者以其他方式干涉招标投标活动的，责令改正；对单位直接负责的主管人员和其他直接责任人员依法给予警告、记过、记大过的处分，情节较重的，依法给予降级、撤职、开除处分。个人利用职权进行前款违法行为的，依照前款规定追究责任。"

　　本案例中的工程招标的资格条件公告实际上违反了《招标投标法》中的规定，应予以纠正。

真题解读

　　1. 采用综合评估法进行施工评标时，评标基准价的计算方法应以（　　　）规定的优先。（2023 年全国监理工程师职业资格考试真题）

　　A. 评标办法前附表　　B. 招标公告　　　　　　C. 资格预审公告　　　D. 投标邀请书

【精析】施工评标常采用综合评估法和经评审的最低评标价法。根据《标准施工招标文件》中的规定，当采用综合评估法时，评标基准价的计算方法见评标办法前附表。

2. 根据《招标投标法实施条例》，投标申请人对资格预审文件有异议的，应在递交资格预审文件截止时间（　　　）日前向招标人提出。（2023 年全国监理工程师职业资格考试真题）

A. 2　　　　　　B. 3　　　　　　C. 5　　　　　　D. 7

【精析】根据《招标投标法实施条例》，潜在投标人或者其他利害关系人对资格预审文件有异议的，应当在提交资格预审申请文件截止时间 2 日前提出；对招标文件有异议的，应当在投标截止时间 10 日前提出。招标人应当自收到异议之日起 3 日内作出答复；作出答复前，应当暂定招标投标活动。

3. 根据《标准施工招标文件》，招标人按（　　　）说明的时间和地点召开投标预备会。（2023 年全国监理工程师职业资格考试真题）

A. 招标公告　　　　B. 投标人须知　　　　C. 资格预审公告　　　　D. 投标邀请书

【精析】根据《标准施工招标文件》，投标人须知前附表规定召开投标预备会的，招标人投标人须知前附表规定的时间和地点召开投标预备会，澄清投标人提出的问题。

任务三　建设工程投标

任务导读

建设工程投标是指经过审查获得投标资格的建设承包单位按照招标文件的要求，在规定的时间内向招标单位填报投标书并争取中标的法律行为。

任务目标

1. 了解建设工程投标人应具备的条件，熟悉建设工程投标程序。
2. 掌握建设工程投标文件的编制、建设工程投标报价。
3. 熟悉建设工程投标决策、策略与技巧，熟悉有关投标人的法律禁止性规定。

知识准备

一、建设工程投标人应具备的条件

投标人包括响应招标、参加投标竞争的法人或者其他组织，应具备下列条件。

(1)投标人应具备承担招标项目的能力；国家有关规定或者招标文件对投标人资格条件有规定的，投标人应当具备规定的资格条件。

(2)投标人应当按照招标文件的要求编制投标文件。投标文件应当对招标文件提出的要求和条件作出实质性响应，投标文件的内容应当包括拟派出的项目负责人与主要技术人员的简历、业绩和拟用于完成招标项目的机械设备等。

(3)投标人应当在招标文件所要求提交投标文件的截止日期前，将投标文件送达投标地点。招标人收到投标文件后，应当签收保存，不得开启。招标人对截止日期后收到的投标文件，应当原样退还，不得开启。

（4）投标人在投标文件的截止日期前，可以补充、修改或者撤回已提交的投标文件，并书面通知招标人。补充、修改的内容为投标文件的组成部分。

（5）投标人根据招标文件载明的项目实际情况，拟在中标后将中标项目的部分非主体、非关键性工作交由他人完成的，应当在投标文件中载明。

（6）两个以上法人或者其他组织可以组成一个联合体，以投标人的身份共同投标。

（7）投标人不得相互串通投标报价，不得排挤其他投标人的公平竞争，损害招标人或者他人的合法权益。

（8）投标人不得以低于合理预算成本的报价竞标，也不得以他人名义投标或者以其他方式弄虚作假，骗取中标。所谓合理预算成本，是指按照国家有关成本核算的规定计算的成本。

联合体各方均应当具备承担招标项目的相应能力。国家有关规定或者招标文件对投标人资格条件有规定的，联合体各方均应当具备规定的相应资格条件。由同一专业的单位组成的联合体，按照资质等级较低的单位确定资质等级。联合体各方应当签订共同投标协议，明确约定各方拟承担的工作和相应的责任并将共同投标协议连同投标文件一并提交给招标人。中标的联合体各方应当共同与招标人签订合同，就中标项目向招标人承担连带责任，但是共同投标协议另有约定的除外。

小提示

> 招标人不得强制投标人组成联合体共同投标，不得限制投标人之间的竞争。

二、建设工程投标程序

投标程序是指投标过程中各项活动的步骤及相关的内容，反映各工作环节的内在联系和逻辑关系。建设工程投标程序如图 3-2 所示。

（一）开展投标前期工作

投标的前期工作包括获取投标信息和前期投标决策两项内容。

1. 获取投标信息

在投标竞争中，投标信息是一种非常宝贵的资源，正确、全面、可靠的信息对于投标决策起着至关重要的作用。投标信息包括影响投标决策的各种主观因素和客观因素，主要有以下几点。

（1）企业技术方面的实力。投标者是否拥有各类专业技术人才、熟练工人、技术装备，以及类似工程经验，来解决工程施工中所遇到的技术难题。

（2）企业经济方面的实力。它包括垫付资金的能力、购买项目所需新的大型机械设备的能力、支付施工用款的周转资金的多少、支付各种担保费用，以及办理纳税和保险的能力等。

（3）管理水平。它是指是否拥有足够的管理人才、运转灵活的组织机构、各种完备的规章制度、完善的质量和进度保证体系等。

（4）社会信誉。企业拥有良好的社会信誉，是获取承包合同的重要因素，而社会信誉的建立不是一朝一夕的事，要靠平时的保质、按期完成工程项目来逐步建立。

以上几点为影响投标决策的主观因素。

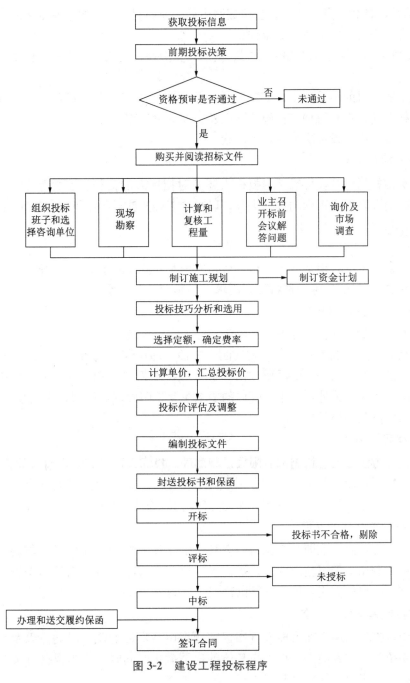

图 3-2　建设工程投标程序

（5）业主和监理工程师的情况。它是指业主的合法地位、支付能力及履约信誉情况；监理工程师处理问题的公正性、合理性，是否易于合作等。

（6）项目的社会环境。主要是国家的政治经济形势，建筑市场是否繁荣，竞争激烈程度，与建筑市场或该项目有关的国家政策、法令、法规、税收制度，以及银行贷款利率等方面的情况。

（7）项目的自然条件。它是指项目所在地及其气候、水文、地质等对项目进展和费用有影响的一些因素。

(8)项目的社会经济条件。它包括交通运输、原材料及构配件供应、水电供应、工程款的支付、劳动力的供应等各方面条件。

(9)竞争环境。它包括竞争对手的数量，其实力与自身实力的对比，对方可能采取的竞争策略等。

(10)工程项目的难易程度。如工程的质量要求、施工工艺难度的高低，是否采用了新结构、新材料，是否有特种结构施工，以及工期的紧迫程度等。

以上几点为影响投标决策的客观因素。

2. 前期投标决策

在证实招标信息真实可靠后，投标人还要对招标人的信誉、实力等方面进行了解，根据了解到的情况，作出正确的投标决策，以减少工程实施过程中承包方的风险。

(二)资格预审

投标申请人依法必须招标的工程项目，应按照九部委制定的《标准施工招标资格预审文件》，结合招标项目的技术管理特点和需求，编制招标资格预审文件。

1. 对申请人的资格要求

招标人对申请人的资格要求应当限于招标人审查申请人是否具有独立订立合同的能力，是否具有相应的履约能力等，主要包括四个方面，即申请人的资质、业绩、投标联合体要求和标段。需要注意的是，资质要求由招标人根据项目特点和实际需要，明确提出申请人应具有的最低资质。另外，对于联合体的要求主要是明确联合体成员在资质、财务、业绩、信誉等方面应满足的最低要求。

2. 资格预审方法

资格预审方法分为合格制和有限数量制两种。投标人数过多，申请人的投标成本加大，不符合节约原则；而人数过少又不能形成充分竞争。因此，由招标人结合项目特点和市场情况选择使用合格制和有限数量制。如无特殊情况，鼓励招标人采用合格制。

3. 资格预审文件的获取

资格预审文件的获取即有意参与资格预审的主体从投标人那里得知与获取文件有关的时间、地点和费用。需要注意的是，招标人在填写发售时间时应满足不少于5个工作日的要求，预审文件售价应当合理，不得以营利为目的。

4. 资格预审文件的递交

资格预审文件的递交即投标人告知提交预审申请文件的截止时间，以及预期未提交的后果。需要招标人注意的是，在填写具体的申请截止时间时，应当根据有关法律规定和项目的具体特点确定合理的提交时间。

(三)购买和分析招标文件

1. 购买招标文件

投标人在通过资格预审后，就可以在规定的时间内向招标人购买招标文件。购买招标文件时，投标人应按招标文件的要求提供投标保证金、图纸押金等。

2. 分析招标文件

购买到招标文件之后，即进入投标实战的准备阶段。首要的准备工作是仔细认真地研究招标文件，充分了解其内容和要求，以便安排投标工作的部署，并发现应提请招标单位予以澄清的疑点。研究招标文件的着重点通常放在以下几方面。

（1）研究工程综合说明，借以获得对工程全貌的轮廓性了解。

（2）熟悉并详细研究设计图纸和规范（技术说明），目的在于弄清工程的技术细节和具体要求，使制订施工方案和报价有确切的依据。为此，要详细了解设计规定的各部位做法和对材料品种规格的要求；对整个建筑物及其各部件的尺寸，各种图纸之间的关系（建筑图与结构图，平面、立面与剖面图，设备图与建筑图、结构图的关系等）都要吃透，发现不清楚或互相矛盾之处，要提请招标单位解释或订正。

（3）研究合同主要条款，明确中标后应承担的义务和责任及应享有的权利，重点是承包方式、开竣工时间及工期奖罚，材料供应及价款结算办法，预付款的支付和工程款结算办法，工程变更及停工、窝工损失处理办法等。对于国际招标的工程项目，还应研究支付工程款所用的货币种类、不同货币所占比例及汇率。这些因素或者与施工方案的安排有关，或者与资金的周转有关，最终都会反映在标价上，因此都须认真研究，以减少或避免风险。

（4）熟悉投标须知，明确了解在投标过程中，投标单位应在什么时间做什么事和不允许做什么事，目的在于提高效率，避免造成废标，徒劳无功。

全面研究招标文件，对工程本身和招标单位的要求有了基本的了解之后，投标单位才能制订自己的投标工作计划，以争取中标为目标，有秩序地开展工作。

（四）踏勘现场和参加投标预备会

投标人拿到招标文件后，应进行全面细致的调查研究。若有疑问或不清楚的问题，需要招标人予以澄清和解答的，应在收到招标文件后的 7 日内以书面形式向招标人提出。

投标人在去现场踏勘之前，应先仔细研究招标文件有关概念、含义和各项要求，特别是招标文件中的工作范围、专用条款，以及设计图纸和说明等，然后有针对性地拟订出踏勘提纲，确定重点需要澄清和解答的问题，做到心中有数。投标人参加现场踏勘的费用由投标人自己承担。招标人一般在招标文件发出后就着手考虑安排投标人进行现场踏勘等准备工作，并在现场踏勘中对投标人给予必要的协助。

投标人进行现场踏勘的内容，主要包括以下几个方面。

（1）工程的范围、性质，以及与其他工程之间的关系。

（2）投标人参与投标的那一部分工程与其他承包人或分包人之间的关系。

（3）现场地貌、地质、水文、气候、交通、电力、水源等情况，有无障碍物等。

（4）进出现场的方式，现场附近的食宿条件，料场开采条件，其他加工条件，设备维修条件等。

（5）现场附近治安情况。

投标预备会又称答疑会、标前会议，一般在现场踏勘之后的 1 或 2 天内举行。答疑会的目的是解答投标人对招标文件和在现场踏勘中所提出的各种问题，并对图纸进行交底和解释。

（五）核算工程量、编制施工规划、确定投标报价

1. 核算工程量

招标文件中的工程量清单是投标报价的主要依据。工程量清单中的工程量只是一个暂

估数量，只作为投标人编制综合单价的量，合同实施结算时，按照实际发生并经招标人、监理机构的工程师签认的实际工程量进行决算。但投标人投标前对工程量的核对，可以预先知晓在实际施工时会增加的分部分项工程项目，为不平衡报价做好铺垫。

2. 编制施工规划

施工规划对于投标报价影响很大，因此在投标活动中，投标人必须编制施工规划。施工规划的内容一般包括施工方案和施工方法、施工进度计划、施工机械计划、材料设备计划和劳动力计划，以及临时生产、生活设施。制订施工规划的依据是设计图纸、执行的规范、经复核的工程量、招标文件要求的开竣工日期，以及对市场材料、设备、劳动力价格的调查。编制的原则是在保证工期和工程质量的前提下，如何使成本最低、利润最大。

3. 确定投标报价

投标报价是投标的一个核心环节，投标人要根据工程价格构成对工程进行合理估价，确定切实可行的利润方针，正确计算和确定投标报价。投标人不得以低于成本的报价竞标。

（六）编制和递送投标文件

1. 编制投标文件

确定投标报价后，投标人应按招标文件规定的要求编制投标文件，一般不能带有任何附加条件，否则可能导致废标。

2. 递送投标文件

投标人完成投标文件的编制后，应按照招标文件规定的地点、时间送交投标文件，办理招标人签收手续。递送投标文件前，要认真检查投标文件，不能遗漏签名、盖章，保证投标文件形式与招标文件要求一致，确认无误后进行封装。

投标人在招标截止日期前可以修改、补充已经递送的投标文件，更改的内容须以正式函件的方式通知招标人，变更内容将视为已经递送的投标文件的组成部分。投标人的投标文件在投标截止日期以后送达的，将被招标人拒收。

（七）出席开标会议并接受评标期间的澄清询问

投标人在编制和提交完投标文件后，应按时参加开标会议。开标会议由投标人的法定代表人或其授权委托代理人参加。如果法定代表人参加开标会议，一般应持有法定代表人资格证明书；如果是委托代理人参加开标会议，一般应持有授权委托书。许多地方规定，不参加开标会议的投标人，其投标文件将不予启封，视为投标人自动放弃本次投标。在评标过程中，评标组织根据情况可以要求投标人对投标文件中含义不明确的内容做必要的澄清或者说明，这时投标人应积极地予以澄清或者说明，但投标人的澄清或者说明不得超出投标文件的范围或者改变投标文件中的工期、报价、质量、优惠条件等实质性内容。

（八）接受中标通知书、提供履约担保、签订工程承包合同

经过评标，投标人被确定为中标人后，应接受招标人发出的中标通知书。中标人在收到中标通知书后，应在规定的时间和地点与招标人签订合同。我国规定招标人和中标人应当自中标通知书发出之日起 30 日内订立书面合同，合同内容应依据招标文件、投标文件的要求和中标的条件而订。招标文件要求中标人提交履约保证金的，中标人应按招标人的要

求提供。正式签订合同之后，应按要求将合同副本分送有关主管部门备案。

三、建设工程投标文件的编制

1. 投标文件的组成

投标文件是投标人（承包商）参与投标竞争的重要凭证，是评标、定标和订立合同的依据，是投标人素质的综合反映和投标人能否取得经济效益的重要因素。可见，投标人应对编制投标文件的工作加倍重视。投标文件应根据招标文件及工程技术规范要求，结合项目施工现场条件、施工组织设计和投标报价书等内容进行编制。

编制投标文件是指投标单位按照招标文件对投标文件格式的要求，对投标所需资料进行编制，并向招标单位提交的文书。投标文件应完全按照招标文件的各项要求编制，一般不能带任何附加条件，否则将导致投标作废。投标文件是投标单位在充分领会招标文件，进行现场实地考察和调查的基础上所编制的文件，是对招标公告提出要求的响应和承诺，并同时提出具体的标价及有关事项来竞争中标。投标文件编制完成后应仔细核对、整理成册，并按招标文件要求进行密封和标志，通过邮寄或派专人送到招标单位。

一般来说，投标文件分为投标函部分、商务部分和技术部分三大部分，具体内容要根据招标文件的详细规定安排。

(1)投标函部分：包括投标函、投标函附录、投标担保、法人代表证明、授权委托书、企业各类证件、业绩等。

(2)商务部分：包括投标人对该项目的报价。

(3)技术部分：包括具体的生产技术、质量、安全、资金计划等组织措施和项目管理、技术人员配备等。技术部分是投标人对该项目施工措施的一个叙述。

2. 投标文件的编制步骤

投标人在领取招标文件以后，就要进行投标文件的编制工作。编制投标文件的一般步骤如下。

(1)熟悉招标文件、图纸、资料，对图纸、资料有不清楚、不理解的地方，可以用书面或口头方式向招标人询问、澄清。

(2)参加招标人施工现场情况介绍和答疑会。

(3)调查当地材料供应和价格情况。

(4)了解交通运输条件和有关事项。

(5)编制施工组织设计，复查、计算图纸工程量。

(6)编制或套用投标单价。

(7)计算取费标准或确定采用取费标准。

(8)计算投标造价。

(9)核对调整投标造价。

(10)确定投标报价。

3. 投标文件的编制要求

(1)投标人编制投标文件时必须使用招标文件提供的投标文件表格格式，但表格可以按同样格式扩展。投标保证金、履约保证金的方式，按招标文件有关条款的规定可以选择。投标人根据招标文件的要求和条件填写投标文件的空格时，凡要求填写的空格都必须填写，不得空着不填，否则便被视为放弃意见。实质性的项目或数字，如工期、质量等级、价格等未填写的，将被视为无效或作废的投标文件。将投标文件按规定的日期送交招标人，等待开标、决标。

（2）应编制的投标文件"正本"仅一份，"副本"则按招标文件前附表所述的份数提供，同时要在标书封面标明"投标文件正本"和"投标文件副本"字样。投标文件正本和副本如有不一致之处，以正本为准。

（3）投标文件正本和副本均应使用不能擦去的墨水打印或书写，各种投标文件的填写字迹都要清晰、端正，补充设计图纸要整洁、美观。

（4）所有投标文件均由投标人的法定代表人签署、加盖印鉴，以及加盖法人单位公章。

（5）填报投标文件应反复校核，保证分项和汇总计算均无错误。全套投标文件均应无涂改和行间插字，除非这些删改是根据招标人的要求进行的，或者是投标人造成的必须修改的错误。修改处应由投标文件签字人签字证明并加盖印鉴。

（6）如招标文件规定投标保证金为合同总价的某百分比，开投标保函不要太早，以防泄露己方报价。但有的投标商提前开出并故意加大保函金额，以麻痹竞争对手的情况也是存在的。

（7）投标人应将投标文件的技术标和商务标分别密封在内层包封，再密封在一个外层包封中，并在内封上标明"技术标"和"商务标"。标书包封的封口处都必须加贴封条，封条贴缝应全部加盖密封章或法人章。内层和外层包封都应由投标人的法定代表人签署、加盖印鉴并加盖法人单位公章。内层和外层包封都应写明投标人名称和地址、工程名称、招标编号并注明开标时间以前不得开封。另外，还应在内层和外层包封上写明投标人的名称与地址、邮政编码，以便投标出现逾期送达时能原封退回。如果内外层包封没有按上述规定密封并加写标志，投标文件将被拒绝，并退还给投标人。投标文件应按时递交至招标文件前附表所述的单位和地址。

（8）投标文件的打印应力求整洁、悦目，避免评标专家产生反感。投标文件的装订也要力求精美，使评标专家从侧面产生对投标人企业实力的认可。

4. 投标文件编制的注意事项

（1）投标人对招标人的特别要求须了解清楚后再决定是否投标。如招标人在业绩上要求投标人必须有几方面业绩；土建施工标，要求几级以上的施工资质；要求投标人资金在多少金额以上；参加国际标的必须获得进出口经营权的企业方可参加等。

（2）投标人必须认真领会以下要点。

1）招标文件各要点。

2）投标文件的组成和格式。

3）招标文件中附表的要点。

4）应注意保证金开立银行级别、金额、币种，以及交纳时间。

5）投标文件递交方式、时间、地点，以及密封签字要求。

6）招标文件中规定的造成废标的条件。

7）必须参加开标仪式。

8）积极做好澄清工作。

（3）投标文件应严格按规定格式制作，如开标一览表、投标函、投标报价表、资格声明、授权书等，包括银行保函格式也有统一规定，不能自己随便填写。

(4)技术规格的响应：投标人应认真制作技术规格响应表，主要指标有一个偏离即会导致废标；次要指标也应作出响应；认真填写技术规格偏离表等。

(5)价格的选择：应报出有竞争力的价格。

(6)投标文件编制的要点。

1)注意签字与加盖公章。

2)每本每页要小签。

3)报价不能缺项。

4)正本与副本的数量。

5)制造厂授权应正规，以制造厂的信函出具。

6)修改的地方要签字、盖章。

7)按要求填写、打印，装订成册，密封。

8)开标一览表与投标保函单独封存。

9)提前送交投标文件。

10)有效期的计算，若投标有效期为60天，投标保函有效期则应为90天。

四、建设工程投标报价

投标报价是指承包商计算、确定和报送招标工程投标总价格的活动。业主把承包商的报价作为主要标准来选择中标者，同时，投标报价也是业主和承包商就工程标价进行承包合同谈判的基础，直接关系到承包商投标的成败。

(一)建设工程投标报价的依据及原则

1. 建设工程投标报价的主要依据

建设工程投标报价的主要依据有以下几项。

(1)设计图纸。

(2)工程量清单。

(3)合同条件，尤其是有关工期、支付条件、外汇比例的规定。

(4)有关法规。

(5)拟采用的施工方案、进度计划。

(6)施工规范和施工说明书。

(7)工程材料、设备的价格及运费。

(8)劳务工资标准。

(9)当地生活物资价格水平。

此外，投标还应考虑各种有关间接费用。

2. 建设工程投标报价的原则

建设工程投标报价时可遵循以下原则。

(1)按招标要求的计价方式确定报价内容及各细目的计算深度。

(2)按经济责任确定报价的费用内容。

(3)充分利用调查资料和市场行情资料。

(4)依据施工组织设计确定基本条件。

(5)投标报价计算方法应简明适用。

(二)影响投标报价计算的主要因素

认真计算工程价格，编制工程报价是一项很严肃的工作。采用哪一种计算方法进行计价应根据工程招标文件的要求，但不论采用哪一种方法，都必须抓住编制报价的主要因素。

(1)工程量。工程量是计算报价的重要依据。多数招标单位在招标文件中均附有工程实物量。因此，必须进行全面的或者重点的复核工作，核对项目是否齐全、工程做法及用料是否与图纸相符，重点核对工程量是否正确，以求工程量数字的准确性和可靠性。在此基础上再进行套价计算。另一种情况就是标书中根本没给工程量数字，在这种情况下就要组织人员进行详细的工程量计算工作，即使时间很紧迫也必须进行计算，否则，编制的报价很难准确。

(2)单价。工程单价是计算标价的又一个重要依据，同时又是构成标价的第二个重要因素。单价的正确与否，直接关系到标价的高低。因此，必须十分重视工程单价的制定或套用。制定的根据一是国家或地方规定的预算定额、单位估价表及设备价格等，二是人工、材料、机械使用费的市场价格。

(3)其他各类费用的计算。这是构成报价的第三个重要因素。这个因素占总报价的比重是很大的，少者占20%～30%，多者占40%～50%。因此，应重视对其计算。

为了简化计算，提高工效，可以把所有的各种费用都折算成一定的系数计入报价。计算出相关费用后再乘以这个系数就可以得出总报价了。

小提示

> 工程报价计算出来以后，可用多种方法进行复核和综合分析。然后，认真详细地分析风险、利润、报价让步的最大限度，而后参照各种信息资料，以及预测的竞争对手情况，最终确定实际报价。

(三)建设工程投标报价的编制方法

建设工程投标报价应该按照招标文件的要求及报价费用的构成，结合施工现场和企业自身情况自主报价。现阶段，我国建设工程投标报价的方法主要有以下两种。

1. 工料单价法

工料单价法是指根据工程量，按照现行预算定额的分部分项工程量的单价计算出定额直接费用，再按有关规定另行计算间接费用、利润和税金的计价方法。分部分项工程量的单价以人工、材料、机械的消耗量及其相应价格确定。工料单价法是我国长期以来采用的一种报价方法，它是以政府定额或企业定额为依据进行编制的。工料单价法编制投标报价的步骤如下。

(1)根据招标文件的要求选定预算定额、费用定额。

(2)根据图纸及说明计算出工程量。

(3)查套预算定额计算出定额直接费用。

(4)查套费用定额及有关规定计算出其他直接费用、间接费用、利润、税金等。

(5)汇总合计计算完整标价。

2. 综合单价法

综合单价法是指以分部分项工程量的单价为不完全费用单价，不完全费用单价包括完成分部分项工程所发生的分部分项工程费、企业管理费、利润、风险等。综合单价法是一种国际惯例计算报价模式，每一项单价中已综合了各种费用。综合单价法编制投标报价的步骤如下。

(1)根据企业定额或参照预算定额及市场材料价格确定各分部分项工程量清单的综合单价。该单价包括完成清单所列分部分项工程的成本、利润和一定的风险费用。

(2)以给定的各分部分项工程的工程量及综合单价确定工程费用。

(3)结合投标企业自身的情况及工程的规模、质量、工期要求等确定工程有关的费用。

五、建设工程投标决策、策略与技巧

(一)建设工程投标决策

1. 投标决策的原则

投标决策十分复杂，为保证投标决策的科学性，必须遵守一定的原则。

(1)目标性。投标的目的是实现投标人的某种目的，因此投标前投标人应首先明确投标目标，如获取盈利、占领市场、创造信誉等，只有这样，投标才能有的放矢。

(2)系统化。决策中应从系统的角度出发，采用系统分析的方法，以实现整体目标最优化。建设单位所追求的投资目标，不只是质量、进度或费用之中的某一方面的最优化，而是由这三者组合而成的整体目标的最优化。因此，决策时，投标人应根据建设单位的具体情况，采用系统分析的方法，综合平衡三者关系，以便实现整体目标的最优化。

同时，投标人所追求的目标往往也不是单一的，在追求利润最大化的同时，他们往往还有追求信誉、抢占市场等目的。对于这些目标也要采用系统的方法进行分析、平衡，以便实现企业的整体目标最优化。

(3)信息化。决策应在充分占有信息的基础上进行，只有最大限度地掌握了项目特点、材料价格、人工费水平、建设单位信誉、可能参与竞争的对手情况等信息，才能保证决策的科学性。

(4)预见性。预测是从历史和现状出发，运用科学的方法，通过对已占有信息的分析，推断事物发展趋向的活动。投标决策的正确性取决于对投标竞争环境和未来的市场环境预测的正确性。因此，预测是决策的基础和前提，没有科学的预测就没有科学的决策。在投标决策中，必须首先对未来的市场状况及各影响要素的可能变化作出推测，这是进行科学的投标决策所必需的。

(5)针对性。要取得投标成功，投标人不但要保证报价符合建设单位目标，而且还要保证竞争的策略有较强的针对性。为了中标，一味拼命压价，并不能保证一定中标，往往会因为没有扬长避短而被对手击败。同时，技术标的针对性也是取得投标成功所必需的。

2. 投标决策的内容

决策是指为实现一定的目标，运用科学的方法，在若干可行方案中寻找满意的行动方案的过程。投标决策即寻找满意的投标方案的过程。其内容主要包括三方面的内容。

(1)针对项目招标决定是投标还是不投标。一定时期内，企业可能同时面临多个项目的投标机会，受施工能力所限，企业不可能把握所有的投标机会，而应在多个项目中进行选择；就某一具体项目而言，从效益的角度看有盈利标、保本标和亏损标，企业需根据项目特点和企业现实状况决定采取何种投标方式，以实现企业的既定目标，如获取盈利、占领市场、树立企业新形象等。

（2）倘若去投标，决定投什么性质的标。按性质划分，投标有风险标和保险标。从经济学的角度看，某项事业的收益水平与其风险程度成正比，企业需在高风险的高收益与低风险的低收益之间进行抉择。

（3）投标中企业需制定如何采取扬长避短的策略与技巧，达到战胜竞争对手的目的。投标决策是投标活动的首要环节，科学的投标决策是承包商战胜竞争对手，并取得较好的经济效益与社会效益的前提。

3. 投标决策阶段的划分

投标决策可以分为两个阶段进行。这两个阶段就是投标决策的前期阶段和后期阶段。

投标决策的前期阶段必须在购买投标人资格预审资料前后完成。决策的主要依据是招标广告，以及公司对招标工程、业主情况的调研和了解的程度。如果是国际工程，还包括对工程所在国和工程所在地的调研和了解的程度。前期阶段必须对投标与否作出论证。通常情况下，下列招标项目应放弃投标。

（1）本施工企业主营和兼营能力之外的项目。

（2）工程规模、技术要求超过本施工企业技术等级的项目。

（3）本施工企业生产任务饱满，而招标工程的盈利水平较低或风险较大的项目。

（4）本施工企业技术等级、信誉、施工水平明显不如竞争对手的项目。

如果决定投标，即进入投标决策的后期阶段，它是指从申报资格预审至投标报价（封送投标书）前完成的决策研究阶段。主要研究倘若去投标，是投什么性质的标，以及在投标中采取的策略问题。

（二）建设工程投标策略

投标策略是指承包商在投标竞争中的指导思想、系统工作部署及其参与投标竞争的方式和手段。承包商参加投标竞争，能否战胜对手而获得施工合同，在很大程度上取决于自身能否运用正确灵活的投标策略来指导投标全过程的活动。

正确的投标策略来自实践经验的积累、对客观规律的不断深入认识，以及对具体情况的了解。同时，决策者的能力和魄力也是不可缺少的。概括来讲，投标策略可以归纳为四大要素，即"把握形势，以长胜短，掌握主动，随机应变"。具体来讲，常见的投标策略有以下几种。

（1）靠经营管理水平高取胜。这主要靠做好施工组织设计，采取合理的施工技术和施工机械，精心采购材料、设备，选择可靠的分包单位，安排紧凑的施工进度，力求节省管理费用等，从而有效地降低工程成本而获得较高的利润。

（2）靠改进设计取胜。仔细研究原设计图纸，若发现不够合理之处，应提出能降低造价的措施。

（3）靠缩短建设工期取胜。采取有效措施，在招标文件要求的工期基础上，再提前若干个月或若干天完工，从而使工程早投产、早收益。这也是吸引业主的一种策略。

（4）低利政策。这主要适用于承包商任务不足时，与其坐吃山空，不如以低利润承包到一些工程，这还是有利的。此外，承包商初到一个新的地区，为了打入这个地区的承包市场，建立信誉，也往往采用这种策略。

(5)虽报低价，却着眼于施工索赔，从而得到高额利润。利用图纸、技术说明书与合同条款中不明确之处寻找索赔机会。一般索赔金额可达标价的 10％～20％。不过这种策略并不是普遍适用的。

(6)着眼发展，为争取将来的优势，而宁愿目前少赚钱。承包商为了掌握某种有发展前途的工程施工技术(如建造核电站的反应堆或海洋工程等)，就可能采用这种有远见的策略。

以上各种策略不是互相排斥的，需要根据具体情况，综合、灵活运用。作为投标决策者，要对各种投标信息，包括主观因素和客观因素，进行认真、科学的综合分析，在此基础上选择投标对象，确定投标策略。总体来说，要选择与企业的装备条件和管理水平相适应，技术先进，业主的资信条件及合作条件较好，施工所需的材料、劳动力、水电供应等有保障，盈利可能性大的工程项目去参加竞标。

(三)建设工程投标技巧

投标技巧是指投标人在投标报价中采用一定的手法和技巧使招标人可以接受且中标后能获取较高利润的方法。影响报价的因素很多，往往难以做定量的测算，因此为达到成功中标的目的，就需要进行定性分析，巧妙采用各种投标技巧，报出合理的报价。常用的投标报价技巧有以下几种。

1. 不平衡报价法

不平衡报价是指在总价基本确定的前提下，如何调整内部各个子项的报价，以期既不影响总报价，又在中标后投标人可尽早收回垫支于工程中的资金和获取较好的经济效益。但要注意避免不正常的调高或压低现象，以致失去中标机会。通常采用的不平衡报价方法有下列几种情况。

(1)对能早期结账收回工程款的项目(如土方、基础等)的单价可报以较高价，以利于资金周转；对后期项目(如装饰、电气设备安装等)的单价可适当降低。

(2)估计今后工程量可能增加的项目，其单价可提高；而工程量可能减少的项目，其单价可降低。

小提示

上述两点要统筹考虑。对于工程量有错误的早期工程，若不可能完成工程量表中的数量，则不能盲目抬高单价，需要具体分析后再确定。

(3)图纸内容不明确或有错误，估计修改后工程量要增加的，其单价可提高；而工程内容不明确的，其单价可降低。

(4)暂定项目又叫任意项目或选择项目，对这类项目要做具体分析，因这类项目要开工后由发包人研究决定是否实施，由哪一家承包人实施。如果工程不分标，只由一家承包人施工，则其中肯定要做的单价可高些，不一定要做的单价则应低些。如果工程分标，该暂定项目也可能由其他承包人施工时，则不宜报高价，以免抬高总报价。

(5)单价包干混合制合同中，发包人要求有些项目采用包干报价时，宜报高价。一则这类项目多半有风险；二则这类项目在完成后可全部按报价结账，即可以全部结算。而其余单价项目的报价可适当降低。

(6)有的招标文件要求投标者对工程量大的项目报"单价分析表",投标时可将单价分析表中的人工费及机械设备费报得较高,而材料费算得较低。这主要是为了在今后补充项目报价时可以参考选用"单价分析表"中较高的人工费和机构设备费,而材料费往往由市场价决定,因此可获得较高的收益。

(7)在议标时,承包人一般都要压低标价。这时应首先压低工程量小的单价,这样即使压低了很多个单价,总的标价也不会降低很多,而给发包人的感觉是工程量清单上的单价大幅度下降,承包人很有让利的诚意。

(8)如果是单纯报计日工或计台班机械单价,可以高一些,以便在日后发包人用工或使用机械时多盈利。但如果计日工表中有一个假定的"名义工程量"时,则需要具体分析是否报高价,以免抬高总报价。总之,要分析发包人在开工后可能使用的计日工数量,然后确定报价技巧。

不平衡报价一定要建立在对工程量表中工程量风险仔细核对的基础上,特别是对于报低单价的项目,工程量一旦增多,将造成承包人的重大损失;同时,一定要控制在合理幅度(一般可在10%左右)内,以免引起发包人反对,甚至导致废标。如果不注意这一点,有时发包人会挑选出报价过高的项目,要求投标者进行单价分析,而围绕单价分析中过高的内容压价,以致承包人得不偿失。

2. 多方案与增加方案报价法

有时招标文件中规定,可以提一个建议方案;或对于一些招标文件,如果发现工程范围不很明确、条款不清楚或很不公正,或技术规范要求过于苛刻时,则要在充分估计风险的基础上,按多方案报价法处理。即按原招标文件报一个价,然后提出如果某条款做某些变动,报价可降低的额度。这样可以降低总价,吸引发包人。

投标者这时应组织一批有经验的设计工程师和施工工程师,对原招标文件的设计和施工方案仔细研究,提出更理想的方案以吸引发包人,促成自己的方案中标。这种新的建议可以降低总造价或提前竣工或使工程运用更合理。但要注意的是对原招标方案一定也要报价,以供发包人比较。

增加建议方案时,不要将方案写得太具体,保留方案的技术关键,以防止发包人将此方案交给其他承包人。应该强调的是,建议方案一定要比较成熟,或过去有这方面的实践经验。因为投标时间往往较短,如果仅为中标而匆忙提出一些没有把握的建议方案,可能会导致很多后患产生。

3. 低投标价夺标法

低投标价夺标法是非常情况下采用的非常手段。例如,企业大量窝工,为减少亏损;或为打入某一建筑市场;或为挤走竞争对手保住自己的地盘,于是制订了严重亏损标,且力争夺标。若企业无经济实力,信誉不佳,此法也不一定会有效。

4. 开标升级法

把报价视为协商过程,把工程中某项造价高的特殊工作内容从报价中减掉,使报价成为竞争对手无法相比的"低价"。利用这种"低价"来吸引发包人,从而取得与发包人进一步商谈的机会,在商谈过程中逐步提高价格。当发包人明白过来当初的"低价"实际上是个钓饵时,往往已经在时间上处于谈判劣势,丧失了与其他承包人谈判的机会。

5. 突然袭击法

由于投标竞争激烈，为迷惑对方，有意泄露一些假情报，如不打算参加投标或准备报高价，表现出无利可图会退出等假象，到投标截止之前几个小时，突然前往投标现场并压低投标价，从而使对手由于措手不及而败北。

6. 先亏后盈法

对大型分期建设工程，在第一期工程投标时，可以将部分费用分摊到第二期工程，少计算利润以争取中标。这样在第二期工程投标时，凭借第一期工程的经验、临时设施，以及创立的信誉，比较容易拿到第二期工程。但当第二期工程遥遥无期时，则不宜这样考虑，以免承担过高的风险。

7. 联合保标法

在竞争对手众多的情况下，可以采取几家实力雄厚的承包商联合起来的方法来控制标价，一家出面争取中标，再将其中部分项目转让给其他承包商二包，或轮流相互保标。但此种报价方法实行起来难度较大，一方面，要注意使联合保标几家公司间的利益均衡；另一方面是要保密，否则一旦被业主发现，有被取消投标资格的可能。

六、有关投标人的法律禁止性规定

1. 投标人不得以行贿的手段谋取中标

《招标投标法》中规定："禁止投标人以向招标人或者评标委员会成员行贿的手段谋取中标。"投标人以行贿的手段谋取中标是违背《招标投标法》基本原则的行为，对其他投标人是不公平的。投标人以行贿手段谋取中标的法律后果是中标无效，有关责任人和单位应当承担相应的行政责任或刑事责任，给他人造成损失的，还应当承担民事赔偿责任。

2. 投标人不得以低于成本的报价竞标

《招标投标法》第三十三条规定："投标人不得以低于成本的报价竞标。"投标人以低于成本的报价竞标，其目的主要是排挤其他对手。投标者企图通过低于成本的价格，满足招标人的最低价中标的目的以争取中标，从而达到占领市场和扩大市场份额的目的。这里的成本应指每个投标人的自身成本（通常依据企业内部定额测算得出）。投标人的报价一般由成本、税金和利润三部分组成。当报价为成本价时，企业利润为零。如果投标人以低于成本的报价竞标，就很难保证工程的质量，各种偷工减料、以次充好等现象也随之产生。因此，投标人以低于成本的报价竞标的手段是法律所不允许的。

3. 投标人不得以非法手段骗取中标

《招标投标法》第三十三条规定："投标人不得以他人名义投标或者以其他方式弄虚作假，骗取中标。"在工程实践中，投标人以非法手段骗取中标的现象主要有以下几种。

(1)非法挂靠或借用其他企业的资质证书参加投标。

(2)投标文件中故意在商务上和技术上采用模糊的语言骗取中标，中标后提供低档劣质货物、工程或服务。

(3)投标时递交假业绩证明、资格文件。

(4)假冒法定代表人签名，私刻公章，递交假的委托书等。

上述不正当竞争行为对招标投标市场的秩序构成严重危害，为《招标投标法》所严格禁止，同时也是《反不正当竞争法》所不允许的。

1. 进行工程设计投标时，投标人提交的设计费用清单中，投标报价应包括的内容是（ ）。（2023年全国监理工程师职业资格考试真题）

A. 招标文件中列明的暂定金额 B. 国家规定的增值税税金

C. 招标文件需求列明的暂估价 D. 国家规定的规费金额

【精析】根据《标准设计招标文件》，投标报应应包括国家规定的增值税税金，除投标人须知前附表另有规定，增值税税金按一定计税方法计算。

2. 进行施工招标中，对投标申请人资格预审可采用的方法是（ ）。（2023年全国监理工程师职业资格考试真题）

A. 合格制和淘汰制 B. 有限数量制和淘汰制

C. 资质合格和有限数量制 D. 合格制和有限数量制

【精析】在施工招标中，对投标申请人资格预审可采用的方法有两种，分别为合格制和有限数量制，招标人可以根据项目的具体特点和实际需要合理选择。

任务四　工程施工评标办法

任务导读

评标方法的科学性对于实施平等的竞争、公正合理地选择中标者是极其重要的。由于评标涉及的因素很多，应在分门别类、有主有次的基础上，结合工程的特点确定科学的评标方法。

任务目标

掌握专家评议法、低标价法和打分法三种评标方法。

知识准备

对于已经通过资格预审的投标者，他们的财务状况、技术能力、经验及信誉在评标时可不必再评审，评标时主要考虑报价、工期、施工方案、施工组织、质量保证措施、主要材料用量等方面的条件。对于在招标过程中未经过资格预审的投标者，在评标中首先应进行资格后审，剔除在财务、技术和经验方面不能胜任的投标者；此类投标者在招标文件中应加入资格审查的内容，在递交投标书时，同时递交资格审查的资料。

评标的方法，目前国内外采用较多的是专家评议法、低标价法和打分法。

一、专家评议法

评标委员会根据预先确定的评审内容，如报价、工期、施工方案、企业的信誉和经验以及投标者所建议的优惠条件等，对各标书进行认真的分析比较后，评标委员会的各成员进行共同的协商和评议，以投票的方式确定中选的投标者。这种方法实际上是定性的优选法。由于缺少对投标书量化的比较，易产生众说纷纭、意见难以统一的现象。但是其评标过程比较简单，在较短时间内即可完成，一般适用于小型工程项目。

二、低标价法

所谓低标价法，就是以标价最低者为中标者的评标方法。世界银行贷款项目多采用这种方法。但该标价是指评估标价，也就是考虑了各评审要素以后的投标报价，而非投标者投标书中的投标报价。采用这种方法时，一定要采用严谨的招标程序，严格的资格预审，所编制招标文件一定要严密，详评时对标书的技术评审等工作要扎实全面。

这种评标办法使用两种方式：一种是将所有投标者的报价依次排队，取其中 3 个或 4 个，对其低报价的投标者进行其他方面的综合比较，择优定标。另一种是"A＋B 值评标法"，即以低于标底一定百分数以内的报价的算术平均值为 A，以标底或评标小组确定的更合理标价为 B，然后以"A＋B"的均值为评标标准价，选出低于或高于这个标准价的某个百分比的报价的投标者进行综合分析比较，择优选定。

三、打分法

打分法是由评标委员会事先将评标的内容进行分类，并确定其评分标准，然后由每位委员无记名打分，最后统计投标者的得分。得分超过及格标准分最高者为中标单位。这种定量的评标方法，是在评标因素多而复杂，或投标前未经资格预审就投标时，常采用的一种公正、科学的评标方法，能充分体现平等竞争、一视同仁的原则，定标后分歧意见较小。根据目前国内招标的经验，可按下式进行计算：

$$P = Q + \frac{B-b}{B} \times 200 + \sum_{i=1}^{7} m_i$$

式中，P——最后评定分数；

Q——标价基数，一般取 40～70 分；

B——标底价格；

b——分析标价，分析标价＝报价－优惠条件折价；

$\frac{B-b}{B} \times 200$——当报价每高于或低于标底 1％时，增加或扣减 2 分（该比例大小，应根据项目招标时，投标价格应占的权重来确定，此处仅是给出建议）；

m_1——工期评定分数，分数上限一般取 15～40 分［当招标项目为营利项目（如旅馆、商店、厂房等）时，工程提前交工，业主可少付贷款利息并早日营业或投产，从而产生盈利，则工期权重可大些］；

m_2、m_3——技术方案和管理能力评审得分（分数上限可分别为 10～20 分。当项目技术复杂、规模大时，权重可适当提高）；

m_4——主要施工机械配备评审得分（若工程项目需要大量施工机械，如水电工程、土方开挖等，则其分数上限可取为 10～30 分，一般的工程项目，可不予考虑）；

m_5——投标者财务状况评审得分（上限可为 5～15 分，如果业主筹措资金时遇到困难，需要承包者垫资，其权重可加大）；

m_6、m_7——投标者社会信誉和施工经验得分（其上限可分别为 5～15 分）。

案例

某单位概算10万元的信息系统布线工程经批准以邀请招标方式采购，共有3家符合条件的供应商参与投标，2014年5月1日举行开标评标会，采用百分制的综合评分法评标。在制订此次招标的评标方案时，考虑到要求各供应商在领取招标文件前提供有关财务状况、信誉、业绩等方面的证明材料，并先行审验的情况，因此，只把报价、施工方案、质量保证措施、售后服务四大项作为评标打分因素。

评标规则：报价（70分）以各供应商报价的算术平均值为基数，每增减2 000元相应减加1分，加减分以10分为限，得分精确到小数点后两位。

施工方案（20分）分两小项打分。有具体方案者，第一小项得10分，否则本大项不得分；第二小项10分由各评委根据供应商介绍及投标文件中的方案内容以无记名方式打分，各评委的算术平均分作为此小项的最终得分。

质量保证措施（5分）分两小项打分。有具体措施者，第一小项得1分，否则该小项不得分；对投标项目提供可使用20年承诺书者，第二小项得4分，20年以上者加1分，20年内者每少5年减1分。

售后服务（5分）在接故障维修通知后2 h内到达现场者得5分，每迟到0.5 h减0.5分。

试分析：评标规则是否合理？

分析：

本案例大项的评分内容过于简略，应把有偿维护期的材料及服务价格、无偿维护保修期的长短等列入其中更为妥当。

根据上述评标方案，顺利评出综合得分最高的供应商，与其他供应商比较，其9万元的报价为三者最低，施工方案较差，质保措施即保用年限20年为较长时间，售后服务措施即故障维修到现场时间5 min为三者最快。

对此次招标的评标方案总评价：确保了一定的资金节约率，但施工质量不能确保最优。建议今后同类项目的评标应注意两点：一是报价分值应适当下调；二是对施工方案及其他方面的评价应有更具体、更详细的内容和标准。

项目小结

本项目主要介绍了招标投标相关的法律制度，建设工程招标方式，建设工程招标程序，建设工程施工招标文件的编制，建设工程投标人应具备的条件，建设工程投标程序，建设工程投标文件的编制，建设工程投标报价，建设工程投标决策、策略与技巧，有关投标人的法律禁止性规定，工程施工评标办法等内容。通过本项目的学习，学生可以对工程项目招标投标有一定的认识，能在工作中正确进行工程项目招标投标。

课后练习

1. 建设工程招标投标可分为哪些类型？

2. 建设工程招标投标应遵循哪些原则?

3. 必须招标的工程项目范围有哪些?

4. 公开招标与邀请招标的区别有哪些?

5. 建设工程施工招标包括哪几个阶段?

6. 建设工程投标人应具备哪些条件?

7. 投标文件的编制步骤是什么?

8. 建设工程投标策略主要有哪些?

9. 常用的投标报价技巧有哪些?

项目四　建设工程勘察、设计合同

　　某公司因建办公楼与建设工程总公司签订了建筑工程承包合同。随后，经服务公司同意，建设工程总公司分别与市建筑设计院和市××建筑工程公司签订了建设工程勘察设计合同和建筑安装合同。建筑工程勘察设计合同约定由市建筑设计院对服务公司的办公楼、水房、化粪池、给水排水及采暖外管线工程提供勘察、设计服务，做出工程设计书及相应施工图纸和资料。建筑安装合同约定由××建筑工程公司根据市建筑设计院提供的设计图纸进行施工，工程竣工时依据国家有关验收规定及设计图纸进行质量验收。

课件：建设工程
勘察、设计合同

　　合同签订后，建筑设计院按时做出设计书，并将相关图纸资料交付××建筑工程公司，建筑公司依据设计图纸进行施工。工程竣工后，发包人会同有关质量监督部门对工程进行验收，发现工程存在严重质量问题，是设计不符合规范所致。原来，市建筑设计院未对现场进行仔细勘察即自行进行设计，导致设计不合理，给发包人带来了重大损失。由于设计人拒绝承担责任，建设工程总公司又以自己不是设计人为由推卸责任，发包人遂以市建筑设计院为被告向法院起诉。法院受理此案后，追加建设工程总公司为共同被告，让其与市建筑设计院一起为工程建设质量问题负连带责任。

职业能力

　　1. 能够理解建设工程勘察、设计合同管理。
　　2. 能够进行建设工程勘察、设计合同管理的订立与履行管理。
　　3. 具备建设工程勘察、设计合同管理的能力。

职业道德

　　培养学生的流程意识，并让他们养成细致、严谨、全面分析决策的职业习惯。引导学生做人做事须遵守国家法律及企业规章制度。

任务一　建设工程勘察、设计合同概述

任务导读

　　为了加强对工程勘察设计市场的管理，规范市场行为，应明确签订建设工程勘察、设

计合同，保护合同当事人的合法权益，以适应社会主义市场经济发展的需要。

任务目标

1. 了解建设工程勘察、设计合同的概念及特征。
2. 熟悉建设工程勘察、设计合同的分类。
3. 掌握建设工程勘察合同示范文本、掌握建筑工程设计合同示范文本。

知识准备

一、建设工程勘察、设计合同的概念及特征

1. 建设工程勘察、设计合同的概念

建设工程勘察合同是指发包方与勘察方就完成建设工程地理、地质状况的调查研究工作而达成的明确双方权利、义务的协议。建设单位或有关单位称发包人，勘察单位称承包人。根据勘察合同，承包方完成发包方委托的勘察项目，发包人接受符合约定要求的勘察成果，并给付报酬。勘察合同的当事人必须是具有权利能力和行为能力的特定的法人。勘察合同的订立必须符合国家规定的基本建设程序。

建设工程设计合同是指设计人依据约定向发包人提供建设工程设计文件，发包人受领该成果并按约定支付酬金的合同。建设单位或有关单位称发包人，设计单位称承包人。根据设计合同，承包人完成发包方委托的设计项目，发包人接受符合约定要求的设计成果，并给付报酬。设计合同的当事人必须是具有权利能力和行为能力的特定的法人。设计合同的订立必须符合国家规定的基本建设程序。

小提示

> 为了保证工程项目的建设质量达到预期的投资目的，实施过程必须遵循项目建设的内在规律，即坚持先勘察、后设计、再施工的程序。

2. 建设工程勘察、设计合同的特征

建设工程勘察、设计合同除了具有工程合同的基本特征，还具有以下几方面特征。

(1)合同的订立必须符合工程项目的基本建设程序，实行项目报建制度。勘察、设计合同的签订，应在项目的可行性研究报告及项目计划任务书获得批准后进行。可行性研究是建设前期工作的重要内容之一，可以为建设项目的决策和计划任务书的编制提供重要依据。计划任务书是工程建设的大纲，是确定建设项目和建设方案(包括依据、规模、布局、主要技术经济要求等)的基本文件，也是进行现场勘测和编制文件的主要依据。项目报建是对从事工程建设的业主方的资格、能力及项目准备情况的确定。

(2)勘察、设计方应具备合法的资格与等级。工程勘察设计方必须具备法人条件，并且必须经过资格认证，获得工程勘测证书或工程设计证书。勘察、设计方应具备下列具体条件。

1)有按法定主管部门批准成立勘察、设计机构的文件。

2)有专门从事工程勘察、设计工作的固定职工组成的实体。

3)有固定的工作场所和一定的仪器装备。

4)具备独立承担工程勘察、设计任务的能力。

二、建设工程勘察、设计合同的分类

建设工程勘察、设计合同按委托的内容(合同标的)及计价方式的不同有不同的合同形式。

1. 按委托的内容分类

(1)勘察设计总承包合同：由具有相应资质的承包人与发包人签订的包含勘察和设计两部分内容的承包合同。其中承包人可以是以下三种。

1)具有勘察、设计双重资质的勘察设计单位。

2)分别拥有勘察与设计资质的勘察单位和设计单位的联合。

3)设计单位作为总承包单位并承担其中的设计任务，而勘察单位作为勘察分包商。

勘察设计总承包合同减轻了发包人的协调工作，尤其是减少了勘察与设计之间的责任推诿和扯皮。

(2)勘察合同：指发包人与具有相应勘察资质的承包商签订的委托勘察任务的合同。

(3)设计合同：指发包人与具有相应资质的设计承包商签订的委托设计任务的合同。

2. 按计价方式分类

(1)总价合同：适用于勘察、设计总承包的合同，也适用于勘察、设计分别承包的合同。

(2)单价合同：与总价合同适用范围相同。

(3)按工程造价比例收费合同：适用于勘察、设计总承包和设计承包合同。

三、建设工程勘察合同示范文本

(一)《建设工程勘察合同(示范文本)》的组成

《建设工程勘察合同(示范文本)》(GF—2016—0203)由合同协议书、通用合同条款和专用合同条款三部分组成。其适用于岩土工程勘察、岩土工程设计、岩土工程物探/测试/检测/监测、水文地质勘察及工程测量等工程勘察活动。

1. 合同协议书

《建设工程勘察合同(示范文本)》合同协议书共计12条，主要包括工程概况、勘察范围和阶段、技术要求及工作量、合同工期、质量标准、合同价款、合同文件构成、承诺、词语定义、签订时间、签订地点、合同生效和合同份数内容，集中约定了合同当事人基本的合同权利义务。

2. 通用合同条款

通用合同条款是合同当事人根据《合同法》《建筑法》《招标投标法》等相关法律法规的规定，就工程勘察的实施及相关事项对合同当事人的权利义务作出的原则性约定。

通用合同条款具体包括一般约定、发包人、勘察人、工期、成果资料、后期服务、合同价款与支付、变更与调整、知识产权、不可抗力、合同生效与终止、合同解除、责任与保险、违约、索赔、争议解决及补充条款共计17条。上述条款安排既考虑了现行法律法规对工程建设的有关要求，也考虑了工程勘察管理的特殊需要。

3. 专用合同条款

专用合同条款是对通用合同条款原则性约定的细化、完善、补充、修改或另行约定的条款。合同当事人可以根据不同建设工程的特点及具体情况，通过双方的谈判、协商对相应的专用合同条款进行修改补充。在使用专用合同条款时，应注意以下事项。

(1)专用合同条款编号应与相应的通用合同条款编号一致。

(2)合同当事人可以通过对专用合同条款的修改，满足具体项目工程勘察的特殊要求，避免直接修改通用合同条款。

(3)在专用合同条款中有横道线的地方，合同当事人可针对相应的通用合同条款进行细化、完善、补充、修改或另行约定；如无细化、完善、补充、修改或另行约定，则应填写"无"或画"/"。

(二)《建设工程勘察合同(示范文本)》的格式与内容

1. 合同协议书的格式与内容

《建设工程勘察合同(示范文本)》的格式与内容如下。

合同协议书

发包人(全称)：_____

勘察人(全称)：_____

根据《合同法》《建筑法》《招标投标法》等的规定，遵循平等、自愿、公平和诚实信用的原则，双方就_____项目工程勘察有关事项协商一致，达成如下协议。

一、工程概况

1. 工程名称：_____

2. 工程地点：_____

3. 工程规模、特征：_____

_____

_____

二、勘察范围和阶段、技术要求及工作量

1. 勘察范围和阶段：_____

2. 技术要求：_____

3. 工作量：_____

三、合同工期

1. 开工日期：_____

2. 成果提交日期：_____

3. 合同工期(总日历天数)_____天

四、质量标准

质量标准：_____

五、合同价款

1. 合同价款金额：人民币(大写)_____(￥_____元)

2. 合同价款形式：_____

六、合同文件构成

组成本合同的文件包括以下内容。

(1)合同协议书。

(2)专用合同条款及其附件。

(3)通用合同条款。

(4)中标通知书(如果有)。

(5)投标文件及其附件(如果有)。

(6)技术标准和要求。

(7)图纸。

(8)其他合同文件。

在合同履行过程中形成的与合同有关的文件构成合同文件组成部分。

七、承诺

1.发包人承诺按照法律规定履行项目审批手续,按照合同的约定提供工程勘察条件和相关资料,并按照合同约定的期限和方式支付合同价款。

2.勘察人承诺按照法律法规和技术标准规定,以及合同约定提供勘察技术服务。

八、词语定义

本合同协议书中词语含义与合同第二部分《通用合同条款》中的词语含义相同。

九、签订时间

本合同于_____年_____月_____日签订。

十、签订地点

本合同在_____签订。

十一、合同生效

本合同自_____生效。

十二、合同份数

本合同一式_____份,具有同等法律效力,发包人执_____份,勘察人执_____份。

发包人:(印章)_____ 勘察人:(印章)_____

法定代表人或其委托代理人: 法定代表人或其委托代理人:

(签字)   (签字)

统一社会信用代码:_____   统一社会信用代码:_____

地址:_____   地址:_____

邮政编码:_____   邮政编码:_____

电话:_____   电话:_____

传真:_____   传真:_____

电子邮箱:_____   电子邮箱:_____

开户银行:_____   开户银行:_____

账号:_____   账号:_____

2. 通用合同条款主要内容

通用合同条款主要包括以下内容。

(1)一般约定。一般约定条款包括词语定义、合同文件及优先解释顺序、适用法律法规和技术标准、语言文字、联络方式、严禁贿赂约定、保密内容等。

(2)发包人。发包人条款包括发包人权利、发包人义务、发包人代表内容。

(3)勘察人。勘察人条款包括勘察人权利、勘察人义务、勘察人代表内容。

(4)工期。工期条款包括开工及延期开工、成果提交日期、发包人造成的工期延误、勘察人造成的工期延误、恶劣气候条件内容。

(5)成果资料。成果资料条款包括成果质量、成果份数、成果交付、成果验收内容。

(6)后期服务。后期服务条款包括后续技术服务、竣工验收内容。

(7)合同价款与支付。合同价款与支付条款包括合同价款与调整、定金或预付款、进度款支付、合同价款结算内容。

(8)变更与调整。变更与调整条款包括变更范围与确认、变更合同价款确定内容。

(9)知识产权。

(10)不可抗力。不可抗力条款包括不可抗力的确认、不可抗力的通知、不可抗力后果的承担内容。

(11)合同生效与终止。

(12)合同解除。

(13)责任与保险。

(14)违约。违约条款包括发包人违约、勘察人违约内容。

(15)索赔。索赔条款包括发包人索赔、勘察人索赔内容。

(16)争议解决。争议解决条款包括和解、调解、仲裁或诉讼内容。

(17)补充条款。

3. 专用合同条款

专用合同条款主要包括以下内容。

(1)一般约定。一般约定条款包括词语定义，合同文件及优先解释顺序，适用法律法规、技术标准，语言文字，联络，保密内容。

(2)发包人。发包人条款包括发包人义务、发包人代表内容。

(3)勘察人。勘察人条款包括勘察人权利、勘察人代表内容。

(4)工期。工期条款包括成果提交日期、发包人造成的工期延误内容。

(5)成果资料。成果资料条款包括成果份数、成果验收内容。

(6)后期服务。后期服务条款包括后续技术服务内容。

(7)合同价款与支付。合同价款与支付条款包括合同价款与调整、定金或预付款、进度款支付、合同价款结算内容。

(8)变更与调整。变更与调整条款包括变更范围与确认、变更合同价款确定内容。

(9)知识产权。

(10)不可抗力。不可抗力条款包括不可抗力的确认、不可抗力的通知内容。

(11)责任与保险。

(12)违约。违约条款包括发包人违约、勘察人违约内容。

(13)索赔。索赔条款包括发包人索赔、勘察人索赔内容。

(14)争议解决。争议解决条款包括仲裁或诉讼等内容。

(15)补充条款。

四、建设工程设计合同示范文本

建设工程设计合同有两种文本，一种是《建设工程设计合同示范文本(房屋建筑工程)》(GF—2015—0209)，适用于民用建设工程设计合同；另一种是《建设工程设计合同示范文本(专业建设工程)》(GF—2015—0210)，适用于专用建设工程设计合同。两种文本的主要内容基本相同，主要有如下几点。

(1)合同当事人及合同订立的目的和依据。

(2)设计项目的内容，如设计项目的名称、规模、阶段、计划投资及设计费等。

(3)发包人的权利和义务。

(4)设计人的权利和义务。

(5)设计收费及设计费支付。

(6)违约责任。

(7)其他。

(8)合同争议的解决。

(9)合同的生效与鉴证。

真题解读

1. 根据《标准勘察招标文件》，招标人应按投标人须知前附表规定的公示媒介和期限公示中标候选人，公示期不得少于( )日。(2023年全国监理工程师职业资格考试真题)

A. 3　　　　　　　　B. 5　　　　　　　　C. 7　　　　　　　　D. 10

【精析】根据《标准勘察招标文件》，招标人在收到评标报告之日起3日内，按照投标人须知前附表规定的公示媒介和期限公示中标候选人，公示期不得少于3天。

2. 根据《标准勘察招标文件》，下列组成合同的文件：①勘察纲要；②勘察费用清单；③中标通知书。正确的优先解释顺序是( )。(2023年全国监理工程师职业资格考试真题)

A. ①—②—③　　　　B. ②—③—①　　　　C. ③—①—②　　　　D. ③—②—①

【精析】根据《标准勘察招标文件》，组成合同的各项文件应互相解释，互相说明。除专用合同条款另有约定外，解释合同文件的优先顺序如下：①合同协议书；②中标通知书；③投标函及投标函附录；④专用合同条款；⑤通用合同条款；⑥发包人要求；⑦勘察费用清单；⑧勘察纲要；⑨其他合同文件。

任务二　建设工程勘察、设计合同的订立

任务导读

建设工程勘察合同的订立为建设项目的工程设计和施工提供科学的依据。在建设项目的选址和设计任务书已确定的情况下，建设项目是否能保证技术上先进和经济上合理，设计将起着决定作用。建设工程勘察、设计合同必须采用书面形式并参照国家推荐使用的合同文本签订。

1. 了解建设工程勘察合同订立条件、形式；熟悉建设工程勘察合同订立程序；掌握建设工程勘察的工作内容，掌握建设工程勘察合同订立的工作内容。

2. 了解建设工程设计合同订立条件；熟悉建设工程设计合同订立程序；掌握建设工程设计合同订立的工作内容，建设工程设计合同约定的内容。

3. 熟悉建设工程勘察、设计合同订立的管理。

一、建设工程勘察合同的订立

(一)建设工程勘察合同订立条件、形式及程序

1. 建设工程勘察合同订立条件

建设工程勘察合同的主体一般应是法人。承包方承揽建设工程勘察任务必须具有相应的权利能力和行为能力，必须持有国家颁发的勘察证书。工程勘察企业必须依法取得工程勘察资质证书，并在资质等级许可的范围内承揽勘察业务。

2. 建设工程勘察合同订立形式

《建设工程勘察设计合同管理办法》规定，签订勘察设计合同，应采用书面形式，使用《建设工程勘察合同》和《建设工程设计合同》的示范文本，参照示范文本的条款明确约定合同的内容。对文本条款以外的内容要单独注明。对于可能发生的问题，合同双方要约定解决办法和处理原则。

双方协商同意的合同修改文件、补充协议均为合同的组成部分。

3. 建设工程勘察合同订立程序

建设工程勘察项目通过招标确定勘察单位后，应遵循工程项目建设程序，签订勘察合同。

(1)发包人审查承包人的资质。发包人审查承包人是否属于合法的法人组织，有没有相关的营业执照，有没有相应的勘察证书，调查了解承包人的勘察资历、社会信誉、履约能力等。

(2)承包人审查建设项目的批准文件。这些文件主要是建设行政主管部门批准的可行性研究报告和城市规划部门批准的建设用地规划许可证。无须报批可行性研究报告的小型单项工程，必须具有建设行政主管部门批准的有关基建文件。

(3)发包人提出勘察任务和要求。发包人根据可行性研究报告，向承包人提出具体任务和要求，包括勘察范围、勘察期限、勘察进度和质量等。

(4)承包人确定取费标准和进度。承包人依照发包人提出的要求和提供的资料，研究并确定勘察方法、费用及付款方式等。

(5)合同由双方当事人协商，并就合同的各项条款取得一致意见。

(6)签订勘察合同。合同双方法人代表或其指定的代理人在合同文本上签字并加盖各自单位法人公章，使合同生效。

(二)建设工程勘察合同订立的工作内容

1. 建设工程勘察的工作内容

建设工程勘察是指根据建设工程的要求，查明、分析、评价建设场地的地质地理环境特征和岩土工程条件，编制建设工程勘察文件的活动。建设工程勘察的目的在于查明工程项目建设地点的地形地貌、地层土壤岩型、地质构造、水文条件等自然地质条件资料，作出鉴定和综合评价，为建设项目的工程设计和施工提供科学的依据。建设工程勘察工作内容一般包括工程测量、水文地质勘察和工程地质勘察。

工程测量包括平面控制测量、高程控制测量、地形测量、摄影测量、线路测量和绘制测量图等工作，其目的是为建设项目的选址(选线)、设计和施工提供有关地形地貌的依据。水文地质勘察一般包括水文地质测绘、地球物理勘探、钻探、抽水试验、地下水动态观测、水文地质参数计算、地下水资源评价和地下水资源保护方案等工作。其任务在于提供有关供水地下水源的详细资料。工程地质勘察包括选址勘察、初步勘察、详细勘察及施工勘察。选址勘察主要解决工程地址的确定问题；初步勘察是为初步设计做好基础性工作；详细勘察和施工勘察则主要针对建设工程地基做出评价，并为地基处理和加固基础而进行深层次勘察。

就具体工程项目的需求而言，可以委托勘察人承担一项或多项工作，在订立合同时，应具体明确约定勘察工作范围和成果要求。

2. 建设工程勘察合同当事人

建设工程勘察合同当事人包括发包人和勘察人。发包人通常可能是工程建设项目的建设单位或者工程总承包单位。勘察工作是一项专业性很强的工作，是工程质量保障的基础。因此，我国对勘察合同的勘察人有严格的管理制度。

依据我国法律规定，作为承包人的勘察单位必须具备法人资格，任何其他组织和个人均不能成为承包人。这不仅是因为建设工程项目具有投资大、周期长、质量要求高、技术要求强、事关国计民生等特点，还因为勘察设计是工程建设的重中之重，影响整个工程建设的成败，因此一般的非法人组织和自然人是无法承担的。

建设工程勘察合同的承包方须持有工商行政管理部门核发的企业法人营业执照，并且必须在其核准的经营范围内从事建设活动。超越其经营范围订立的建设工程勘察合同为无效合同。

建设工程勘察业务需要专门的技术和设备，只有取得相应资质的企业才能经营。建设工程勘察合同的承包方必须持有建设行政主管部门颁发的工程勘察资质证书、工程勘察收费资格证书，而且应当在其资质等级许可的范围内承揽建设工程勘察、设计业务。关于建设工程勘察设计企业资质管理制度，我国法律、行政法规，以及大量的规章均做了十分具体的规定。建设工程勘察、设计企业应当按照其拥有的注册资本，专业技术、人员、技术装备和勘察设计业绩等条件申请资质，经审查合格，取得建设工程勘察、设计资质证书后，方可在资质等级许可的范围内从事建设工程勘察、设计活动。

获得资质证书的建设工程勘察、设计企业可以从事相应的建设工程勘察、设计咨询和技术服务。工程勘察资质分为工程勘察综合资质、工程勘察专业资质、工程勘察劳务资质。工程勘察综合资质只设甲级；工程勘察专业资质设甲级、乙级，根据工程性质和技术特点，部分专业可以设丙级；工程勘察劳务资质不分等级。取得工程勘察综合资质的企业，可以承接各专业(海洋工程勘察除外)、各等级工程勘察业务；取得工程勘察专业资质的企业，可以承接相应等级、相应专业的工程勘察业务；取得工程勘察劳务资质的企业，可以承接岩土工程治理、工程钻探、凿井等工程勘察劳务业务。

3. 建设工程勘察合同约定的内容

建设工程勘察合同约定的内容见表4-1。

表4-1 建设工程勘察合同约定的内容

序号	项目	内容
1	发包人应向勘察人提供的文件资料	发包人应及时向勘察人提供下列文件资料，并对其准确性、可靠性负责，通常如下： (1)本工程的批准文件(复印件)，以及用地(附红线范围)施工、勘察许可等批件(复印件)； (2)工程勘察任务委托书、技术要求和工作范围的地形图、建筑总平面布置图； (3)勘察工作范围已有的技术资料及工程所需的坐标与标高资料； (4)勘察工作范围地下已有埋藏物的资料(如电力、电信电缆、各种管道、人防设施、洞室等)及具体位置分布图； (5)其他必要资料
2	发包人应为勘察人提供现场的工作条件	根据项目的具体情况，双方可以在合同内约定由发包人负责保证勘察工作顺利开展应提供的条件，可能包括以下内容： (1)落实土地征用、青苗树木赔偿； (2)拆除地上、地下障碍物； (3)处理施工扰民及影响施工正常进行的有关问题； (4)平整施工现场； (5)修好通行道路、接通电源水源、挖好排水沟渠，以及水上作业用船等
3	勘察工作的成果	在明确委托勘察工作的基础上，约定勘察成果的内容、形式，以及成果的要求等。具体写明勘察人应向发包人交付的报告、成果、文件的名称，交付数量，交付时间和内容要求
4	勘察费用的阶段支付	订立合同时约定工程费用阶段支付的时间、占合同总金额的百分比和相应的款额。勘察合同的阶段支付时间通常按勘察工作完成的进度，或委托勘察范围内的各项工作中提交了某部分的成果报告进行分阶段支付，而不是按月支付
5	合同约定的勘察工作开始和终止时间	当事人双方应在订立的合同内明确约定勘察工作开始的日期，以及交付勘察成果的时间
6	合同争议的最终解决方式	明确约定解决合同争议的最终方式是仲裁或诉讼。采用仲裁时，需注明仲裁委员会的名称

注：如果发包人不能提供第1项所述资料，一项或多项资料由勘察人收集，订立合同时应予以明确，发包人需向勘察人支付相应的费用

二、建设工程设计合同的订立

(一)建设工程设计合同订立条件及程序

1. 建设工程设计合同订立条件

建设工程设计合同的主体一般是法人。承包方承揽建设工程设计任务必须具有相应的

权利能力和行为能力，必须持有国家颁发的设计证书。设计人必须在其工程设计资质范围内从事工程设计活动。发包方应当持有上级主管部门批准的设计任务书等合同文件。

委托工程设计任务的建设工程项目应当符合国家有关规定。

(1)建设工程项目可行性研究报告或项目建议书已获批准。

(2)已经办理城市规划许可文件。

(3)具备工程勘察资质等。

2. 建设工程设计合同订立程序

(1)发包人审查承包人的资质。发包人审查承包人是否属于合法的法人组织，有无有关的营业执照，有无相应的设计证书；调查了解承包人的设计资历、社会信誉、资信状况等。

(2)承包人审查建设项目的批准文件。这些文件主要是建设行政主管部门批准的可行性研究报告、设计任务书和城市规划部门批准的建设用地规划许可证。无须报批可行性研究报告、设计任务书的小型单项工程，必须具有建设行政主管部门批准的有关基建文件。如果仅单独委托施工图设计任务，则应同时具备建设行政主管部门批准的初步设计文件。

(3)发包人提出设计任务和要求。发包人根据设计任务书，向承包人提出具体任务和要求，包括设计内容、设计范围、设计期限、设计进度、设计质量和设计限制条件等方面。

(4)承包人确定设计取费标准和设计进度。承包人根据发包人提出的要求和提供的资料，研究并确定设计方法、进度、费用金额及付款方式等。

(5)合同双方当事人协商并就合同的各项条款达成一致意见。

(6)签订设计合同。合同双方法人代表或其代理人在合同文本上签字，并加盖单位法人公章，合同才生效。

(二)建设工程设计合同订立的工作内容

1. 建设工程设计的工作内容

建设工程设计是指根据建设工程的要求，对建设工程所需的技术、经济、资源、环境等条件进行综合分析、论证，编制建设工程设计文件。设计是基本建设的重要环节。按我国现行规定，一般建设项目按初步设计和施工图设计两个阶段进行，对于技术复杂而又缺乏经验的项目，可以增加技术设计阶段。对一些大型联合企业、矿区和水利枢纽，为解决总体部署和开发问题，还需进行总体规划设计或方案设计。

2. 建设工程设计合同当事人

建设工程设计合同当事人包括发包人和设计人。发包人通常也是工程建设项目的业主(建设单位)或者项目管理部门(如工程总承包单位)。承包人则是设计人，设计人须为具有相应设计资质的企业法人。工程设计资质分为工程设计综合资质、工程设计行业资质、工程设计专业资质和工程设计专项资质。工程设计综合资质只设甲级；工程设计行业资质、工程设计专业资质、工程设计专项资质设甲级、乙级。根据工程性质和技术特点，个别行业、专业、专项资质可以设丙级，建筑工程专业资质可以设丁级。

取得工程设计综合资质的企业，可以承接各行业、各等级的建设工程设计业务；取得工程设计行业资质的企业，可以承接相应行业、相应等级的工程设计业务及本行业范围内同级别的相应专业、专项工程设计业务(设计施工一体化资质除外)；取得工程设计专业资质的企业，可以承接本专业相应等级的专业工程设计业务及同级别的相应专项工程设计业务(设计施工一体化资质除外)；取得工程设计专项资质的企业，可以承接本专项相应等级的专项工程设计业务。

3. 建设工程设计合同约定的内容

建设工程设计合同约定的内容见表 4-2。

表 4-2　建设工程设计合同约定的内容

序号	项目	内容
1	委托设计项目的内容	订立设计合同时应明确委托设计项目的具体要求，包括分项工程、单位工程的名称、设计阶段和各部分的设计费。如民用建筑工程中，各分项名称对应的建设规模(层数、建筑面积)；设计人承担的设计任务是全过程设计(方案设计、初步设计、施工图设计)任务，也是部分阶段设计任务；相应分项名称的建筑工程总投资；相应的设计费用
2	发包人应向设计人提供的有关资料和文件	(1)设计依据文件和资料。包括经批准的项目可行性研究报告或项目建议书；城市规划许可文件；工程勘察资料等。发包人应向设计人提交的有关资料和文件在合同内需约定资料和文件的名称、份数、提交的时间和有关事宜。 (2)项目设计要求。包括限额设计的要求；设计依据的标准；建筑物的设计合理使用年限要求；设计深度要求(设计标准可以高于国家规范的强制性规定，发包人不得要求设计人违反国家有关标准进行设计。方案设计文件应当满足编制初步设计文件和控制概算的需要；初步设计文件应当满足编制施工招标文件、主要设备材料订货和编制施工图设计文件的需要；施工图设计文件应当满足设备材料采购、非标准设备制作和施工的需要，并注明建设工程合理使用年限。具体内容要根据项目的特点在合同内约定)；设计人配合施工工作的要求(包括向发包人和施工承包人进行设计交底；处理有关设计问题；参加重要隐蔽工程部位验收和竣工验收等事项)；法律、行政法规规定应满足的其他条件
3	工作开始和终止时间	在合同内约定设计工作开始和终止的时间，作为设计期限
4	设计费用的支付	合同双方不得违反国家有关最低收费标准的规定，任意压低勘察、设计费用。合同内除了写明双方约定的总设计费，还需列明分阶段支付进度款的条件、占总设计费的百分比及金额
5	发包人应为设计人提供现场的服务	可能包括施工现场的工作条件、生活条件及交通等方面的具体内容
6	设计人应交付的设计资料和文件	明确分项列明设计人应向发包人交付的设计资料和文件，包括资料和文件的名称、份数、提交日期和其他有关事项的要求
7	违约责任	需要约定的内容包括承担违约责任的条件和违约金的计算方法等
8	合同争议的最终解决方式	约定仲裁或诉讼为解决合同争议的最终方式

三、建设工程勘察、设计合同订立的管理

(1)签订勘察、设计合同应当执行《民法典》和工程勘察设计市场管理的有关规定。

（2）签订勘察、设计合同，应当采用书面形式，参照文本的条款，明确约定双方的权利、义务。对文本条款以外的其他事项，当事人认为需要约定的，也应采用书面形式。对可能发生的问题，要约定解决办法和处理原则。

小提示

> 双方协商同意的合同修改文件、补充协议均为合同的组成部分。

（3）双方应当依据国家和地方有关规定，确定勘察设计合同价款。

（4）乙方经甲方同意，可以将自己承包的部分工作分包给具有相应资质条件的第三人。第三人就其完成的工作成果与乙方向甲方承担连带责任。

禁止乙方将其承包的工作全部转包给第三人或者肢解以后以分包的名义转包给第三人。禁止第三人将其承包的工作再分包。严禁出卖图章、图签等行为。

（5）建设行政主管部门和工商行政管理部门，应当加强对建设工程勘察设计合同的监督管理。其主要职能如下。

1）贯彻国家和地方有关法律、行政法规和规章。

2）制定和推荐使用建设工程勘察设计合同文本。

3）审查和鉴证建设工程勘察设计合同，监督合同履行，调解合同争议，依法查处违法行为。

4）指导勘察设计单位的合同管理工作，培训勘察设计单位的合同管理人员，总结交流经验，表彰先进的合同管理单位。

（6）签订勘察设计合同的双方，应当将合同文本送所在地省级建设行政主管部门或其授权机构备案，也可以到工商行政管理部门办理合同鉴证。

（7）合同依法成立，即具有法律效力，任何一方不得擅自变更或解除。对于单方面擅自终止合同的，应当依法承担违约责任。

（8）在签订、履行合同过程中，有违反法律、法规，扰乱建设市场秩序行为的，建设行政主管部门和工商行政管理部门要依照各自职责，依法给予行政处罚。构成犯罪的，提请司法机关追究其刑事责任。

（9）当事人对行政处罚决定不服的，可以依法提起行政复议或行政诉讼，对复议决定不服的，可向人民法院起诉。对于逾期不申请复议或向人民法院起诉，又不执行处罚决定的，由作出处罚的部门申请人民法院强制执行。

真题解读

根据《标准施工招标文件》，承包人对发包人签发的竣工付款证书有异议的，对存在争议的部分应按（   ）处理。（2023年全国监理工程师职业资格考试真题）

　　A. 临时付款协议　　　B. 监理人的决定　　　C. 逾期支付条款　　　D. 合同争议条款

【精析】根据《标准施工招标文件》，承包人对发包人签认的竣工付款证书有异议的，发包人可出具竣工付款证书有异议的，发包人可出具竣工付款申请单中承包人已同意部分的临时付款证书。对于存在争议的部分，按合同争议的约定办理。

任务三 建设工程勘察、设计合同的履行管理

任务导读

建设工程勘察、设计合同是勘察设计单位在工程设计过程中的最高行为准则，勘察设计单位在工程设计过程中的一切活动都是为了履行合同中规定的责任。

任务目标

1. 熟悉建设工程勘察中发包人的责任、勘察人的责任、勘察费用的支付、违约责任。
2. 熟悉建设工程设计合同中设计人的义务、设计费的支付、违约责任。
3. 掌握建设工程勘察、设计合同的索赔方法。

知识准备

一、建设工程勘察合同的履行管理

1. 发包人的责任

(1)在勘察现场范围内，不属于委托勘察任务而又没有资料、图纸的地区(段)，发包人应负责查清地下埋藏物。若因未提供上述资料、图纸，或提供的资料图纸不可靠、地下埋藏物不清，致使勘察人在勘察工作过程中发生人身伤害或造成经济损失，由发包人承担民事责任。

(2)若勘察现场需要看守，特别是在有毒、有害等危险现场作业时，发包人应派人负责安全保卫工作，按国家有关规定，对从事危险作业的现场人员进行保健防护，并承担费用。

(3)工程勘察前，属于发包人负责提供的材料，应根据勘察人提出的工程用料计划，按时提供各种材料及其产品合格证明，并承担费用和运到现场，派人与勘察的人员一起验收。

(4)勘察过程中的任何变更，经办理正式变更手续后，发包人应按实际发生的工作量交付勘察费。

(5)为勘察人的工作人员提供必要的生产、生活条件，并承担费用；如不能提供时，应一次性付给勘察人临时设施费。

(6)发包人若要求在合同规定时间内提前完工(或提交勘察成果资料)，发包人应按每提前一天向勘察人支付计算的加班费。

(7)发包人应保护勘察人的投标书、勘察方案、报告书、文件、资料图纸、数据、特殊工艺(方法)、专利技术和合理化建议。

小提示

> 未经勘察人同意，发包人不得复制、泄露、擅自修改、传送或向第三人转让或用于本合同外的项目。

2. 勘察人的责任

(1)勘察人应按国家技术规范、标准、规程和发包人的任务委托书及技术要求进行工程勘察，按合同规定的时间提交质量合格的勘察成果资料，并对其负责。

(2)由于勘察人提供的勘察成果资料质量不合格，勘察人应负责无偿给予补充完善使其达到质量合格。若勘察人无力补充完善，需另委托其他单位时，勘察人应承担全部勘察费用。因勘察质量造成重大经济损失或工程事故时，勘察人除应负法律责任和免收直接受损失部分的勘察费外，还应根据损失程度向发包人支付赔偿金。赔偿金由发包人、勘察人在合同内约定实际损失的某一百分比。

(3)在勘察过程中，根据工程的岩土工程条件(或工作现场地形地貌、地质和水文地质条件)及技术规范要求，向发包人提出增减工作量或修改勘察工作的意见，并办理正式变更手续。

3. 勘察费用的支付

合同中约定的勘察费用计价方式，可以采用以下方式中的一种：按国家规定的现行收费标准取费；预算包干；中标价加签证；实际完成工作量结算等。

在合同履行中，应当按照下列要求支付勘察费用。

(1)合同生效后3天内，发包人应向勘察人支付预算勘察费的20%作为定金。

(2)勘察工作外业结束后，发包人向勘察人支付约定勘察费的某一百分比。对于勘察规模大、工期长的大型勘察工程，还可将这笔费用按实际完成的勘察进度分解，向勘察人分阶段支付工程进度款。

(3)提交勘察成果资料后10天内，发包人应一次付清全部工程费用。

(4)因发包人对工程内容与技术要求提出变更时，除延误的工期需要顺延外，因变更导致勘察人的经济支出和损失应由发包人承担，并在合同中约定变更后的工程勘察费用的调整方法和标准。

4. 违约责任

(1)发包人的违约责任。

1)合同履行期间，由于工程停建而终止合同或发包人要求解除合同时，勘察人未进行勘察工作的，不退还发包人已付定金；已进行勘察工作的，完成的工作量在50%以内时，发包人应向勘察人支付预算额50%的勘察费；完成的工作量超过50%时，则应向勘察人支付预算额100%的勘察费。

2)发包人未按合同规定时间(日期)拨付勘察费，每超过1天，应偿付未支付勘察费的1‰逾期违约金。

3)发包人不履行合同时，无权要求返还定金。

(2)勘察人的违约责任。

1)由于勘察人原因造成勘察成果资料质量不合格，不能满足技术要求时，其返工勘察费用由勘察人承担。对交付的报告、成果、文件达不到合同约定条件的部分，发包人可要求承包人返工，承包人按发包人要求的时间返工，直到符合约定条件。返工后仍不能达到约定条件，承包人承担违约责任，并根据由此造成的损失程度向发包人支付赔偿金，赔偿金额最高不超过返工项目的收费额。

2)由于勘察人原因未按合同规定时间(日期)提交勘察成果资料，每超过1天，应减收勘察费的 1‰。

    3)勘察人不履行合同时,应双倍返还定金。

📎案例

    2013 年 4 月,A 单位拟建办公楼××栋,工程地质位于已建成的××小区附近。A 单位就勘察任务与 B 单位签订了工程合同。合同规定勘察费 15 万元。该工程经过勘察、设计等阶段于 10 月 20 日开始施工。施工承包商为 D 建筑公司。试分析以下问题。

    (1)委托方 A 单位应预付勘察定金数额是多少?

    (2)该工程签订勘察合同几天后,委托方 A 单位通过 C 单位获得××小区的勘察报告。A 单位认为可以借用该勘察报告,即通知 B 单位不再履行合同。请问,在上述事件中,哪些单位的做法是错误的?为什么?A 单位是否有权要求返还定金?

    (3)若 A 单位和 B 单位双方都按期履行勘察合同,并按 B 单位提供的勘察报告进行设计与施工。但在进行基础施工阶段,发现其中有部分地段地质情况与勘察报告不符,出现软弱地基,而在原报告中并未指出。此时,B 单位应承担什么责任?

    (4)问题(3)中,施工单位 D 由于进行地基处理,施工费用增加 20 万元,工期延误 20 天,对于这种情况,D 单位应怎样处理?A 单位应承担哪些责任?

分析:

    (1)由于勘察合同生效后 3 天内,发包人应向勘察人支付预算勘察费的 20%作为定金,因此,委托方 A 单位应向 B 单位支付定金为 3 万元。

    (2)A 单位和 C 单位的做法都是错误的。A 单位不履行勘察合同,属违约行为;C 单位应维护他人的勘察成果,不得转让给第三方使用,而 C 单位将他人的勘察报告提供给 A 单位,这种做法是错误的。委托方 A 单位不履行勘察合同,无权要求返回定金。

    (3)若勘察合同继续履行,B 单位完成勘察任务。对于因勘察质量低劣造成的损失,应视造成损失的大小,减收或免收勘察费。

    (4)D 单位应出现软弱地基后 8 h 内,以书面形式通知 A 单位,同时提出处置方案或请求 A 单位组织勘察、设计单位共同制订处理方案,并于 28 天内就延误的工期和因此发生的经济损失,向 A 单位代表提出索赔意向通知,在随后的 28 天内提出索赔报告。A 单位应于 28 天内答复,逾期不答复的,视为默认。由于变更计划,提供的资料不准确而造成窝工、停工的,委托单位应该按承包实际消耗的工作量增付费用。因此,A 单位应承担地基处理所需的 20 万元,且顺延工期 20 天。

二、建设工程设计合同的履行管理

1. 发包人的责任

    (1)发包方按合同规定的内容,在规定的时间内向承包方提交资料及文件,并对其完整性、正确性及时限负责。发包方提交上述资料及文件超过规定期限 15 天以内,承包方按本合同规定的交付设计文件时间顺延,规定期限超过 15 天以上时,承包方有权重新确定提交设计文件的时间。

    (2)发包方变更委托设计项目、规模、条件或因提交的资料错误,或所提交资料做较大修改,造成承包方设计需要返工时,双方除需另行协商签订补充合同(或另订合同)、重新明确有关条款外,发包方应按承包方所耗工作量向承包方支付返工费。

(3)在合同履行期间，发包方要求终止或解除合同，承包方未开始设计工作的，不退还发包方已付的定金。

已开始设计工作的，发包方应根据承包方已进行的实际工作量，不足一半时按该阶段设计费的一半支付，超过一半时按该阶段设计费的全部支付。

(4)发包方应按合同规定的金额和时间向承包方支付设计费用，每逾期1天，应承担一定比例金额(如1‰)的逾期违约金。逾期超过30天以上时，承包方有权暂停履行下一阶段工作，并书面通知发包方。发包方上级对设计文件不审批或合同项目停、缓建，发包方均应支付应付的设计费。

(5)设计人完成设计工作的主要地点不是施工现场，因此，发包人有义务为设计人在现场工作期间提供必要的工作、生活方便条件。发包人为设计人派驻现场的工作人员提供的方便条件可能涉及工作、生活、交通等方面，以及必要的劳动保护装备。

(6)设计的阶段成果(初步设计、技术设计、施工图设计)完成后，应由发包人组织鉴定和验收，并负责向发包人的上级或有管理资质的设计审批部门完成报批手续。

施工图设计完成后，发包人应将施工图报送建设行政主管部门，由建设行政主管部门委托的审查机构进行结构安全和强制性标准、规范执行情况等内容的审查。

(7)发包人应保护设计人的投标书、设计方案、文件、资料图纸、数据、计算机软件和专利技术。未经设计人同意，发包人对设计人交付的设计资料及文件不得擅自修改、复制或向第三人转让或用于本合同外的项目。如发生以上情况，发包人应负法律责任，设计人有权向发包人索赔。

(8)如果发包人从施工进度的需要或其他方面考虑，要求设计人比合同规定时间提前交付设计文件时，须征得设计人的同意。设计的质量是工程发挥预期效益的基本保障，发包人不应严重背离合理设计周期的规律，强迫设计人不合理地缩短设计周期的时间。在双方经过协商达成一致并签订提前交付设计文件的协议后，发包人应支付相应的赶工费。

2. 设计人的义务

(1)保证工程设计质量。保证工程设计质量是设计人的基本责任。设计人应依据批准的可行性研究报告、勘察资料，在满足国家规定的设计规范、规程、技术标准的基础上，按合同规定的标准完成各阶段的设计任务，并对提交的设计文件质量负责。

负责设计的建(构)筑物需注明设计的合理使用年限。设计文件中选用的材料、构配件、设备等，应当注明规格、型号、性能等技术指标，其质量要求必须符合国家规定的标准。

对于各设计阶段设计文件审查会提出的修改意见，设计人应负责修正和完善。

设计人交付设计资料及文件后，需按规定参加有关的设计审查，并根据审查结论负责对不超出原定范围的内容做必要的调整和补充。

(2)配合施工的义务。

1)设计交底。设计人在建设工程施工前，需向施工承包人和施工监理人说明建设工程勘察、设计意图，解释建设工程勘察、设计文件，以保证施工工艺达到预期的设计水平要求。

设计人按合同规定时限交付设计资料及文件后，本年内项目开始施工，负责向发包人及施工单位进行设计交底、处理有关设计问题和参加竣工验收。如果项目在1年内未开始施工，设计人仍应负责上述工作，但可按所需工作量向发包人适当收取咨询服务费，收费额由双方以补充协议商定。

2)解决施工中出现的设计问题。设计人有义务解决施工中出现的设计问题，如属于设计变更的范围，按照变更原因确定费用负担责任。

3）工程验收。为了保证建设工程的质量，设计人应按合同约定参加工程验收工作。这些约定的工作可能涉及重要部位的隐蔽工程验收、试车验收和竣工验收。

4）保护发包人的知识产权。设计人应保护发包人的知识产权，不得向第三人泄露、转让发包人提交的产品图纸等技术经济资料。如发生以上情况并给发包人造成经济损失，发包人有权向设计人索赔。

3. 设计费的支付

（1）定金的支付。设计合同采用定金担保，因此，合同内没有预付款。发包人应在合同生效后 3 天内，支付设计费总额的 20%作为定金。在合同履行的中期支付过程中，定金不参与结算，双方的合同义务全部完成进行合同结算时，定金可以抵作设计费或收回。

（2）合同价格。在现行体制下，建设工程勘察、设计发包方与承包方应当执行国家有关建设工程勘察费、设计费的管理规定。签订合同时，双方商定合同的设计费，收费依据和计算方法按国家和地方有关规定执行。国家和地方没有规定的，由双方商定。

（3）支付管理原则。

1）在设计人按合同约定提交相应报告、成果或阶段的设计文件后，发包人及时支付约定的各阶段设计费。

2）在设计人提交最后一部分施工图的同时，发包人应结清全部设计费，不留尾款。

3）实际设计费按初步设计概算核定，多退少补。实际设计费与估算设计费出现差额时，双方需另行签订补充协议。

4）对于发包人委托设计人承担本合同内容之外的工作服务，应另行支付费用。

4. 违约责任

（1）发包人的违约责任。

1）发包人延误支付。发包人应按合同规定的金额和时间向设计人支付设计费，每逾期支付 1 天，应承担支付金额 2‰的逾期违约金，且设计人提交设计文件的时间顺延。逾期超过 30 天时，设计人有权暂停履行下一阶段工作，并书面通知发包人。

2）审批工作的延误。发包人的上级或设计审批部门对设计文件不审批或合同项目停、缓建，均视为发包人应承担的风险。设计人提交合同约定的设计文件和相关资料后，按照设计人已完成全部设计任务对待，发包人应按合同规定结清全部设计费。

3）发包人原因要求解除合同。在合同履行期间，发包人要求终止或解除合同，设计人未开始设计工作的，不退还发包人已付的定金；已开始设计工作的，发包人应根据设计人已进行的实际工作量，不足一半时，按该阶段设计费的一半支付；超过一半时，按该阶段设计费的全部支付。

（2）设计人的违约责任。

1）设计错误。作为设计人的基本义务，应对设计资料及文件中出现的遗漏或错误负责修改或补充。由于设计人员错误造成工程质量事故损失，设计人除负责采取补救措施外，应免收直接受损失部分的设计费。损失严重的还应根据损失的程度和设计人责任大小向发包人支付赔偿金。合同示范文本中要求设计人的赔偿责任按工程实际损失的百分比计算，当事人双方订立合同时需在相关条款内具体约定百分比的数额。

2）设计人延误完成设计任务。由于设计人自身原因，延误了按合同规定交付的设计资料及设计文件的时间，每延误 1 天，应减收该项目应收设计费的 2‰。

3）设计人原因要求解除合同。合同生效后，设计人要求终止或解除合同，设计人应双倍返还定金。

三、建设工程勘察、设计合同的索赔

1. 委托人向承包人提出索赔

（1）勘察、设计单位不能按合同要求完成勘察、设计任务，致使委托人工程项目不能按期开工而造成损失，可向承包人索赔。

（2）勘察、设计单位的勘察、设计成果不符合国家有关规定和合同的质量约定，出现偏差、疏漏等而导致委托人在工程项目施工或使用时造成损失，委托人可向承包人索赔。

（3）因承包人完成的勘察设计任务深度不足，致使工程项目施工困难，委托人同样可提出索赔。

（4）因其他原因属承包人的责任造成委托人损失的，委托人可以提出索赔。

2. 承包人向委托人提出索赔

（1）委托人不能按合同约定准时提交满足勘察、设计要求的资料，致使承包人勘察、设计人员无法开展勘察设计工作，承包人可向委托人提出合同价款和合同工期索赔。

（2）委托人中途提出设计变更要求，承包人可向委托人提出合同价款和合同工期赔偿。

（3）委托人不按合同约定支付勘察、设计费用，承包人可提出合同违约金索赔。

（4）同属委托人责任的其他原因造成承包人利益遭受损害的，承包人可申请合同价款赔偿。

📑**案例**

某房地产开发公司（以下简称"开发公司"）与某设计院（以下简称"设计院"）签订了一份建设工程设计合同，由设计院承接开发公司发包的关于某大楼建设的初步设计，设计费20万元，设计期限为3个月。同时，双方还约定，由开发公司提供设计所需要的勘察报告等基础资料和提交时间。设计院按进度要求交付设计文件，如不能按时交付设计文件，则应当承担违约责任。待合同签订后，开发公司向设计院交付定金4万元。但是在提供基础资料时缺少有关工程勘察报告。后经设计院多次催要，开发公司才于10天后交付全部资料，导致设计院加班加点仍未按时完成设计任务。在工程结算时，开发公司要求设计院减少设计费，设计院提出异议，遂产生了纠纷。

分析：

我国行政机关在对勘察设计进行管理时，往往是作为一项制度进行管理的，但在实践中，勘察、设计往往是两个合同。本案例中的合同就是这种情况。这个时候，对于设计合同中的设计单位，提供包括勘察资料在内的设计基础资料，是发包人的义务。发包人应按时向设计人提交完整、详尽的资料和文件，这是设计人进行建设工程设计的前提和基础，也是发包人应尽的义务。发包人未按合同约定的时间提交资料，或提交资料有瑕疵的，应当承担违约责任。同时，设计人在发包人按约定提交基础资料前，有权拒绝发包人相应的履行要求。《民法典》规定："当事人互负债务，有先后履行顺序，先履行一方未履行的，后履行一方有权拒绝其履行要求；先履行一方履行债务不符合约定的，后履行一方有权拒绝其相应的履行要求。"在本案例中，开发公司未按约定提交勘察报告，是设计院不能按约定完成设计任务的直接原因，设计院提交设计文件的时间应当相应顺延。根据《民法典》的规定，

因发包人未按照期限提供必需的设计工作条件而造成设计的返工、停工或修改设计的，发包人应按设计人实际消耗的工作量增付费用。因此，设计院还有权向开发公司索要赶工费用。

📋 真题解读

1. 根据《建设工程勘察设计管理条例》，工程设计单位超越资质等级许可范围承揽工程设计任务的，将处合同约定的工程设计费（　　）的罚款。（2023年全国监理工程师职业资格考试真题）

A.3倍以上5倍以下　　　　　　　　B.2倍以上3倍以下

C.1倍以上3倍以下　　　　　　　　D.1倍以上2倍以下

【精析】根据《建设工程勘察设计管理条例》，建设工程勘察、设计单位应当在其资质等级许可的范围内承揽建设工程勘察、设计业务。禁止建设工程勘察、设计单位超越其资质等级许可的范围或者以其他建设工程勘察、设计单位的名义承揽建设工程勘察、设计业务。禁止建设工程勘察、设计单位运行其他单位或者个人以本单位的名义承揽建设工程勘察、设计业务。违反以上规定的，责令停止违法行为，处合同约定的勘察费、设计费1倍以上2倍以下的罚款；有违法所得的，予以没收。

2. 根据《标准勘察招标文件》，评标委员会成员对需要共同认定的事项存在争议，评标结论应当（　　）作出。（2022年全国监理工程师职业资格考试真题）

A. 征询招标人意见后　　　　　　　B. 根据评标委员会负责人意见

C. 由招标管理机构　　　　　　　　D. 按照少数服从多数的原则

【精析】评标委员会成员对需要共同认定的事项存在争议的，应当按照少数服从多数的原则作出结论。持不同意见的评标委员会成员应当在评标报告上签署不同意见及理由，否则就视为同意评标报告。

任务四　建设工程勘察、设计合同管理

任务导读

通过建设工程勘察、设计合同管理加强对合同履行情况的监督和检查，依法查处利用合同的违法行为，做好合同纠纷的调节工作。

任务目标

1. 掌握勘察、设计单位的资质审查，掌握委托方（监理人）对勘察、设计合同的管理。
2. 掌握承包方（勘察、设计单位）对合同的管理。
3. 了解勘察、设计合同的变更和接触；了解有关部门对勘察设计合同的管理。

知识准备

一、勘察、设计单位的资质审查

《建设工程勘察设计资质管理规定》（建设部令第160号）第三条规定，从事建设工程勘察、工程设计活动的企业，应当按照其拥有的注册资本、专业技术人员、技术装备和勘察设计业绩等条件申请资质，经审查合格，取得建设工程勘察、工程设计资质证书后，方可在资质许可的范围内从事建设工程勘察、工程设计活动。

1. 资质分类和分级

(1)工程勘察资质分类和分级。工程勘察资质分为工程勘察综合资质、工程勘察专业资质、工程勘察劳务资质。工程勘察综合资质只设甲级；工程勘察专业资质设甲级、乙级，根据工程性质和技术特点，部分专业可以设丙级；工程勘察劳务资质不分等级。

取得工程勘察综合资质的企业，可以承接各专业(海洋工程勘察除外)、各等级工程勘察业务；取得工程勘察专业资质的企业，可以承接相应等级相应专业的工程勘察业务；取得工程勘察劳务资质的企业，可以承接岩土工程治理、工程钻探、凿井等工程勘察劳务业务。

(2)工程设计资质分类和分级。工程设计资质分为工程设计综合资质、工程设计行业资质、工程设计专业资质和工程设计专项资质。

工程设计综合资质只设甲级；工程设计行业资质、工程设计专业资质、工程设计专项资质设甲级、乙级。根据工程性质和技术特点，个别行业、专业、专项资质可以设丙级，建筑工程专业资质可以设丁级。

取得工程设计综合资质的企业，可以承接各行业、各等级的建设工程设计业务；取得工程设计行业资质的企业，可以承接相应行业、相应等级的工程设计业务及本行业范围内同级别的相应专业、专项(设计施工一体化资质除外)工程设计业务；取得工程设计专业资质的企业，可以承接本专业相应等级的专业工程设计业务及同级别的相应专项工程设计业务(设计施工一体化资质除外)；取得工程设计专项资质的企业，可以承接本专项相应等级的专项工程设计业务。

2. 工程资质申请

(1)申请工程勘察甲级资质、工程设计甲级资质，以及涉及铁路、交通、水利、信息产业、民航等方面的工程设计乙级资质的企业，应当向企业工商注册所在地的省、自治区、直辖市人民政府建设主管部门提出申请。其中，国务院国资委管理的企业应当向国务院建设主管部门提出申请；国务院国资委管理的企业下属一层级的企业申请资质，应当由国务院国资委管理的企业向国务院建设主管部门提出申请。

省、自治区、直辖市人民政府建设主管部门应当自受理申请之日起 20 日内初审完毕，并将初审意见和申请材料报国务院建设主管部门。

国务院建设主管部门应当自省、自治区、直辖市人民政府建设主管部门受理申请材料之日起 60 日内完成审查，公示审查意见，公示时间为 10 日。其中，涉及铁路、交通、水利、信息产业、民航等方面的工程设计资质，由国务院建设主管部门送国务院有关部门审核，国务院有关部门在 20 日内审核完毕，并将审核意见送国务院建设主管部门。

(2)工程勘察乙级及以下资质、劳务资质、工程设计乙级(涉及铁路、交通、水利、信息产业、民航等方面的工程设计乙级资质除外)及以下资质许可由省、自治区、直辖市人民政府建设主管部门实施。具体实施程序由省、自治区、直辖市人民政府建设主管部门依法确定。

省、自治区、直辖市人民政府建设主管部门应当自作出决定之日起 30 日内将准予资质许可的决定报国务院建设主管部门备案。

(3)工程勘察、工程设计资质证书分为正本和副本，正本 1 份，副本 6 份，由国务院建设主管部门统一印制，正本和副本具备同等法律效力。资质证书有效期为 5 年。

(4)资质有效期届满，企业需要延续资质证书有效期的，应当在资质证书有效期届满 60 日前，向原资质许可机关提出资质延续申请。

对在资质有效期内遵守有关法律、法规、规章、技术标准，信用档案中无不良行为记录，且专业技术人员满足资质标准要求的企业，经资质许可机关同意，有效期延续 5 年。

(5)企业在资质证书有效期内名称、地址、注册资本、法定代表人等发生变更的，应当在工商部门办理变更手续后 30 日内办理资质证书变更手续。

取得工程勘察甲级资质、工程设计甲级资质，以及涉及铁路、交通、水利、信息产业、民航等方面的工程设计乙级资质的企业，在资质证书有效期内发生企业名称变更的，应当向企业工商注册所在地省、自治区、直辖市人民政府建设主管部门提出变更申请，省、自治区、直辖市人民政府建设主管部门应当自受理申请之日起 2 日内将有关变更证明材料报国务院建设主管部门，由国务院建设主管部门在 2 日内办理变更手续。

前款规定以外的资质证书变更手续，由企业工商注册所在地的省、自治区、直辖市人民政府建设主管部门负责办理。省、自治区、直辖市人民政府建设主管部门应当自受理申请之日起 2 日内办理变更手续，并在办理资质证书变更手续后 15 日内将变更结果报国务院建设主管部门备案。

小提示

> 对于涉及铁路、交通、水利、信息产业、民航等方面的工程设计资质的变更，国务院下属建设主管部门应当将企业资质变更情况告知国务院有关部门。

3. 工程资质申请审批

(1)企业首次申请、增项申请工程勘察、工程设计资质，其申请资质等级最高不超过乙级，且不考核企业工程勘察、工程设计业绩。

已具备施工资质的企业首次申请同类别或相近类别的工程勘察、工程设计资质的，可以将相应规模的工程总承包业绩作为工程业绩予以申报。其申请资质等级不超过其现有施工资质等级。

(2)企业合并的，合并后存续或者新设立的企业可以承继合并前各方中较高的资质等级，但应当符合相应的资质标准条件。

企业分立的，分立后企业的资质按照资质标准及相关规定的审批程序核定。

企业改制的，改制后不再符合资质标准的，应按其实际达到的资质标准及相关规定重新核定；资质条件不发生变化的，按规定办理。

(3)从事建设工程勘察、设计活动的企业，申请资质升级、资质增项，在申请之日起前 1 年内有下列情形之一的，资质许可机关不予批准企业的资质升级申请和增项申请。

1)企业相互串通投标或者与招标人串通投标承揽工程勘察、工程设计业务的。

2)将承揽的工程勘察、工程设计业务转包或违法分包的。

3)注册执业人员未按照规定在勘察设计文件上签字的。

4)违反国家工程建设强制性标准的。

5)因勘察设计原因造成过重大生产安全事故的。

6)设计单位未根据勘察成果文件进行工程设计的。

7)设计单位违反规定指定建筑材料、建筑构配件的生产厂、供应商的。

8)无工程勘察、工程设计资质或者超越资质等级范围承揽工程勘察、工程设计业务的。

9)涂改、倒卖、出租、出借或者以其他形式非法转让资质证书的。

10)允许其他单位、个人以本单位名义承揽建设工程勘察、设计业务的。

11)其他违反法律、法规行为的。

(4)企业在领取新的工程勘察、工程设计资质证书的同时,应当将原资质证书交回原发证机关予以注销。

企业需增补(含增加、更换、遗失补办)工程勘察、工程设计资质证书的,应当持资质证书增补申请等材料向资质许可机关申请办理。遗失资质证书的,在申请补办前,应当在公众媒体上刊登遗失声明。资质许可机关应当在 2 日内办理完毕。

二、委托方(监理人)对勘察、设计合同的管理

勘察、设计合同委托方为了保证勘察、设计工作的顺利进行,可以委托具有相应资质等级的建设监理公司,聘请建设监理人,对勘察、设计合同进行监督和管理。

1. 勘察设计阶段监理工作的主要任务

勘察设计阶段监理,一般指由建设项目已经取得立项批准文件,以及必需的有关批文后,从编制设计任务书开始直至完成施工图设计的全过程监理。上述阶段也可由监理委托合同来确定。

2. 勘察设计阶段监理人进行合同监理的主要依据

(1)建设项目设计阶段监理委托合同。

(2)批准的可行性研究报告及设计任务书。

(3)建设工程勘察、设计合同。

(4)经批准的选址报告及规划部门批文。

(5)工程地质、水文地质资料及地形图。

(6)其他资料。

三、承包方(勘察、设计单位)对合同的管理

承包方对建设工程勘察、设计合同的管理更应充分重视,应从以下几个方面加强对合同的管理,以保障自己的合法权益。

1. 建立专门的合同管理机构

一般勘察、设计单位均十分重视工程技术(设计)部门的设置与管理,而忽视合同管理部门及人员。但事实证明,好的合同管理所获得的效益要远比仅靠采用先进的技术方法或技术设备所获收益要高得多。因此,设计单位应专门设立经营及合同管理部门,专门负责设计任务的投标、标价策略的确定,起草并签署合同,以及对合同的实施控制等工作。

2. 研究分析合同条款

勘察、设计单位一般忽视合同条款的拟订和具体文字表述,往往只注重勘察、设计本身的技术要求,不重视合同文件本身的研究,在建立社会主义市场经济体制的过程中,市场需要用法律规范,而勘察、设计合同就是勘察、设计工作的法律依据,勘察、设计的广

度、深度和质量要求、付款条件，以及违约责任都构成了勘察、设计合同执行过程中至关重要的问题，任何一项条款的执行失误或不执行，都将严重影响合同双方的经济效益，也可能给国家造成不可挽回的损失，因此，注重合同条款和合同文件的研究，对于勘察、设计单位履行合同，以及实现经济效益都是有益的。

3. 合同资料的文档管理

在合同管理中，无论是合同签订、合同条款分析、合同的跟踪与监督、合同变更与索赔等，都是以合同资料为依据；同时，在合同管理过程中会产生大量的合同资料。因此，合同资料文档管理是合同管理的一个基本业务。勘察设计中主要合同资料包括勘察设计招标投标文件；中标通知书；勘察设计合同及附件；委托方的各种指令、签证，双方的往来信件和电函，会谈纪要等；各种检测、试验和鉴定报告等；勘察设计文件；各种报表、报告等；各种批文、文件和签证等。

4. 合同的跟踪与控制

勘察、设计单位作为合同的承包方应该跟踪、控制合同的履行，将实际情况和合同资料进行对比分析，找出偏差。如有偏差，将合同的偏差信息及原因分析结果和建议及时反馈，以便及早采取措施，调整偏差。合同的控制是指应该在合同规定的条件下，控制设计进度在合同工期内；保证设计人员按照合同要求进行合乎规范的设计；并将设计所需的费用控制在合同价款之内。

不管是发包方还是承包方，合同跟踪与监督的对象有以下四个。

(1)勘察设计工作的质量：工程勘察设计质量是否符合工程建设国家标准、行业标准或地方标准。勘察设计质量监督的法律依据是《建设工程勘察质量管理办法》(建设部令第163号)、《建设工程质量管理条例》(国务院令第279号)、《实施工程建设强制性标准监督规定》(建设部令第81号)、《工程建设国家标准管理办法》(建设部令第24号)和《工程建设行业标准管理办法》(建设部令第25号)等。

(2)勘察设计工作量：合同规定的勘察设计任务是否完成，有无合同规定以外的增加设计任务或附加设计项目。

(3)勘察设计进度：设计工作的总体进展状况；分析项目设计是否能在合同规定的期限内完成；各专业设计的进展如何，是否按计划进行，相互之间是否可以衔接配套，不会相互延误。

(4)项目的设计概算：所提出设计方案的设计概算是否超过了合同中发包人的投资计划额。

5. 工程造价的确定与控制

工程设计阶段是合理确定和有效控制建设工程造价的重要环节。设计单位要按照可行性研究报告和投资估算控制初步设计的内容，在优化设计方案和施工组织方案的基础上进行设计。初步设计概算应根据概算定额(概算指标)、费用定额等，以概算编制地的价格进行编制，并按照有关规定合理地预测概算编制至竣工期的价格、利率、汇率等动态因素，打足建设费用，并严格控制在可行性研究报告及投资估算范围内。在设计单位内部应实行限额设计，按照批准的投资估算控制初步设计及概算，按照批准的初步设计及总概算控制施工图设计及预算，在保证工程使用功能要求的前提下，按各专业分配的造价限额进行设计，保证估算、概算、施工图预算起到层层控制的作用，不突破造价限额。

设计人员要严格按照投资估算做好多方案的技术经济比较，选择降低和控制工程造价的最佳方案。工程经济人员在设计过程中应及时地对工程造价进行分析比较，反馈造价信息，能动地影响设计，以保证有效地控制造价。

投资估算、设计概预算的编制，要按当时当地的设备、材料预算价格计算。在投资估算、设计概算的预备费用中合理预测设备、材料价格的浮动因素及其他影响工程造价的动态因素。确定工程项目设备材料价格指数，一般按不同类型的设备和材料价格指数，结合工程特点、建设期限等综合计算。

设计单位要严格控制施工过程中的设计变更，健全、完善设计变更审批制度。设计如有变更，一般要进行工程量及造价增减分析，并经设计单位同意才能实施。如果设计变更后超出总概算，一般要经过设计审批单位审查同意，方可变更。这样可防止出现通过变更设计任意增加设计内容、提高设计标准、扩大建设规模，进而提高工程造价的现象。

四、勘察、设计合同的变更和解除

勘察、设计的变更和解除是指设计合同履行过程中，由于合同约定或法定事由而对原设计的增加、删减或去除，以及提前终止合同的效力。其具体内容如下。

(1)设计文件批准后，不得任意修改和变更。如果必须修改，也应经有关部门批准，其批准权限，视修改的内容所涉及的范围而定。如果修改部分是属于初步设计的内容，须经设计的原批准单位批准；如果修改的部分是属于设计任务书的内容，则须经设计任务书的原批准单位批准；施工图设计的修改，须经设计单位同意。

(2)委托方因故要求修改工程设计，经承包方同意后，除设计文件的提交时间另定外，委托方还应按承包方实际返工修改的工作量增付设计费。

(3)原定设计任务书或初步设计如有重大变更而需要重做或修改设计时，须经设计任务书或初步设计批准机关同意，并经双方当事人协商后另订合同；委托方负责交付已经进行了设计的费用。

(4)委托方因故要求中途停止设计时，应及时书面通知承包方，已付的设计费不退，并按该阶段实际所耗工时，增付和结算设计费并结束合同关系。

五、国家有关部门对勘察设计合同的管理

对建设工程勘察设计合同的管理，除发包人、承包人自身管理外，国家有关部门如工商行政管理部门、建设行政主管部门等依据职权划分，都应当对勘察设计合同行使监督权。

工商行政管理部门和建设行政主管部门，应加强对建设工程勘察设计合同的监督管理，其主要职能如下：贯彻国家和地方有关法律、法规和规章；制定和指导使用建设工程勘察设计合同文本；审查或鉴证建设工程勘察设计合同，监督合同履行，调解合同纠纷，依法查处违法行为；指导勘察设计单位的合同管理工作，培训勘察设计单位的合同管理人员，总结交流经验，表彰先进的合同管理单位等。

签订勘察设计合同的双方，应将合同文本送交工程项目所在地省级建设行政主管部门或其授权机构进行备案，也可以到工商行政管理部门办理合同鉴证。

案例

某设计院通过设计招投标，中标并承接了由某房地产公司开发的某商贸城二期工程设

计任务。该商贸城高 8 层，建筑面积 2 万平方米。双方签订了建设工程设计合同，约定设计内容：方案设计与施工图设计，其中水电、暖通空调、消防等各种管线设计根据房地产公司提供的设备选型资料设计。

合同约定了房地产公司提供有关批文及设备资料的时间；设计院分期交付设计文件的时间。设计费为 100 万元。

合同履行时，房地产公司未按合同约定时间提供设备选型资料；要求设计院增加本工程设备的设计内容；接近设计尾声时，提出重大设计变更。但双方未签订补充协议。设计院交付了 96% 的设计文件。房地产公司以设计院延误交付图纸为由，向人民法院提起诉讼。

试分析：设计变更导致设计工程量增加是否增加设计费？

分析：

双方签订的建设工程设计合同中规定：发包人变更委托设计项目、规模、条件或因提交的消耗资料有误，或提交资料做较大修改，以致设计人设计需返工时，除双方均需另行协商签订补充协议外，发包人应该按设计人所耗工作量向设计人增付设计费。

➤ 项目小结

本项目主要介绍了建设工程勘察、设计合同的概念、特征、分类，建设工程勘察合同示范文本，建设工程设计合同示范文本，建设工程勘察、设计合同的订立，建设工程勘察、设计合同的履行管理与索赔，建设工程勘察、设计合同管理等内容。通过本项目的学习，学生可以对建设工程勘察、设计合同有一定的认识，能在工作中正确应用建设工程勘察、设计合同。

➤ 课后练习

1. 什么是建设工程勘察、设计合同？
2. 简述《建设工程勘察合同(示范文本)》的组成。
3. 建设工程勘察合同订立程序是什么？
4. 建设工程设计合同的订立条件是什么？
5. 勘察设计阶段监理工作的主要任务有哪些？
6. 勘察、设计合同的变更和解除应符合哪些规定？

项目五　建设工程施工合同

项目引例

　　某施工单位根据领取的某 2 000 m² 两层厂房工程项目招标文件和全套施工图纸，采用低价策略编制了投标文件并中标了。该施工单位(乙方)于某年某月某日与建设单位(甲方)签订了该工程项目的固定价格施工合同。合同工期为 8 个月。甲方在乙方进入施工现场后，因资金短缺，无法如期支付工程款，口头要求乙方暂停施工一个月，乙方也口头答应。工程按合同规定期限　　　课件：建设工程验收时，甲方发现工程质量有问题，要求返工。两个月后，返工完毕。结算　　　施工合同时甲方认为乙方迟延交付工程，应按合同约定偿付逾期违约金。乙方认为临时停工是甲方要求的。乙方为抢工期，加快施工进度才出现了质量问题，因此，延迟交付的责任不在乙方。甲方则认为临时停工和不顺延工期是当时乙方答应的。乙方应履行承诺，承担违约责任。

　　在工程施工过程中，遭受到了多年不遇的强暴风雨的袭击，造成了相应的损失，施工单位及时向监理工程师提出索赔要求，并附有与索赔有关的资料和证据。索赔报告中的基本要求如下。

　　(1)遭受多年不遇的强暴风雨的袭击属于不可抗力事件，不是因施工单位原因造成的损失，故应由业主承担赔偿责任。

　　(2)暴风雨给已建部分工程造成破坏损失 18 万元，应由业主承担修复的经济责任，施工单位不承担修复的经济责任。

　　(3)施工单位人员因此灾害导致数人受伤，处理伤病医疗费用和补偿总计 3 万元，业主应给予赔偿。

　　(4)施工单位进场的在使用机械、设备收到损坏，造成损失 8 万元，由于现场停工造成台班费损失 4.2 万元，业主应负担赔偿和修复的经济责任。工人窝工费 3.8 万元，业主应予支付。

　　(5)因暴风雨造成的损失现场停工 8 天，要求合同工期顺延 8 天。

　　(6)由于工程破坏，清理现场约费用需要 2.4 万元，业主应予支付。

　　问题：

　　(1)该工程采用固定价格合同是否合适？

　　(2)该施工合同的变更形式是否妥当？此合同争议依据合同法律规定范围应如何处理？

　　(3)监理工程师接到施工单位提交的索赔申请后，应开展哪些工作？

　　(4)因不可抗力发生的风险承担的原则是什么？对于施工单位提出的要求，应如何处理？

职业能力

　　能够根据《民法典》合同编和《建设工程施工合同(示范文本)》(GF—2017—0201)分析施工合同事件。

培养学生的施工合同、施工风险意识，树立诚信品质，增强专业及职业素养，提高学生的学习能力。

任务一　建设工程施工合同概述

任务导读

建设工程施工合同是承包人进行工程建设施工，发包人支付价款的合同，是建设工程的主要合同，也是工程建设质量控制、进度控制、投资控制的主要依据。施工合同的当事人是发包方和承包方，双方是平等的民事主体。

任务目标

1. 了解建设工程施工合同的概念、特点，以及建设工程施工合同的作用。
2. 掌握建设工程施工合同示范文本的写法。

知识准备

一、建设工程施工合同的概念、特点

1. 建设工程施工合同的概念

建设工程施工合同是指发包方（建设单位）和承包方（施工人）为完成商定的施工工程，明确相互权利、义务的协议。依照施工合同，施工单位应完成建设单位交给的施工任务，建设单位应按照规定提供必要条件并支付工程价款。

2. 建设工程施工合同的特点

建设工程施工合同具有以下特点。

（1）合同标的的特殊性。施工合同的标的是各类建筑产品，建筑产品是不动产，建造过程中往往受到自然条件、地质水文条件、社会条件、人为条件等因素的影响。这就决定了每个施工合同的标的物不同于工厂批量生产的产品，具有单件性的特点。所谓"单件性"，是指不同地点建造的相同类型和级别的建筑，在施工过程中所遇到的情况不尽相同，在甲工程施工中遇到的困难在乙工程施工中不一定发生，而在乙工程施工中可能出现甲工程没有发生过的问题，相互间具有不可替代性。

（2）合同履行期限的长期性。由于建筑物结构复杂、体积大，且施工时所用建筑材料类型多、工作量大，建筑物的施工工期都较长（与一般工业产品的生产相比）。在较长的合同期内，双方履行义务往往会受到不可抗力、履行过程中法律法规政策的变化、市场价格的浮动等因素的影响，必然导致合同的内容约定、履行、管理相当复杂。

（3）合同内容的复杂性。虽然施工合同的当事人只有两方，但履行过程中涉及的主体有许多种，内容的约定还需与其他相关合同相协调，如设计合同、供货合同、本工程的其他施工合同等。

二、建设工程施工合同的作用

建设工程施工合同的作用主要体现在以下几个方面。

(1)明确建设单位和施工企业在施工中的权利和义务。施工合同一经签订，即具有法律效力，是合同双方在履行合同过程中的行为准则，双方都应以施工合同作为行为的依据。

(2)有利于对工程施工的管理。合同当事人对工程施工的管理应以合同为依据。有关的国家机关、金融机构对施工的监督和管理，也是以施工合同为其重要依据的。

(3)有利于建筑市场的培育和发展。随着社会主义市场经济新体制的建立，建设单位和施工单位将逐渐成为建筑市场的合格主体，建设项目实行真正的业主负责制，施工企业参与市场公平竞争。在建筑商品交换过程中，双方都要利用合同这一法律形式，明确规定各自的权利和义务，以最大限度地实现自己的经济目的和经济效益。施工合同作为建筑商品交换的基本法律形式，贯穿建筑交易的全过程。无数建设工程合同的依法签订和全面履行，是建立一个完善的建筑市场的最基本条件。

(4)进行监理的依据和推行监理制的需要。在监理制度中，行政干预的作用被淡化了，建设单位(业主)、施工企业(承包商)、监理单位三者的关系是通过工程建设监理合同和施工合同来确立的。国内外实践经验表明，工程建设监理的主要依据是合同。监理工程师在工程监理过程中要做到坚持按合同办事，坚持按规范办事，坚持按程序办事。监理工程师必须根据合同秉公办事，监督业主和承包商都履行各自的合同义务，因此承、发包双方签订一个内容合法，条款公平、完备，适应建设监理要求的施工合同是监理工程师实施公正监理的根本前提条件，也是推行建设监理制的内在要求。

三、建设工程施工合同示范文本

为了指导建设工程施工合同当事人的签约行为，维护合同当事人的合法权益，依据《合同法》《建筑法》《招标投标法》以及相关法律法规，住房城乡建设部、国家工商行政管理总局对《建设工程施工合同(示范文本)》(GF—2013—0201)进行了修订，然后制定了《建设工程施工合同(示范文本)》(GF—2017—0201)。

1.《建设工程施工合同(示范文本)》(GF—2017—0201)的组成和主要内容

《示范文本》由合同协议书、通用合同条款和专用合同条款三部分组成。

(1)合同协议书。《示范文本》合同协议书共计13条，主要包括工程概况、合同工期、质量标准、签约合同价和合同价格形式、项目经理、合同文件构成、承诺，以及合同生效条件等重要内容，集中约定了合同当事人基本的合同权利义务。

合同协议书的格式如下。

合同协议书

发包人(全称)：_____

承包人(全称)：_____

根据《合同法》《建筑法》及有相关法律的规定，遵循平等、自愿、公平和诚实信用的原则，双方就_____工程施工及有关事项协商一致，共同达成如下协议。

一、工程概况

1. 工程名称：_____。

2. 工程地点：_____。

3. 工程立项批准文号：_____。

4. 资金来源：_____。

5. 工程内容：_____。

群体工程应附《承包人承揽工程项目一览表》(附件1)。

6. 工程承包范围：_____

_____。

二、合同工期

计划开工日期：_____年_____月_____日。

计划竣工日期：_____年_____月_____日。

工期总日历天数：_____天。工期总日历天数与根据前述计划开竣工日期计算的工期天数不一致的，以工期总日历天数为准。

三、质量标准

工程质量符合_____标准。

四、签约合同价与合同价格形式

1. 签约合同价为：

人民币(大写)_____(¥_____元)。

其中：

(1)安全文明施工费：

人民币(大写)_____(¥_____元)；

(2)材料和工程设备暂估价金额：

人民币(大写)_____(¥_____元)；

(3)专业工程暂估价金额：

人民币(大写)_____(¥_____元)；

(4)暂列金额：

人民币(大写)_____(¥_____元)。

2. 合同价格形式：_____。

五、项目经理

承包人项目经理：_____。

六、合同文件构成

本协议书与下列文件一起构成合同文件。

(1)中标通知书(如果有)。

(2)投标函及其附录(如果有)。

(3)专用合同条款及其附件。

(4)通用合同条款。

(5)技术标准和要求。

(6)图纸。

(7)已标价工程量清单或预算书。

(8)其他合同文件。

在合同订立及履行过程中形成的与合同有关的文件均构成合同文件组成部分。

上述各项合同文件包括合同当事人就该项合同文件所作出的补充和修改，属于同一类内容的文件，应以最新签署的为准。专用合同条款及其附件须经合同当事人签字或盖章。

七、承诺

1. 发包人承诺按照法律规定履行项目审批手续、筹集工程建设资金并按照合同约定的期限和方式支付合同价款。

2. 承包人承诺按照法律规定及合同约定组织完成工程施工，确保工程质量和安全，不进行转包及违法分包，并在缺陷责任期及保修期内承担相应的工程维修责任。

3. 发包人和承包人通过招投标形式签订合同的，双方理解并承诺不再就同一工程另行签订与合同实质性内容相背离的协议。

八、词语含义

本协议书中词语含义与第二部分通用合同条款中赋予的含义相同。

九、签订时间

本合同于_____年_____月_____日签订。

十、签订地点

本合同在_____签订。

十一、补充协议

合同未尽事宜，合同当事人另行签订补充协议，补充协议是合同的组成部分。

十二、合同生效

本合同自_____生效。

十三、合同份数

本合同一式_____份，均具有同等法律效力，发包人执_____份，承包人执_____份。

发包人：（公章）　　　　　　承包人：（公章）

法定代表人或其委托代理人：　　　法定代表人或其委托代理人：
（签字）　　　　　　　　　　　（签字）

组织机构代码：_____　　组织机构代码：_____
地　　址：_____　　地　　址：_____
邮政编码：_____　　邮政编码：_____
法定代表人：_____　　法定代表人：_____
委托代理人：_____　　委托代理人：_____
电　　话：_____　　电　　话：_____
传　　真：_____　　传　　真：_____
电子信箱：_____　　电子信箱：_____
开户银行：_____　　开户银行：_____
账　　号：_____　　账　　号：_____

(2)通用合同条款。通用合同条款是合同当事人根据《建筑法》《民法典》合同编等法律法规的规定，就工程建设的实施及相关事项，对合同当事人的权利义务作出的原则性约定。

通用合同条款共计20条，具体条款分别为一般约定、发包人、承包人、监理人、工程质量、安全文明施工与环境保护、工期和进度、材料与设备、试验与检验、变更、价格调整、合同价格、计量与支付、验收和工程试车、竣工结算、缺陷责任与保修、违约、不可抗力、保险、索赔和争议解决。前述条款安排既考虑了现行法律法规对工程建设的有关要求，也考虑了建设工程施工管理的特殊需要。

(3)专用合同条款。专用合同条款是对通用合同条款原则性约定的细化、完善、补充、修改或另行约定的条款。合同当事人可以根据不同建设工程的特点及具体情况，通过双方的谈判、协商对相应的专用合同条款进行修改补充。在使用专用合同条款时，应注意以下事项。

1)专用合同条款的编号应与相应的通用合同条款的编号一致。

2)合同当事人可以通过对专用合同条款的修改，满足具体建设工程的特殊要求，避免直接修改通用合同条款。

3)在专用合同条款中有横道线的地方，合同当事人可针对相应的通用合同条款进行细化、完善、补充、修改或另行约定；如无细化、完善、补充、修改或另行约定，则填写"无"或画"/"。

2.《建设工程施工合同(示范文本)》(GF—2017—0201)的性质和适用范围

《建设工程施工合同(示范文本)》(GF—2017—0201)为非强制性使用文本，适用于房屋建筑工程、土木工程、线路管道和设备安装工程、装修工程等建设工程的施工承发包活动，合同当事人可结合建设工程具体情况，根据《示范文本》订立合同并按照相关法律法规规定和合同约定承担相应的法律责任及合同权利义务。

案例

原告某房产开发公司与被告某建筑公司签订一施工合同，修建某一住宅小区。小区建成后，经验收质量合格。验收后1个月，房产开发公司发现楼房屋顶漏水，遂要求建筑公司负责无偿修理，并赔偿损失，建筑公司则以施工合同中并未规定质量保证期限，以工程已经验收合格为由，拒绝无偿修理要求。房产开发公司遂诉至法院。法院判决施工合同有效，认为合同中虽然并没有约定工程质量保证期限，但屋面防水工程保修期限为3年，因此工程交工后两个月内出现的质量问题，应由施工单位承担无偿修理并赔偿损失的责任。故判令建筑公司应当承担无偿修理的责任。

分析：

本案例中争议的施工合同虽欠缺质量保证期条款，但并不影响双方当事人对施工合同主要义务的履行，故该合同有效。因为合同中没有质量保证期的约定，故应当依照法律法规的规定或者其他规章确定工程质量保证期。法院依照《建设工程质量管理条例》中的有关规定对欠缺条款进行补充，无疑是正确的。依据该规定，出现的质量问题属保证期内，故认定建筑公司承担无偿修理和赔偿损失责任是正确的。

任务二　建设工程施工合同的订立、谈判及履行

任务导读

在建筑工程领域，施工合同的订立、谈判与履行对于保障工程质量、明确双方权利义务至关重要。

任务目标

1. 熟悉建设工程施工合同的订立原则、签订程序。
2. 熟悉建设工程施工合同的签订程序、谈判依据、谈判的策略和技巧。
3. 了解建设工程施工合同履行的概念、履行原则。

知识准备

一、建设工程施工合同的订立

(一)建设工程施工合同的订立原则

建设工程施工合同的订立，应当遵循平等原则、自愿原则、公平原则、诚实信用原则和合法原则等。

1. 平等原则

合同当事人的法律地位平等，一方不得将自己的意志强加给另一方。这一原则包括以下三方面内容。

(1)合同当事人的法律地位一律平等。不论所有制性质、单位大小和经济实力强弱，其法律地位都是平等的。

(2)合同中的权利、义务对等。这就是说，在享有权利的同时就应当承担义务，而且彼此的权利、义务是对等的。

(3)合同当事人必须就合同条款充分协商，在互利互惠基础上取得一致，合同方能成立。任何一方都不得将自己的意志强加给另一方，更不得以强迫命令、胁迫等手段签订合同。

2. 自愿原则

当事人依法享有自愿订立合同的权利，任何单位和个人不得非法干预。自愿原则体现了民事活动的基本特征，是民事法律关系区别于行政法律关系、刑事法律关系的特有原则。自愿原则贯穿合同活动的全过程，包括是否订立合同自愿，与谁订立合同自愿，合同内容由当事人在不违法的情况下自愿约定，在合同履行过程中当事人可以协议补充、协议变更有关内容，双方也可以协议解除合同，可以约定违约责任，以及自愿选择解决争议的方式。总之，只要不违背法律、行政法规中的强制性规定，合同当事人有权自愿决定，任何单位

和个人不得非法干预。

3. 公平原则

当事人应当遵循公平原则确定各方的权利和义务。公平原则主要包括以下内容。

(1)订立合同时，要根据公平原则确定双方的权利和义务。不得欺诈，也不得假借订立合同恶意进行磋商。

(2)根据公平原则确定风险的合理分配。

(3)根据公平原则确定违约责任。

公平原则作为合同当事人的行为准则，可以防止当事人滥用权利，保护当事人的合法权益，维护和平衡当事人之间的利益。

4. 诚实信用原则

当事人行使权利、履行义务应当遵循诚实信用原则。诚实信用原则主要包括以下内容。

(1)订立合同时，不得有欺诈或其他违背诚实信用的行为。

(2)履行合同义务时，当事人应当根据合同的性质、目的和交易习惯，履行及时通知、协助、提供必要条件、防止损失扩大、保密等义务。

(3)合同终止后，当事人应当根据交易习惯，履行通知、协助、保密等义务，也称为后契约义务。

5. 合法原则

当事人订立、履行合同，应当遵守法律、行政法规，尊守社会公德，不得扰乱社会经济秩序，损害公众利益。

(二)建设工程施工合同的签订程序

建设工程施工合同的签订程序见表5-1。

表 5-1 建设工程施工合同的签订程序

程序	内容
市场调查建立联系	(1)施工企业对建筑市场进行调查研究； (2)追踪获取拟建项目的情况和信息，以及业主情况； (3)当对某项工程有承包意向时，可进行详细调查，并与业主取得联系
表明合作意愿投标报价	(1)接到招标单位邀请或公开招标通告后，企业领导作出投标决策； (2)向招标单位提出投标申请书，表明投标意向； (3)研究招标文件，着手具体投标报价工作
协商谈判	(1)接受中标通知书后，组成包括项目经理的谈判小组，依据招标文件和中标书草拟合同专用条款； (2)与发包人就工程项目具体问题进行实质性谈判； (3)通过协商达成一致，确立双方具体权利与义务，形成合同条款； (4)参照施工合同示范文本和发包人拟订的合同条件与发包人订立施工合同

程序	内容
签署书面合同	(1)施工合同应采用书面形式的合同文本； (2)合同使用的文字要经双方确定，用两种以上语言的合同文本，须注明几种文本是否具有同等法律效力； (3)合同内容要详尽具体，责任义务要明确，条款应严密完整，文字表达应准确规范； (4)确认甲方，即业主或委托代理人的法人资格或代理权限； (5)施工企业经理或委托代理人代表承包方与甲方共同签署施工合同
鉴证与公证	(1)合同签署后，必须在合同规定的时限内完成履约保函、预付款保函、有关保险等保证手续； (2)送交工商行政管理部门对合同进行鉴证并缴纳印花税； (3)送交公证处对合同进行公证； (4)经过鉴证、公证，确认合同真实性、可靠性、合法性后，合同发生法律效力，并受法律保护

二、建设工程施工合同的谈判

(一)建设工程施工合同的谈判依据

对施工合同各条款进行谈判时，发包人和承包人都要以下列内容为依据。

1. 法律、行政法规

法律、行政法规是订立和履行合同的基本原则，必须遵守。也就是在双方谈判合同具体条款时，不能违反法律、行政法规的规定。谈判只能在法律和行政法规允许的范围内进行，不能超越法律和行政法规允许范围进行谈判。例如，《招标投标法》第九条规定："招标人应当有进行招标项目的相应资金或者资金来源已经落实，并应当在招标文件中如实载明。"根据这一规定，如要求承包人垫付建设资金，这是与法律相抵触的，如果签订这类合同，则属于无效条款。

2. 通用条款

通用条款各条款中有40多处需要在专用条款内具体约定。因此，专用条款具体约定的内容，在谈判时，都要依据通用条款的谈判约定。

3. 发包人和承包人的工作情况和施工场地情况

建设工程的工程固定、施工流动、施工周期长及涉及面广等特点使发包人和承包人双方都要结合双方具体的工作情况和施工现场等因素谈合同，离开双方的实际工作情况妄谈合同具体条款，会造成合同履行中产生纠纷或违约事件。双方在专用条款内对通用条款要进行细化、补充或修改。

4. 投标文件和中标通知书

根据法律的规定，招标工程必须依据投标文件和中标通知书订立书面合同。同时，其中还规定招标人和中标人不得再订立背离合同实质性内容的其他协议。

(二)建设工程施工合同谈判的策略和技巧

谈判是通过不断的会晤确定各方权利、义务的过程，它直接关系到谈判桌上各方最终利益的得失。因此，谈判绝不是一项简单的机械性工作，而是集合了策略与技巧的艺术。以下介绍几种常见的合同谈判策略和技巧。

(1)掌握谈判的进程。谈判大体上可分为五个阶段，即探测、报价、还价、拍板和签订合同。谈判各个阶段中谈判人员应该采取的策略主要如下。

1)设计探测策略。探测阶段是谈判的开始，设计探测策略的主要目的在于尽快摸清对方的意图、关注的重点，以便在谈判中做到对症下药、有的放矢。

2)讨价还价技巧。还价阶段是谈判的实质性进展阶段。在本阶段中双方从各自的利益出发，相互交锋、相互角逐。谈判人员应保持清醒的头脑，在争论中保持心平气和的态度，临阵不乱、镇定自若、据理力争。要避免不礼貌的提问，以防引起对方反感甚至导致谈判破裂。应努力求同存异，创造和谐气氛，使双方的价格逐步接近。

3)控制谈判的进程。工程建设这样的大型谈判一定会涉及诸多需要讨论的事项，而各谈判事项的重要性并不相同，谈判各方对同一事项的关注程度也并不相同。成功的谈判者善于掌握谈判的进程，在充满合作气氛的阶段，展开自己所关注议题的商讨，从而抓住时机，达成有利于己方的协议。而在气氛紧张时，则引导谈判进入双方具有共识的议题，一方面，可以缓和气氛；另一方面，可以缩短双方的差距，推进谈判进程。同时，谈判者应懂得合理分配谈判时间。对于各议题的商讨时间应得当，不要过多拘泥于细节性问题。这样可以缩短谈判时间、降低交易成本。

4)注意谈判氛围。谈判各方往往存在利益冲突，要顺利获得谈判成功是不现实的。但有经验的谈判者会在各方分歧严重、谈判气氛激烈时采取润滑措施，舒缓压力。在我国，最常见的谈判方式是饭桌式谈判。通过餐宴，联络谈判方的感情，拉近双方的心理距离，进而在和谐的氛围中重新回到议题。

(2)打破僵局策略。僵局往往是谈判破裂的先兆，因而为使谈判顺利进行并取得谈判成功，遇有僵持的局面必须适时采取相应策略。常用的打破僵局的方法如下。

1)拖延和休会。当谈判遇到障碍、陷入僵局时，拖延和休会可以使明智的谈判方有时间冷静思考，在客观分析形势后提出替代性方案。在一段时间的冷处理后，各方都可以进一步考虑整个项目的意义，进而弥合分歧，将谈判从低谷引向高潮。

2)假设条件。当遇有僵持局面时，可以主动提出假设我方让步的条件，试探对方的反应，这样可以缓和气氛，增加解决问题的方案。

3)私下个别接触。当出现僵持局面时，观察对方谈判小组成员对引发僵持局面的问题的看法是否一致，寻找对本方意见的同情者与理解者，或对对方的主要持不同意见者，通过私下个别接触缓和气氛、消除隔阂、建立个人友谊，为下一步谈判创造有利条件。

4)设立专门小组。本着求同存异的原则，谈判中遇到各类障碍时，不必一一都在谈判桌上解决，而是建议设立若干专门小组，由双方的专家或组员去分组协商，提出建议。一方面，可使僵持的局面缓解；另一方面，可以提高工作效率，使问题得以圆满解决。

(3)高起点战略。谈判的过程是各方妥协的过程，通过谈判，各方都或多或少会放弃部分利益以求得项目的进展。而有经验的谈判者在谈判之初会有意识地向对方提出苛刻的谈判条件。这样，对方会过高估计本方的谈判底线，从而在谈判中作出更多让步。

（4）避实就虚策略。谈判各方都有自己的优势和弱点。谈判者应在充分分析形势的情况下进行正确判断，利用对方的弱点发动猛烈攻击，迫其就范并妥协。而对于己方的弱点，则要尽量注意回避。

（5）对等让步策略。为使谈判取得成功，谈判中对对方提出的合理要求进行适当让步是必不可少的，这种让步要求在双方都是存在的。但单向的让步要求很难达成，因而主动在某问题上让步时，同时对对方提出相应的让步条件，一方面，可以争得谈判的主动；另一方面，可以促使对方让步条件的达成。

（6）充分利用专家的作用。现代科技发展使个人不可能成为多方面的专家。而工程项目谈判又涉及广泛的学科领域。充分发挥各领域专家的作用，既可以在专业问题上获得技术支持，又可以利用专家的权威性给对方以心理压力。

小提示

建设工程施工合同谈判的注意事项

（1）掌握谈判议程，合理分配各议题的时间。

（2）注意谈判氛围。

（3）避实就虚。

（4）尽量让对方先提意见。

（5）谈判中密切注意对方的言语、神情动态。

（6）针对对方的立论、依据，尽量利用己方所准备的资料中已有的证据反驳。

（7）谈判中在不要一开始就将"底牌"和盘托出。

（8）适时运用回避手段。

（9）要对对方表示友善，使对方熟悉和信任自己。

（10）更多地强调双方利益的一致性。

三、建设工程施工合同的履行

1. 建设工程施工合同履行的概念

建设工程施工合同履行是指工程建设项目的发包方和承包方根据合同规定的时间、地点、方式、内容及标准等要求，各自完成合同义务的行为。对于发包方来说，履行合同主要的义务是按照合同约定支付合同价款，而承包方主要的义务是按约定交付合格的建筑产品。但是，当事人双方的义务都不是单一的最后交付行为，而是一系列义务的总和。当事人双方对合同约定义务的履行具有法律约束力，如果任何一方当事人违反合同约定而给对方造成损失时，都应当承担赔偿责任。

2. 建设工程施工合同的履行原则

建设工程施工合同履行应遵守以下原则。

（1）全面履行原则。当事人应当严格按合同约定合同履行自己的义务，包括合同约定的数量、质量、标准、价格、方式、地点、期限等。全面履行原则对合同的履行具有重要意义，它是判断合同各方是否违约，以及违约后应当承担何种违约责任的根据和尺度。

（2）实际履行原则。当事人一定要按合同约定履行义务，不能用违约金或赔偿金来代替合同的标的。当任何一方违约时，都不能以支付违约金或赔偿损失的方式来代替合同的履行，守约一方要求继续履行的，应当继续履行。

（3）协作履行原则。合同当事人各方在履行合同过程中，应当互谅、互助，尽可能为对方履行合同义务提供相应的便利条件。各方应本着共同的目的，互相监督检查，及时发现问题，平等协商解决，以保证工程建设目标的顺利实现。

（4）诚实信用原则。当事人执行合同时，应讲究诚实，恪守信用，实事求是，以善意的方式行使权利并履行义务，不得回避法律和合同，以使双方所期待的正当利益得以实现。

（5）情事变更原则。在合同订立后，如果发生了订立合同时当事人不能预见并且不能克服的情况，改变了订立合同时的基础，使合同的履行失去意义或者履行合同将使当事人之间的利益发生重大失衡，应当允许受不利影响的当事人变更合同或者解除合同。情事变更原则实质上是履行合同时诚实信用原则的延伸，其目的在于消除合同因情事变更所造成的后果。

任务三　建设工程施工合同管理

任务导读

在工程中，若没有合同意识，项目的整体目标便不明确；若没有合同管理，项目管理则难以形成系统，难以有高效率，不可能实现项目的目标。为使企业能够实现高效可持续发展并更加牢固地立足市场，必须加强企业合同管理，在履行合同的过程中要维护企业自身的合法权益，提升企业的经济效益。

任务目标

1. 了解建设工程施工合同管理的概念及特点，熟悉建设工程施工合同管理的工作内容。
2. 了解建设工程施工合同实施控制的概念，熟悉建设工程施工合同实施控制程序。
3. 熟悉建设工程施工合同变更管理。

知识准备

一、建设工程施工合同管理概述

（一）建设工程施工合同管理的概念及特点

1. 建设工程施工合同管理的概念

建设工程施工合同管理是指各级工商行政管理机关、建设行政主管机关和金融机构，以及工程发包单位、监理单位、承包单位依据法律和行政法规、规章制度，采取法律的、行政的手段，对建设工程施工合同关系进行组织、指导、协调及监督，保护合同当事人的合法权益，调解合同纠纷，防止和制裁违法行为，保证合同法规的贯彻实施等一系列法定活动。

2. 建设工程施工合同管理的特点

(1)合同管理期长。由于建设工程一般具有工程体积庞大、结构复杂、工程持续时间长等特点，这使工程施工合同的履行期较长。因此，合同管理必须是在这段时间内连续不断地进行。这与一般的经济合同管理有显著的不同。

(2)对经济效益影响大。建设工程投资额大，合同价格高，合同管理水平的高低对承包商的经济效益影响很大。由于市场竞争激烈，合同价格中包含的利润减少，合同管理得好，不但可使承包商避免亏损，而且可以赢得较好的回报；否则，承包商就要蒙受较大的经济损失。

(3)合同变更频繁，管理难度大。工程施工过程中由于当事人主观因素和客观事件的影响较多，绝大多数工程不可避免地存在工程变更的问题。合同管理必须按变化了的情况不断地加以调整，从而导致合同管理的难度加大。因此，在合同实施过程中，合同控制和合同变更管理极为重要。

(4)综合性强。合同管理工作涉及面广，融资方式和承包方式、合同内容和合同条款、参加单位和协作单位的增多，使得合同关系、合同条件，以及合同的实施过程越来越复杂，这就要求合同管理人员具有较高的综合管理的能力。

(5)风险大。由于施工合同履行时间长，不可预测的因素多，再加上市场竞争激烈，合同条款较为苛刻，或条款本身常常隐含着许多难以预测的风险，使得施工合同管理的风险非常大，因此，承包商对此要有高度的重视。

(二)建设工程施工合同管理的工作内容

1. 发包人(监理工程师)的管理工作

在施工合同的履行过程中，发包人对施工合同的管理工作主要是通过监理工程师进行的，一般有以下几方面管理工作。

(1)进度管理方面。按合同规定，要求承包人在开工前提出包括分月、分阶段施工的总进度计划，并加以审核；按照分月、分阶段进度计划进行实际检查；对影响进度计划的因素进行分析，对于可归责于发包人的原因，应及时主动解决，对于可归责于承包人的原因，应督促其迅速解决；在同意承包人修改进度计划时，审批承包人修改的进度计划；确认竣工日期的延误等。

(2)质量管理方面。按合同规定，检验工程使用的材料、设备质量；检验工程使用的半成品及构件质量；按合同规定的规范、规程，监督、检验施工质量；按合同规定的程序，验收隐蔽工程和需要中间验收工程的质量；验收单项竣工工程和全部竣工工程的质量等。

(3)费用管理方面。严格按合同约定的价款进行管理，当合同约定的价款需要调整时，对合同价款进行调整；对预付工程款进行管理，包括批准和扣还；对工程量进行核实确认；进行工程款的结算和支付；对变更价款进行确认；对施工中涉及的其他费用，如安全施工方面的费用、专利技术方面的费用进行确认，办理竣工结算；对保修金进行管理等。

(4)施工合同档案管理方面。发包人和工程师应做好施工合同的档案管理工作，工程项目全部竣工之后，应将全部合同文件加以系统整理，建档保管。在合同履行过程中，对合同文件，包括有关的签证、记录、协议、补充合同、备忘录、函件、电报、电传等都应做好系统分类，认真管理。

(5)工程变更及索赔管理方面。发包人及工程师应尽量减少不必要的工程变更，对已发生的变更，应按合同的有关规定进行变更工程的估价。在索赔管理中应按合同规定的索赔程序和方法，切实认真地分析承包人提出的索赔要求，仔细计算索赔费用及工期补偿，公平、合理、及时地解决索赔争议，以便顺利完成合同。

2. 承包人的管理工作

施工合同实施阶段，承包人对合同的管理主要由项目经理，以及由其组建的包括合同管理人员在内的项目管理小组进行，其主要工作有如下几项。

(1)建立合同实施的保证体系，以保证合同实施过程中的一切日常事务有秩序地进行，使工程项目的全部合同事件处于控制中，保证合同目标的实现。

(2)监督承包人的工程小组和分包商实施合同，并做好各分包合同的协调和管理工作。承包人应以积极合作的态度履行自己的合同义务，努力做好自我监督，同时应督促发包人、工程师履行他们的合同义务，以保证工程顺利进行。

(3)对合同实施情况进行跟踪。收集合同实施的信息和各种工程资料，并作出相应的信息处理，判断合同的履行情况，向项目经理及时通报合同实施情况及问题，提出合同实施方面的意见、建议甚至警告。

(4)合同变更的管理。这里主要包括参与变更谈判，对合同变更进行事务性的处理；落实变更措施，修改变更相关的资料，检查变更措施的落实情况。

(5)日常的索赔管理。在工程实施过程中，承包人与业主、总(分)包商、材料供应商、银行之间很可能有索赔发生，合同管理人员承担着主要的索赔管理任务，负责日常的索赔处理事务。其具体包括对对方的索赔报告进行审查分析，收集反驳理由和证据，复核索赔值；对干扰事件引起的损失，向责任者提出索赔要求，搜集索赔证据和理由，分析干扰事件的影响，计算索赔值，起草索赔报告；参加索赔谈判，对索赔中涉及的问题进行处理。

3. 行政监管单位的管理工作

虽然发包人和承包人订立和履行合同属于当事人自主的市场行为，但建筑工程涉及国家和地区国民经济发展计划的实现，与人民人身财产的安全密切相关，因此，必须符合法律和法规的有关规定。

(1)建设行政主管机关对施工合同的监督管理。建设行政主管部门通过对建设活动的监督，主要从质量和安全的角度对工程项目进行管理。

(2)质量监督机构对合同履行的监督。工程质量监督机构是接受建设行政主管部门的委托，负责监督工程质量的中介组织。工程招标工作完成后，领取开工证之前，发包人应到工程所在地的质量监督机构办理质量监督登记手续。质量监督机构对合同履行工作的监督，分为对工程参建各方主体质量行为的监督、对建设工程的实体质量的监督，以及工程竣工验收的监督三个方面。

(3)金融机构对施工合同的管理。金融机构对施工合同的管理，是通过对信贷管理、结算管理和当事人的账户管理进行的。金融机构还有义务协助执行已生效的法律文书，保护当事人的合法权益。在依据合同示范文本订立合同时，应注意通用合同条款及专用合同条款需明确说明的内容。

二、建设工程施工合同分析

施工合同分析是指从执行的角度分析、补充、解释合同，将合同目标和合同规定落实到合同实施的具体问题和具体事件上，用以指导具体工作，使合同能符合日常工程管理的需要。按照分析的对象、内容和范围，建设工程施工合同分析可以分为施工合同总体分析、施工合同详细分析和特殊问题的合同扩展分析。

1. 施工合同总体分析

施工合同总体分析的主要对象是合同协议书和合同条件。通过施工合同的总体分析，将合同条款和合同规定落实到一些带有全局性的具体问题上。

对建设工程施工合同来说，承包方合同总体分析的重点包括承包方的主要合同责任及权利、工程范围，业主方的主要责任和权利，合同价格、计价方法和价格补偿条件，工期要求和顺延条件，合同双方的违约责任，合同变更方式、程序，工程验收方法，索赔规定及合同解除的条件和程序，争执的解决等。

施工合同总体分析时，应对合同执行中的风险及应注意的问题作出特别的说明和提示。其结果是工程施工总的指导性文件，应将它以最简单的形式和最简洁的语言表达出来，以便进行合同的结构分解和合同交底。

2. 施工合同详细分析

施工合同的实施由许多具体的工程活动和合同双方的其他经济活动构成。这些活动也都是为了实现合同目标，履行合同责任，也必须受合同的制约和控制，所以它们又可以被称为合同事件。对一个确定的承包合同，承包商的工程范围、合同责任是一定的，则相关的合同事件也应是一定的。为使工程有计划、有秩序、按合同实施，必须将承包合同目标、要求和合同双方的责权利关系分解落实到具体的工程活动上。这就是施工合同详细分析。

施工合同详细分析的对象是合同协议书、合同条件、合同规范、图纸、工作量表。它主要通过合同事件表、网络图、横道图和工程活动的工期表等定义各工程活动。施工合同详细分析的结果最重要的部分是合同事件表（表5-2）。

表5-2　合同事件表

子项目：	事件编码：	日期： 变更次数：
事件名称和简要说明：		
事件的内容说明：		
前提条件：		
本事件的主要活动：		
负责人（单位）：		
费用： 计划： 实际：	其他参加者： 1. 2.	工期： 计划： 实际：

合同事件表中的具体项目说明如下。

(1)事件编码。这是计算机数据处理的需要。计算机对事件的各种数据处理都靠编码识别，所以编码要反映事件的各种特性，如所属的项目、单项工程、单位工程、专业性质、空间位置等。通常，它应与网络事件(或活动)的编码一致。

(2)变更次数。变更次数记载着与本事件相关的工程变更。在接到变更指令后，应落实变更，修改相应栏目的内容。

(3)事件名称和简要说明。对于一个确定的承包合同，承包商的工程范围、合同责任是一定的，则相关的合同事件和工程活动也是一定的。在一个工程中，这样的事件通常可能有几百甚至几千件。

(4)事件的内容说明：主要为该事件的目标，如某一分项工程的数量、质量、技术及其他方面的要求。这些均由合同的工程量清单、工程说明、图纸、规范等定义，是承包商应完成的任务。

(5)前提条件：指该事件进行前应做的准备工作及应具备的条件。这些条件有的应由事件的责任人承担，有的应由其他工程小组、其他承包商或发包方承担。这里不仅确定事件之间的逻辑关系，而且划定各项目参加者之间的合同责任界限。

(6)本事件的主要活动：指完成该事件的一些主要活动和它们的实施方法、技术与组织措施。这完全从施工过程的角度进行分析，这些活动组成该事件的子网络。例如，设备安装可有如下活动：现场准备，施工设备进场、安装，基础找平、定位，设备就位，吊装，固定，施工设备拆卸、出场等。

(7)负责人：指负责该事件实施的工程小组负责人或分包商。

(8)费用(或成本)：包括计划成本和实际成本，有以下两种情况。

1)若该事件由分包商承担，则计划费用为分包合同价格。如果在总包和分包之间有索赔，则应修改这个值，而实际费用为最终实际结算金额总和。

2)若该事件由承包商的工程小组承担，则计划成本可由成本计划得到，一般为直接成本，而实际成本为会计核算的结果，在事件完成后填写。

(9)计划工期和实际工期。计划工期由合同的网络分析得到。这里有计划开始期、结束期和持续时间。实际工期按实际情况，在该事件结束后填写。

(10)其他参加者。指对该事件的实施提供帮助的其他人员。

3. 特殊问题的合同扩展分析

在合同的签订和实施过程中常常会有一些特殊问题发生，会遇到一些特殊情况，如它们可能属于在合同总体分析和详细分析中发现的问题，也可能是在合同实施中出现的问题。这些问题在合同签订时未预计到，合同中未明确规定或它们已超出合同的范围。而许多问题似是而非，合同管理人员对它们无法把握，为了避免损失和争执，宜提出来进行特殊分析。因为实际工程问题非常复杂，千奇百怪，所以分析特殊问题要非常细致和耐心，需要实际工程经验和经历。

对重大的、难以确定的问题应请专家咨询或做法律鉴定。特殊问题的合同扩展分析一般用问答的形式进行。

(1)特殊问题的合同分析。针对合同实施过程中出现的一些合同中未明确规定的特殊的细节问题做分析。它们会影响工程施工、双方合同责任界限的划分和争执的解决。对它们的分析通常仍在合同范围内进行。

由于这一类问题在合同中未明确规定，其分析的依据通常有两个。

1)合同意义的拓广。先整体地理解合同，再做推理，以得到问题的解答。当然这个解答不能违背合同精神。

2)工程惯例。在国际工程中使用国际工程惯例，即考虑在通常情况下，这一类问题的处理或解决方法。这是与调解人或仲裁人分析和解决问题的思路和方法一致的。由于实际工程非常复杂，且这类问题面广、量大，稍有不慎就会导致经济损失。

(2)特殊问题的合同法律扩展分析。在工程承包合同的签订、实施或争执处理、索赔（反索赔）中，有时会遇到重大的法律问题。这通常有以下两种情况。

1)这些问题已超过合同的范围，超过承包合同条款本身，如有的干扰事件的处理在合同中未规定，或已构成民事侵权行为。

2)承包商签订的是一个无效合同或部分内容无效，则相关问题必须按照合同所适用的法律来解决。

小提示

> 工程中的重大问题对承包商非常重要，但承包商对它们把握不准，则必须对它们做合同法律的扩展分析，即分析合同的法律基础，在适用于合同关系的法律中寻求解答。这通常很艰难，一般要请法律专家做咨询或法律鉴定。

三、建设工程施工合同实施控制

(一)建设工程施工合同实施控制的概念

控制是建设工程项目管理的重要职能之一。所谓控制就是行为主体为保证在变化的条件下实现其目标，按照拟订的计划和标准，通过各种方法，对被控制对象在实施过程中发生的各种实际值和计划值进行对比、检查、监督、引导和纠正，以保证计划目标得以实现的管理活动。

建设工程项目的实施过程实质上是项目相关的各个合同的执行过程。要保证项目正常、按计划、高效率地实施，就必须正确地执行各个合同。按照法律和工程惯例，业主的项目管理者负责各个相关合同的管理和协调，并承担由于协调失误而造成的损失责任。

建设工程施工合同实施控制是指承包商为保证合同所约定的各项义务的全面完成及各项权利的实现，以合同分析的成果为基准，对整个合同实施过程的全面监督、检查、对比、引导及纠正的管理活动。

(二)建设工程施工合同实施控制程序

建设工程施工合同实施控制程序如图 5-1 所示。

图 5-1　建设工程施工合同实施控制程序

1. 合同实施监督

合同责任是通过具体的合同实施工作完成的。有效的合同监督可以分析合同是否按计划或修正的计划实施进行，是正确分析合同实施状况的有力保证。合同监督的主要工作如下。

(1)落实合同实施计划。落实合同实施计划，为各工程队(小组)、分包商的工作提供必要的保证，如施工现场的平面布置，人、材、机等计划的落实，各工序间搭接关系的安排和其他一些必要的准备工作。

(2)对合同执行各方进行合同监督。

1)现场监督各工程小组、分包商的工作。合同管理人员与项目的其他职能人员对各工程小组和分包商进行工作指导，做经常性的合同解释，使各工程小组都有全局观念，对工程中发现的问题提出意见、建议或警告。

2)对业主、监理工程师进行合同监督。在工程施工过程中，业主、监理工程师常常变更合同内容，包括本应由其提供的条件未及时提供，本应及时参与的检查验收工作不及时参与。对这些问题，合同管理人员应及时发现，及时解决或提出补偿要求。此外，当承包方与业主或监理工程师就合同中一些未明确划分责任的工程活动发生争执时，合同管理人员要协助项目部，及时开展判定和调解工作。

3)对其他合同方的合同监督。在工程施工过程中，不仅要与业主打交道，还要在材料、设备的供应、运输，供应水、电、气，租赁、保管、筹集资金等方面，与众多企业或单位发生合同关系，这些关系在很大程度上会影响施工合同的履行，因此，合同管理部门和人员对这类合同的监督也不能忽视。

(3)对文件资料及原始记录的审查和控制。文件资料和原始记录不仅包括各种产品合格证，检验、检测、验收、化验报告，施工实施情况的各种记录，而且包括与业主(监理工程师)的各种书面文件，进行合同方面的审查和控制。

(4)会同监理工程师对工程及所用材料和设备质量进行检查监督。按合同要求，对工程所用材料和设备进行开箱检查或验收，检查是否符合质量，是否符合图纸和技术规范等的要求。进行隐蔽工程和已完工程的检查验收，负责验收文件的起草和验收的组织工作。

(5)对工程款申报表进行检查监督。会同造价工程师对向业主提出的工程款申报表和分包商提交的工程款申报表进行审查和确认。

(6)处理工程变更事宜。合同管理工作一经进入施工现场后，合同的任何变更，都应由合同管理人员负责提出；对分包商的任何指令，对业主的任何文字答复、请示，都须经合同管理人员审查，并记录在案。承包商与业主、与总(分)包商的任何争议的协商和解决都必须有合同管理人员的参与，并对解决结果进行合同和法律方面的审查、分析和评价。这样，不仅保证了工程施工一直处于严格的合同控制中，还能使承包商的各项工作更有预见性，能及早地预计行为的法律后果。

2. 合同跟踪

施工合同跟踪有两个方面的含义：一是承包单位的合同管理职能部门对合同执行者(项目经理部或项目参与者)的履行情况进行的跟踪、监督和检查；二是合同执行者(项目经理部或项目参与人)对合同计划的执行情况进行的跟踪、检查与对比。在合同实施过程中两者缺一不可。

(1)合同跟踪的依据。合同跟踪的重要依据是合同，以及依据合同编制的各种计划文件；此外，还有各种实际工程(文件如原始记录、报表、验收报告等)，以及管理人员对现场情况的直观了解，如现场巡视、交谈、会议、质量检查等。

(2)合同跟踪的对象。建设工程施工合同跟踪的对象见表5-3。

表 5-3　施工合同跟踪的对象

序号	项目	内容
1	承包的任务	(1)工程施工的质量,包括材料、构件、制品和设备等的质量,以及施工或安装质量是否符合合同要求等。 (2)工程进度,包括是否在预定期限内施工、工期有无延长、延长的原因等。 (3)工程数量,包括是否按合同要求完成全部施工任务、有无合同规定以外的施工任务等。 (4)成本的增加和减少
2	工程小组或分包人的工程和工作	可以将工程施工任务分解交由不同的工程小组或发包给专业分包人完成,必须对这些工程小组或分包人及其所负责的工程进行跟踪检查,协调关系,提出意见、建议或警告,保证工程总体质量和进度。 对专业分包人的工作和负责的工程,总承包人负有协调和管理的责任并承担由此造成的损失,所以专业分包人的工作和负责的工程必须纳入总承包工程的计划和控制,防止因分包人工程管理失误而影响全局
3	发包人及其委托的工程师的工作	(1)是否及时、完整地提供了工程施工的实施条件,如场地、图纸、资料等。 (2)发包人和工程师是否及时给予了指令、答复和确认等。 (3)发包人是否及时并足额地支付了应付的工程款项

3. 合同的诊断

在合同跟踪的基础上对合同进行诊断。合同诊断是对合同执行情况的评价、判断和趋向进行分析、预测,包括如下内容。

(1)产生偏差的原因分析。通过对合同执行实际情况与实施计划的对比分析,不仅可以发现合同实施的偏差,而且可以探索引起差异的原因。原因分析可以采用鱼刺图、因果关系分析图(表)、成本量差、价差、效率差分析等方法定性或定量地进行。

(2)合同实施偏差的责任分析。即分析产生合同偏差的原因,应该由谁承担责任。责任分析必须以合同为依据,按合同规定落实双方的责任。

(3)合同实施趋势分析。针对合同实施偏差情况,可以采取不同的措施,应分析在不同措施下合同执行的结果与趋势,包括以下几个方面。

1)最终的工程状况,包括总工期的延误、总成本的超支、质量标准、所能达到的生产能力(或功能要求)等。

2)承包商将承担什么样的后果,如被罚款、被清算,甚至被起诉,对承包商资信、企业形象、经营战略的影响等。

3)最终工程经济效益(利润)水平。

4. 调整与纠偏

经过合同诊断之后,根据合同实施偏差分析的结果,承包商应采取相应的调整措施。调整措施有四类。

(1)组织措施,如增加人员投入,重新计划或调整计划,派遣得力的管理人员。

(2)技术措施,如变更技术方案,采用新的更高效率的施工方案。

(3)经济措施,如增加投入,对工作人员进行经济激励等。

(4)合同措施,如进行合同变更,签订新的附加协议、备忘录,通过索赔解决费用超支问题等。合同措施是承包商的首选措施,该措施主要由承包商的合同管理机构来实施。承包商采取合同措施时通常应考虑如何保护和充分行使自己的合同权利，以及充分限制对方的合同权利，找出业主的责任。

四、建设工程施工合同变更管理

施工合同变更是指依法对原来合同进行的修改和补充，即在履行合同项目的过程中，由于实施条件或相关因素的变化，而不得不对原合同的某些条款做出修改、订正、删除或补充。合同变更一经成立，原合同中的相应条款就应解除。

1. 合同变更的起因

合同内容频繁变更是工程合同的特点之一。一个工程，合同变更的次数、范围和影响大小与该工程招标文件(特别是合同条件)的完备性、技术设计的正确性，以及实施方案和实施计划的科学性直接相关。合同变更一般主要有以下几方面的原因。

(1)发包人有新的意图，发包人修改项目总计划，削减预算，发包人要求变化。

(2)由于设计人员、工程师、承包商事先没能很好地理解发包人的意图，或设计的错误导致的图纸修改。

(3)由于工程环境的变化，预定的工程条件不准确，而必须改变原设计、实施方案或实施计划，或由于发包人指令及发包人责任的原因造成承包商施工方案的变更。

(4)由于产生新的技术和知识，有必要改变原设计、实施方案或实施计划。

(5)政府部门对工程新的要求，如国家计划变化、环境保护要求、城市规划变动等。

(6)由于合同实施出现问题，必须调整合同目标或修改合同条款。

(7)合同双方当事人由于倒闭或其他原因转让合同，造成合同当事人的变化。这通常是比较少见的。

2. 合同变更的范围

合同变更的范围很广，在合同签订后，工程范围、工程进度、工程质量要求、合同条款内容、合同双方责权利关系的变化等通常可以被视为合同变更。最常见的变更有两种。

(1)涉及合同条款的变更，合同条件和合同协议书所定义的双方责权利关系或一些重大问题的变更。这是狭义的合同变更，以前人们定义合同变更即为这一类。

(2)工程变更，即工程的质量、数量、性质、功能、施工次序和实施方案的变化。

3. 合同变更的程序

合同变更的程序如图 5-2 所示。

(1)发包人提出变更。发包人一般可通过工程师提出合同变更。如发包方提出的合同变更内容超出合同限定的范围，则属于新增工程，只能另签合同，除非承包方同意作为变更。

(2)工程师提出合同变更。工程师往往根据工地现场工程进展的具体情况，认为确有必要时，可提出合同变更。在工程承包合同施工中，因设计考虑不周，或施工时环境发生变化，工程师本着节约工程成本和加快工程进度与保证工程质量的原则，提出合同变更。只要提出的合同变更在原合同规定的范围内，一般是切实可行的。若超出原合同，新增了很多工程内容和项目，则属于不合理的合同变更请求，工程师应先和承包商协商再酌情处理。

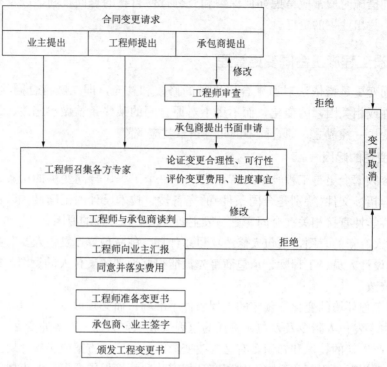

图 5-2　合同变更的程序

（3）承包商提出合同变更。承包商在提出合同变更时，一般情况是工程遇到不能预见的地质条件或地下障碍。如原设计的某大厦基础为钻孔灌注桩，承包商根据开工后钻探的地质条件和施工经验，认为改成沉井基础较好。另一种情况是承包商为了节约工程成本或加快工程施工进度，提出合同变更。

（4）合同变更的批准。由承包商提出的合同变更，应交与工程师审查并批准。由发包人提出的合同变更，为便于工程的统一管理，一般由工程师代为发出。

工程师发出合同变更通知的权利，一般由工程施工合同明确约定。当然该权利也可约定为发包人所有，然后发包人通过书面授权的方式使工程师拥有该权利。如果合同对工程师提出合同变更的权利做了具体限制，而约定其余均应由发包人批准，则工程师就超出其权限范围的合同变更发出指令时，应附上发包人的书面批准文件，否则承包商可拒绝执行。但在紧急情况下，不应限制工程师向承包商发布工程师认为必要的变更指示。

（5）合同变更指令的发出及执行。为了避免耽误工作，工程师在和承包商就变更价格达成一致意见之前，有必要先行发布变更指示。即分两个阶段发布变更指示：第一阶段是在没有规定价格和费率的情况下直接指示承包商继续工作；第二阶段是在通过进一步的协商之后，发布确定变更工程费率和价格的指示。

所有合同变更必须有书面形式或以一定规格写明。对于要取消的任何一项分部工程，合同变更应在该部分工程施工之前进行，以免造成人力、物力、财力的浪费，避免造成发包人多支付工程款项。

根据通常的工程惯例，除非工程师明显超越合同赋予其权限，承包商应该无条件地执行其合同变更的指示。如果工程师根据合同约定发布了进行合同变更的书面指令，则不论承包商对此是否有异议，不论合同变更的价款是否已经确定，也不论监理方或发包人答应给予付款的金额是否令承包商满意，承包商都必须无条件地执行此种指令。即使承包商有意见，也只能是一边进行变更工作，一边根据合同规定寻求索赔或仲裁解决。在争议处理期间，承包商有义务继续进行正常的工程施工和有争议的变更工程施工，否则便可能会构成承包商违约。

4. 工程变更的管理

(1)对业主(监理工程师)的口头变更指令，承包商也必须遵照执行，但应在规定的时间内书面向监理工程师索取书面确认。如果监理工程师在规定的时间内未进行书面否决，则承包商的书面要求信即可作为监理工程师对该工程变更的书面指令(即工程变更申请单，详见表5-4)。监理工程师的书面变更指令是支付变更工程款的先决条件之一。

表5-4　工程变更申请单

工程名称：　　　　　　　　　　　　　　　　　　　　　　编号：

致：　　　　　　　　　(单位) 　由于_____原因，兹提出_____ 工程变更(内容见附件)，请予批准。 附件： 　　　　　　　　　　　　　　　　　　　　　　　　　提出单位 　　　　　　　　　　　　　　　　　　　　　　　　　代表人 　　　　　　　　　　　　　　　　　　　　　　　　　日期	
一致意见： 　建设单位代表：　　　　　　设计单位代表：　　　　　　项目监理机构： 　签字：　　　　　　　　　　签字：　　　　　　　　　　签字： 　日期_____　　　　　　日期_____　　　　　　日期_____	

(2)工程变更不能超出合同规定的工程范围。如果超过这个范围，承包商有权不执行变更或坚持先商定价格后再进行变更。

(3)注意变更程序上的矛盾性。合同通常都规定，承包商必须无条件执行变更指令(即使是口头指令)，所以应特别注意工程变更的实施、价格谈判和业主批准三者之间在时间上的矛盾性。在工程中常有这种情况，工程变更已成为事实，而价格谈判仍达不成协议，或业主对承包商的补偿要求不批准，价格的最终决定权却在监理工程师。这样承包商已处于被动地位。

(4)在合同实施中，合同内容的任何变更都必须由合同管理人员提出。与业主、总(分)包之间的任何书面信件、报告、指令等都应经合同管理人员进行技术和法律方面的审查。这样才能保证任何变更都在控制中，不会出现合同问题。

(5)在商讨变更、签订变更协议过程中，承包商必须提出变更补偿(索赔)问题。在变更执行前就应明确补偿范围、补偿方法、索赔值的计算方法、补偿款的支付时间等，双方应就这些问题达成一致。

案例

某企业为扩大生产规模，欲扩建厂房30间，欲与某建筑公司签订建设工程合同。关于施工进度，合同规定：2月1日至2月20日，地基完工；2月21日至4月30日，主体工程竣工；5月1日至10日，封顶，至此全部工程竣工。2月初工程开工，该企业产品在市场极为走俏，为尽早使建设厂房使用投产，企业便派专人检查监督施工进度，检查人员曾多次要求建筑公司缩短工期，均被建筑公司以质量无法保证为由拒绝。为使工程尽早完工，企业所派检查人员遂以承包人建筑公司名义要求材料供应商提前送货至目的地。使材料堆积过多，造成管理困难，从而导致部分材料损坏。建筑公司遂起诉企业，要求承担损失赔偿责任。企业以检查作业进度，督促企业完工为由抗辩。法院判决企业抗辩不成立，应依法承担赔偿责任。

分析：

本案例涉及发包方如何行使检查监督权问题。根据《民法典》第七百九十七条的规定："发包人在不妨碍承包人正常作业的情况下，可以随时对作业进度、质量进行检查。"企业派专人检查工程施工进度的行为本身是行使检查权的表现。但是，检查人员的检查行为，已超出了法律规定的对施工进度和质量进行检查的范围，且以建筑公司名义促使材料供应商提早供货，在客观上妨碍了建筑公司的正常作业，因而构成权力滥用行为，理应承担损害赔偿责任。

真题解读

1. 某工程实施过程中，监理人于2023年3月3日收到承包人提交的2月进度付款申请单及支持性证明文件并于3月10日完成审核。根据《标准设计施工总承包招标文件》，发包人向承包人支付该笔进度款的最迟时间应是(   )。(2023年全国监理工程师职业资格考试真题)

A. 2023年4月9日　　　　　　　　　　B. 2023年4月7日

C. 2023年3月31日　　　　　　　　　　D. 2023年3月17日

【精析】根据《标准设计施工总承包招标文件》，发包人最迟应在监理人收到进度付款申请单后的28天内，将进度应付款支付给承包人。发包人未能在前述时间内完成审批或不予答复的，视为发包人同意进度付款申请。发包人不按期支付的，按专用合同条款的约定支付逾期付款违约金。

2. 某工程完工后，承包人于2023年3月30日向监理人提交了竣工验收申请报告，监理人于2023年4月15日完成审查，认定已具备竣工验收条件。根据《标准施工招标文件》，监理人应在(   )前提请发包人进行工程验收。(2023年全国监理工程师职业资格考试真题)

A. 2023年4月22日　　　　　　　　　　B. 2023年4月27日

C. 2023年5月6日　　　　　　　　　　D. 2023年5月13日

【精析】根据《标准施工招标文件》，监理人审查认为已具备竣工验收条件，应在收到竣工验收申请报告后的28天内提请发包人进行工程验收。

本项目主要介绍了建设工程施工合同的概念、特点、作用,《建设工程施工合同(示范文本)》,建设工程施工合同的订立、谈判及履行,建设工程施工合同管理的概念、特点、工作内容,建设工程施工合同分析、实施控制、变更管理等内容。通过本项目的学习,学生可以对建设工程施工合同有一定的认识,能在工作中正确应用建设工程施工合同。

课后练习

1. 建设工程施工合同有哪些特点?
2.《建设工程施工合同(示范文本)》(GF—2017—0201)主要由哪几部分组成?
3. 建设工程施工合同的订立原则有哪些?
4. 进行建设工程施工合同谈判时应注意哪些事项?
5. 履行时建设工程施工合同应遵守哪些原则?
6. 承包人的合同管理工作有哪些内容?
7. 什么是施工合同分析?其可分为哪几类?
8. 合同的诊断主要包括哪些内容?
9. 合同变更的起因有哪些?

项目六 建设工程监理合同

项目引例

2018 年 4 月 2 日，南京某监理公司与南京某学院签订建设工程委托监理合同 1 份，约定南京某学院委托南京某监理公司监理南京某学院新校大二期图书馆、11~13 号学生公寓等；监理费按合同价 11 000 万元(按实 ×0.8‰＝88 万元)；若工期延长，延长期间的监理费，若超过 1 个月，超过期间的监理费，按总监理费(经甲方、设计院、监理公司、施工单位四方验收合格的单项工程监理费除外)除以总工期的天数，乘以延长期间的天数计算监理费。2020 年 11 月 2 日，双方就上述工程的合同期内的监理费进行了结算，双方出具了结算单，南京某学院在结算单上载明以上结算情况属实，南京某监理公司在该结算单上载明以上学院土建安装项目确认。南京某监理公司认为因该工程延期完工，其实际监理时间至 2020 年 5 月 6 日止，延长期间的监理费，南京某学院尚未与其结算。

课件：建设工程监理合同

2020 年 8 月 6 日，南京某监理公司与南京某学院又签订建设工程委托监理合同 1 份，约定南京某学院委托南京某监理公司监理其新校大二期图书馆、行政楼等装修工程。南京某监理公司认为其在对图书馆、行政楼装修监理过程中增加了中央空调、智能化、消防、灯光音响、监控等安装工程的监理项目(共计造价为 16 255 580 元)，应按照双方装修监理合同约定的监理费率支付其监理费。南京某学院认为南京某监理公司所称的增加的监理项目在合同中并未约定。

南京某监理公司完成上述 2 份监理合同约定的义务后，与南京某学院因监理费用的数额发生争议。2023 年 1 月，南京某监理公司向一审法院提起诉讼，要求南京某学院支付监理费及利息。

问题：

(1)对于土建延期监理费，南京某学院是否该承担？

(2)对于装修监理合同中的安装工程监理费，南京某学院是否应该承担？

职业能力

1. 具备建设工程监理合同编制能力。

2. 能分别以委托人与监理人的身份订立监理合同。

职业道德

具备法制意识和维权意识；具备社会责任感和社会公益心；具有良好的心理素质和克服困难的能力；具有团队精神和沟通协作精神。

任务一　监理合同概述

任务导读

　　工程建设监理制是我国建筑业在市场经济条件下保证工程质量、规范市场主体行为、提高管理水平的一项重要措施。建设监理与发包人和承包商一起共同构成了建筑市场的主体，为了使建筑市场的管理规范化、法制化，大型工程建设项目不仅要实行建设监理制，而且要求发包人必须以合同的形式委托监理任务。

任务目标

　　1. 了解监理合同的概念及作用、特点，掌握监理合同的形式、合同主体。
　　2. 掌握监理合同示范文本的写法。

知识准备

一、监理合同

（一）监理合同的概念及作用

　　建设工程监理合同简称监理合同，是指委托人与监理人就委托的工程项目管理内容签订的明确双方权利、义务的协议。监理工作的委托与被委托实质上是一种商业行为，所以必须以书面合同形式来明确工程服务的内容，以便为发包人和监理单位的共同利益服务。监理合同不仅明确了双方的责任和合同履行期间应遵守的各项约定，成为当事人的行为准则，而且可以作为保护任何一方合法权益的依据。

　　作为合同当事人一方的工程建设监理公司应具备相应的资格，不仅要求其是依法成立并已注册的法人组织，而且要求它所承担的监理任务应与其资质等级和营业执照中批准的业务范围相一致，既不允许低资质的监理公司承接高等级工程的监理业务，也不允许承接虽与资质级别相适应、但工作内容超越其监理能力范围的工作，以保证所监理工程的目标顺利实现。

（二）监理合同的特点

　　监理合同是委托合同的一种，除具有与委托合同的共同特点外，还具有以下特点。

　　（1）监理合同的当事人双方应当是具有民事权利能力和民事行为能力且取得法人资格的企事业单位、其他社会组织，个人在法律允许的范围内也可以成为合同当事人。委托人必须是具有国家批准的建设项目，落实投资计划的企事业单位、其他社会组织及个人，作为受托人必须是依法成立的具有法人资格的监理企业，并且所承担的工程监理业务应与企业资质等级和业务范围相符合。

　　（2）监理合同委托的工作内容必须符合工程项目建设程序，遵守有关法律、行政法规。

监理合同以对建设工程项目实施控制和管理为主要内容，因此监理合同必须符合建设工程项目的程序，符合国家和建设行政主管部门颁发的有关建设工程的法律、行政法规、部门规章和各种标准、规范要求。

（3）建设工程实施阶段所签订的其他合同，如勘察设计合同、施工承包合同、物资采购合同、加工承揽合同的标的物是产生新的物质成果或信息成果，而监理合同的标的是服务，即监理人凭据自己的知识、经验、技能受发包人委托为其所签订其他合同的履行实施监督和管理。

（三）监理合同的形式

为了明确监理合同当事人双方的权利和义务关系，应当以书面形式签订监理合同，而不能采用口头形式。由于发包人委托监理的任务有繁有简，具体工程监理工作的特点各异，因此监理合同的内容和形式也不尽相同。经常采用的合同形式有以下几种。

1. 双方协商签订的合同

这种监理合同以法律和法规的要求作为基础，双方根据委托监理工作的内容和特点，通过友好协商订立有关条款，达成一致后签字盖章生效。合同的格式和内容不受任何限制，双方就权利和义务所关注的问题以条款形式具体约定即可。

2. 信件式合同

信件式合同通常由监理单位编制有关内容，由发包人签署批准意见，并留一份备案后退给监理单位执行。这种合同形式适用于监理任务较小或简单的小型工程。也可能是在正规合同的履行过程中，依据实际工作进展情况，监理单位认为需要增加某些监理工作任务时，以信件的形式请示发包人，经发包人批准后作为正规合同的补充合同文件。

3. 委托通知单

在正规合同履行过程中，发包人以通知单形式把监理单位在订立委托合同时建议增加而当时未接受的工作内容进一步委托给监理方。这种委托只是在原定工作范围之外增加少量工作任务，一般情况下原订合同中的权利义务不变。如果监理单位不表示异议，委托通知单就成为监理单位所接受的协议。

4. 标准化合同

为了使委托监理行为规范化，减少合同履行过程中的争议或纠纷，政府部门或行业组织制定出标准化的合同示范文本（标准化合同），供委托监理任务时作为合同文件采用。标准化合同通用性强，采用规范的合同格式，条款内容覆盖面广，双方只要就达成一致的内容写入相应的具体条款中即可。标准合同由于将履行过程中所涉及的法律、技术、经济等各方面问题都做出了相应的规定，合理地分担双方当事人的风险并约定了各种情况下的执行程序，不仅有利于双方在签约时讨论、交流和统一认识，而且有助于监理工作的规范化实施。

（四）合同主体

工程建设监理合同的当事人是委托人和监理人，但根据我国目前法律、行政法规的规定，当事人应当是法人或依法成立的组织，而不是某一自然人。

1. 委托人

（1）委托人的资格。委托人是指承担直接投资责任、委托监理业务的合同当事人及其合法继承人，通常为建设工程的项目法人，是建设资金的持有者和建筑产品的所有人。

（2）委托人的代表。为了与监理人做好配合工作，委托人应任命一位熟悉工程项目情况的常驻代表，负责与监理人联系。对该代表人应有一定的授权，使其能对监理合同履行过程中出现的有关问题和工程施工过程中发生的某些情况迅速作出决定。这位常驻代表不仅是与监理人的联系人，也是与施工单位的联系人，既有监督监理合同和施工合同履行的责任，也有承担两个合同履行过程中与其他有关方面进行协调配合的义务。委托人代表在授权范围内行使委托人的权利，履行委托人应尽的义务。

小提示

> 为了使合同管理工作连贯、有序进行，派驻现场的代表人在合同有效期内应尽可能地相对稳定，不能经常更换。当委托人需要更换常驻代表时，应提前通知监理人，并代之以一位同等能力的人员。后续继任人对前任代表依据合同已做过的书面承诺、批准文件等，均应承担履行义务，不得以任何借口推卸责任。

2. 监理人

（1）监理人的资格。监理人是指承担监理业务和监理责任的监理单位及其合法继承人。监理人必须具有相应履行合同义务的能力，即拥有与委托监理业务相应的资质等级证书和注册登记的允许承揽委托范围工作的营业执照。

（2）监理机构。监理机构是指监理人派驻建设项目工程现场，实施监理业务的组织。

（3）总监理工程师。监理人派驻现场监理机构从事监理业务的监理人员实行总监理工程师负责制。监理人与委托人签订监理合同后，应迅速组织派驻现场实施监理业务的监理机构，并将委派的总监理工程师人选和监理机构主要成员名单及监理规划报送委托人。在合同正常履行过程中，总监理工程师将与委托人派驻现场的常驻代表建立联系交往的工作关系。总监理工程师既是监理机构的负责人，也是监理人派驻工程现场的常驻代表人。除非发生了涉及监理合同正常履行的重大事件而需委托人和监理人协商解决外，正常情况下监理合同的履行和委托人与第三方签订的委托监理合同的履行，均由双方代表人负责协调和管理。

小提示

> 监理人委派的总监理工程师人选，是委托人选定监理人时所考察的重要因素之一，所以不允许随意更换。监理合同生效后或合同履行过程中，如果监理人的确需要调换总监理工程师，应以书面形式提出请求，并给出申明调换的理由和提供后继人选的情况介绍，且在经过委托人批准后方可调换。

二、监理合同示范文本

为规范建设工程监理活动，维护建设工程监理合同当事人的合法权益，住房和城乡建设部、国家工商行政管理总局对《建设工程委托监理合同(示范文本)》(GF—2000—2002)进行了修订，制定了《建设工程监理合同(示范文本)》(GF—2012—0202)。其由三部分组成：第一部分为协议书、第二部分为通用条件、第三部分为专用条件。

1. 第一部分协议书

协议书是一个总的协议，是纲领性的法律文件，其中明确了双方当事人确定的委托监理工程的概况（包括工程名称、工程地点、工程规模、工程概算投资额或建筑安装工程费），委托人向监理人支付报酬的金额和方式，监理期限及相关服务期限，双方承诺。协议书是一份标准的格式文件，经当事人双方在有限的空格内填写具体规定的内容并签字盖章后，即发生法律效力。

2. 第二部分通用条件

通用条件的内容具有较强的通用性，条款涵盖了合同履行过程中双方的义务，以及标准化的管理程序，还规定了遇到非正常情况下的处理原则和解决方法，因此监理合同的通用条件适用于各类建设工程项目监理。

该文本的通用条件分为定义与解释，监理人的义务，委托人的义务，违约责任，支付，合同生效、变更、暂停、解除与终止，争议解决，其他，共8个部分。

3. 第三部分专用条件

通用条件适用于各种行业和专业项目的建设工程监理，因此其中的某些条款规定得比较笼统。对于具体实施的工程项目而言，还需要在签订监理合同时结合地域特点、专业特点和委托监理项目的工程特点，对通用条件中的某些条款进行补充、修正。

任务二　监理合同的订立

任务导读

甲方对工程的工期、质量等提出具体要求，经过工作计划、人员配备、甲方的投入、价格谈判后，双方就监理合同的各项条款达成一致，即可正式签订监理合同文件。

任务目标

了解监理合同的范围，熟悉订立监理合同时的注意事项。

知识准备

一、监理合同的范围

首先，签约双方应对对方的基本情况有所了解，包括资质等级、营业资格、财务状况、工作业绩、社会信誉等。作为监理人还应根据自身状况和工程情况，考虑竞争该项目的可行性。其次，监理人在获得委托人的招标文件或与委托人草签协议之后，应立即对工程所需费用进行预算，提出报价，并对招标文件中的合同文本进行分析、审查，为合同谈判和签约提供决策依据。无论以何种方式招标中标，委托人和监理人都要就监理合同的主要条款进行谈判。谈判内容要具体，责任要明确，要有准确的文字记载。作为委托人，不可倚仗手中有工程的委托权，不以平等的原则对待监理人，而应当看到，监理人提供的良好服务，将为委托人带来巨大的利益。作为监理人，应利用法律赋予的平等权利进行对等谈判，对重大问题不能迁就和无原则让步。经过谈判，双方就监理合同的各项条款达成一致时，即可正式签订合同文件。

监理合同的范围包括监理人为委托人提供服务的范围和工作量。委托人委托监理业务的范围可以非常广泛。从工程建设各阶段来说，监理合同的范围可以包括项目前期立项咨询、设计阶段、实施阶段、保修阶段的全部监理工作或某一阶段的监理工作。在每一阶段内，又可以进行投资、质量、工期的三大控制，以及信息、合同两项管理。但就具体项目而言，要根据工程的特点、监理人的能力、建设不同阶段的监理任务等方面因素，将委托的监理任务详细地写入合同的专用条件。如进行工程技术咨询服务，工作范围可确定为进行可行性研究，各种方案的成本效益分析，建筑设计标准、技术规范准备，提出质量保证措施等。施工阶段监理工作可包括以下内容。

(1)协助委托人选择承包人，组织设计、施工、设备采购等招标。

(2)技术监督和检查：检查工程设计、材料和设备质量，对操作或施工质量的监理和检查等。

(3)施工管理：质量控制、成本控制、计划和进度控制等。通常，施工监理合同中的"监理工作范围"条款，一般应与工程项目总概算、单位工程概算所涵盖的工程范围相一致，或与工程总承包合同、单项工程承包所涵盖的范围相一致。

二、订立监理合同时的注意事项

(1)坚持按法定程序签署合同。监理委托合同的签订，意味着委托关系的形成，委托方与被委托方都将受到合同的约束。因而，签订合同必须由双方法定代表人或经其授权的代表签署并监督执行。在合同签署过程中，应检验代表对方签字人的授权委托书，避免合同失效或不必要的合同纠纷。

(2)不可忽视来往函件。在合同洽商过程中，双方通常会用一些函件来确认双方达成的某些口头协议或书面交往文件，后者构成招标文件和投标文件的组成部分。为了确认合同责任，以及明确双方对项目的有关理解和意图，以免将来产生分歧，签订合同时双方达成一致的部分应写入合同附录或专用条款。

(3)其他应注意的问题。在监理委托合同的签署过程中，双方都应认真注意，涉及合同的每一份文件都是双方在执行合同过程中对各自承担义务相互理解的基础。一旦出现争议，这些文件也是保护双方权利的法律基础。因此，一是要注意合同文字的简洁、清晰，每个措辞都应该是经过双方充分讨论的结果，以保证对工作范围、采取的工作方式方法，以及双方对相互间的权利和义务的确切理解。如果一份写得很清楚的合同，未经充分的讨论，只能是"一厢情愿"的东西，双方的理解不可能完全一致。二是对于一项对时间要求特别紧迫的任务，在委托方选择监理单位后，签订委托合同前，双方可以通过使用意图性信件进行交流，监理单位对意图性信件的用词要认真审查，尽量使对方容易理解和接受，否则就有可能在忙乱中致使合同谈判失败或者遭受其他意外损失。三是监理单位在合同事务中，要注意充分地利用有效的法律服务。监理委托合同的法律性很强，监理单位必须配备这方面的专家，因为只有这样，在准备标准合同格式、检查其他人提供的合同文件及研究意图性信件时，才不至于出现失误。

任务三　监理合同的履行管理

任务导读

　　监理合同履行管理是对监理合同的执行过程进行管理和控制，确保合同的履行达到预期目标的一系列活动。

任务目标

　　1. 熟悉监理人应完成的监理工作、合同有效期、委托人与监理人双方的义务。
　　2. 熟悉合同生效后监理人的履行、违约责任、监理合同的酬金、协调双方关系条款。

知识准备

一、监理人应完成的监理工作

　　虽然监理合同的专用条件内注明了监理工作的范围和内容，但从工作性质而言属于正常的监理工作。作为监理人必须履行的合同义务，除了正常监理工作，还应包括附加监理工作。这类工作在订立合同时未能或不能合理预见，而在合同履行过程中发生，需要监理人完成。

1. 正常工作

　　监理服务的正常工作是指合同订立时通用条件和专用条件中约定的监理人的工作。监理人提供的是一种特殊的中介服务，委托人可以委托的监理服务内容很广泛。但就具体工程项目而言，要根据工程的特点、监理人的能力、建设不同阶段所需要的监理任务等方面因素，将委托的监理业务详细地写入合同的专用条件，以便使监理人明确责任范围。

2. 附加工作

　　附加工作是指合同约定的正常工作以外的监理人的工作。其可能包括以下一些内容。
　　(1)由于委托人、第三方原因，监理工作受到阻碍或延误，以致增加了工作量或延长了工作时间。
　　(2)原应由委托人承担的义务，后由双方达成协议改由监理人来承担的工作。此类附加工作通常指委托人按合同内约定应免费提供监理人使用的仪器设备或提供的人员服务。例如，合同约定委托人为监理人提供某一检测仪器，其在采购仪器前发现监理人拥有这个仪器且正在闲置期间，双方达成协议后由监理人使用自备仪器。又如，合同约定委托人为监理人在施工现场设置检测试验室，后通过协议不再建立此试验室，执行监理业务时需要进行的检测由监理机构到具有试验能力的检验机构去做这些试验并支付相应的费用。
　　(3)监理人应委托人要求提出更改服务内容建议而增加的工作内容。例如，施工承包人需要使用某种新工艺或新技术，而对其质量在现行规范中又无依据可查，监理人提出应制定对该项工艺质量的检验标准，委托人接受提议并要求监理机构来制定，则此项编制工作属于附加工作。

> **小提示**
>
> 附加工作是委托正常工作之外要求监理人必须履行的义务，因此，委托人在其完成工作后应另行支付附加监理工作报告酬金和额外监理工作酬金，但酬金的计算办法应在专用条件内予以约定。

二、合同有效期

尽管双方签订的建设工程监理合同中注明"自××××年××月××日开始，至××××年××月××日止"，但此期限仅指完成正常监理工作预定的时间，并不一定就是监理合同的有效期。监理合同的有效期即监理人的责任期，不是以约定的日历天数为准，而是以监理人是否完成了包括附加工作的义务来判定。因此，通用条款规定，监理合同的有效期为双方签订合同后，从工程准备工作开始，到监理人完成合同约定的全部工作和委托人与监理人结清并支付全部酬金，监理合同才终止。

三、委托人与监理人双方的义务

（一）委托人的义务

1. 告知

委托人应在委托人与承包人签订的合同中明确监理人、总监理工程师和授予项目监理机构的权限，如发生了变更，应及时通知承包人。

2. 提供资料

委托人应按照约定，无偿向监理人提供与工程有关的资料。在合同履行过程中，委托人应及时向监理人提供最新的与工程有关的资料。

3. 提供工作条件

委托人应为监理人完成监理与相关服务提供必要的条件。

（1）委托人应按照约定，派遣相应的人员，提供房屋、设备，供监理人无偿使用，见表 6-1～表 6-4。

表 6-1 委托人派遣的人员

名称	数量	工作要求	提供时间
1. 工程技术人员			
2. 辅助工作人员			
3. 其他人员			

表 6-2　委托人提供的房屋

名称	数量	面积	提供时间
1. 办公用房			
2. 生活用房			
3. 试验用房			
4. 样品用房			
用餐及其他生活条件			

表 6-3　委托人提供的资料

名称	份数	提供时间	备注
1. 工程立项文件			
2. 工程勘察文件			
3. 工程设计及施工图纸			
4. 工程承包合同及其他相关合同			
5. 施工许可文件			
6. 其他文件			

表 6-4　委托人提供的设备

名称	数量	型号与规格	提供时间
1. 通信设备			
2. 办公设备			
3. 交通工具			
4. 检测和试验设备			

（2）委托人应负责协调工程建设中所有外部关系，为监理人履行合同提供必要的外部条件。

4. 委托人代表

委托人应授权一名熟悉工程情况的代表，负责与监理人联系。委托人应在双方签订合同后 7 天内，将委托人代表的姓名和职责书面告知监理人。当委托人更换委托人代表时，应提前 7 天通知监理人。

5. 委托人意见或要求

在合同约定的监理与相关服务工作范围内，委托人对承包人的任何意见或要求均应通知监理人，由监理人向承包人发出相应指令。

6. 答复

委托人应在专用条件约定的时间内，对监理人以书面形式提交并要求作出决定的事宜，给予书面答复。至于逾期未答复的，视为委托人认可。

7. 做好协助工作

为监理人顺利履行合同义务，委托人应做好协助工作。协助工作包括以下几方面内容。

(1)将授予监理人的监理权利，以及监理人监理机构主要成员的职能分工、监理权限及时书面通知已选定的第三方，并在第三方签订的合同中予以明确。

(2)在双方议定的时间内，免费向监理人提供与工程有关的监理服务所需要的工程资料。

(3)为监理人驻工地监理机构开展正常工作提供协助服务。服务内容包括信息服务、物质服务和人员服务三个方面。

信息服务是指协助监理人获取工程使用的原材料、构配件、机构设备等生产厂家名录，以掌握产品质量信息，向监理人提供与本工程有关的协作单位、配合单位的名录，以方便监理工作的组织协调。

物质服务是指免费向监理人提供合同专用条件约定的设备、设施、生活条件等。一般包括检测试验设备、测量设备、通信设备、交通设备、气象设备、照相录像设备、打字复印设备、办公用房及生活用房等。这些属于委托人财产的设备和物品，在监理任务完成和终止时，监理人应将其交还委托人。如果双方议定某些本应由委托人提供的设备由监理人自备，则应给监理人合理的经济补偿。对于这种情况，要在专用条件的相应条款内明确经济补偿的计算方法，通常为

$$补偿金额＝设施在工程使用时间占折旧年限的比例×设施原值＋管理费$$

人员服务是指如果双方议定，委托人应免费向监理人提供职员和服务人员，也应在专用条件中写明提供的人数和服务时间。当涉及监理服务工作时，委托人所提供的职员只应从监理人处接受指示。监理人应与这些提供服务人员密切合作，但不对其失职行为负责。如委托人选定某一科研机构的试验室负责对材料和工艺质量的检测试验，并与其签订委托合同。试验机构的人员应接受监理人的指示完成相应的试验工作，但监理人既不对检测试验数据的错误负责，也不对由此而导致的判断失误负责。

8. 支付

监理人应在合同约定的每次应付款时间的7天前向委托人提交支付申请书。支付申请书应当说明当期应付款总额，并列出当期应支付的款项及其金额。

委托人应按合同约定，向监理人支付酬金。

监理酬金在合同履行过程中一般按阶段支付给监理人。每次阶段支付时，监理人应按合同约定的时间向委托人提交该阶段的支付报表。报表内容应包括按照专用条件约定方法计算的正常监理服务酬金和其他应由委托人额外支付的合理开支项目，并相应提供必要的工作情况说明及有关证明材料。如果发生附加服务工作或额外服务工作，则该项酬金计算也应包含在报表之内。

委托人收到支付报表后，应对报表内的各项费用进行审查，判断取费的合理性和计算的正确性。如有预付款，则还应按合同约定在应付款额内扣除应归还的部分。委托人应在收到支付报表后合同约定的时间内予以支付，否则从规定支付之日起按约定的利率加付该部分应付款的延误支付利息。如果委托人对监理人提交的支付报表中所列的酬金或部分酬金项目有异议，应当在收到报表后24 h内向监理人发出异议通知。若未能在规定时间内提出异议，则应认为监理人在支付报表内要求支付的酬金是合理的。虽然委托人对某些酬金项目提出异议并发出相应通知，但不能以此为理由拒付或拖延支付其他无异议的酬金项目，否则也将按照逾期支付对待。

（二）监理人的义务

1. 监理的范围和工作内容

监理的范围在专用条件中约定。除专用条件另有约定外，监理工作内容如下。

（1）收到工程设计文件后编制监理规划，并在第一次工地会议7天前报委托人。根据有关规定和监理工作需要，编制监理实施细则。

（2）熟悉工程设计文件，并参加由委托人主持的图纸会审和设计交底会议。

（3）参加由委托人主持的第一次工地会议，主持监理例会并根据工程需要主持或参加专题会议。

（4）审查施工承包人提交的施工组织设计，重点审查其中的质量安全技术措施、专项施工方案与工程建设强制性标准的符合性。

（5）检查施工承包人工程质量、安全生产管理制度及组织机构和人员资格。

（6）检查施工承包人专职安全生产管理人员的配备情况。

（7）审查施工承包人提交的施工进度计划，核查承包人对施工进度计划的调整。

（8）检查施工承包人的试验室。

（9）审核施工分包人资质条件。

（10）查验施工承包人的施工测量放线成果。

（11）审查工程开工条件，对条件具备的签发开工令。

（12）审查施工承包人报送的工程材料、构配件、设备质量证明文件的有效性和符合性，并按规定对用于工程的材料采取平行检验或见证取样方式进行抽检。

（13）审核施工承包人提交的工程款支付申请，签发或出具工程款支付证书，并报委托人审核、批准。

（14）在巡视、旁站和检验过程中，发现工程质量、施工安全存在事故隐患的，要求施工承包人整改并报委托人。

（15）经委托人同意，签发工程暂停令和复工令。

（16）审查施工承包人提交的采用新材料、新工艺、新技术、新设备的论证材料及相关验收标准。

（17）验收隐蔽工程、分部分项工程。

（18）审查施工承包人提交的工程变更申请，协调处理施工进度调整、费用索赔、合同争议等事项。

（19）审查施工承包人提交的竣工验收申请，编写工程质量评估报告。

（20）参加工程竣工验收，签署竣工验收意见。

（21）审查施工承包人提交的竣工结算申请并报委托人。

（22）编制、整理工程监理归档文件并报委托人。

相关服务的范围和内容见表6-5。

表6-5　相关服务的范围和内容

1. 勘察阶段：＿＿＿＿＿＿＿＿＿＿＿＿＿＿＿＿＿＿＿＿＿＿＿＿＿＿＿＿＿＿＿＿＿＿＿＿＿。
2. 设计阶段：＿＿＿＿＿＿＿＿＿＿＿＿＿＿＿＿＿＿＿＿＿＿＿＿＿＿＿＿＿＿＿＿＿＿＿＿＿。
3. 保修阶段：＿＿＿＿＿＿＿＿＿＿＿＿＿＿＿＿＿＿＿＿＿＿＿＿＿＿＿＿＿＿＿＿＿＿＿＿＿。
4. 其他（专业技术咨询、外部协调工作等）：＿＿＿＿＿＿＿＿＿＿＿＿＿＿＿＿＿＿＿＿＿＿。

2. 项目监理机构和人员

(1)监理人应组建满足工作需要的项目监理机构，配备必要的检测设备。项目监理机构的主要人员应具有相应的资格条件。

(2)合同履行过程中，总监理工程师及重要岗位监理人员应保持相对稳定，以保证监理工作正常进行。

(3)监理人可根据工程进展和工作需要调整项目监理机构人员。监理人更换总监理工程师时，应提前7天向委托人书面报告，经委托人同意后方可更换；监理人更换项目监理机构其他监理人员，应以相当资格与能力的人员替换，并通知委托人。

(4)监理人应及时更换有下列情形之一的监理人员。

1)有严重过失行为的。

2)有违法行为不能履行职责的。

3)涉嫌犯罪的。

4)不能胜任岗位职责的。

5)严重违反职业道德的。

6)专用条件约定的其他情形。

(5)委托人可要求监理人更换不能胜任本职工作的项目监理机构人员。

3. 履行职责

监理人应遵循职业道德准则和行为规范，严格按照法律法规、工程建设有关标准及合同履行职责。

(1)在监理与相关服务范围内，委托人和承包人提出的意见和要求，监理人应及时提出处置意见。当委托人与承包人之间发生合同争议时，监理人应协助委托人、承包人协商解决。

(2)当委托人与承包人之间的合同争议提交仲裁机构仲裁或人民法院审理时，监理人应提供必要的证明资料。

(3)监理人应在专用条件约定的授权范围内，处理委托人与承包人所签订合同的变更事宜。如果变更超过授权范围，应以书面形式报委托人批准。

在紧急情况下，为了保护财产和人身安全，当监理人所发出的指令未能事先报委托人批准时，应在发出指令后的 24 h 内以书面形式报委托人。

(4)除专用条件另有约定的外，监理人发现承包人的人员不能胜任本职工作的，有权要求承包人予以调换。

4. 提交报告

监理人应按专用条件约定的种类、时间和份数向委托人提交监理与相关服务的报告。

5. 文件资料

在合同履行期内，监理人应在现场保留工作所用的图纸、报告及记录监理工作的相关文件。工程竣工后，应当按照档案管理规定将监理有关文件归档。

6. 使用委托人的财产

监理人无偿使用由委托人派遣的人员和提供的房屋、资料、设备。除专用条件另有约定外，委托人提供的房屋、设备属于委托人的财产，监理人应妥善使用和保管，在合同终止时将这些房屋、设备的清单提交委托人，并按专用条件约定的时间和方式移交。

四、合同生效后监理人的履行

监理合同一经生效，监理人就要按合同规定行使权利，履行应尽义务。

(1)确定项目总监理工程师，成立项目监理机构。每一个拟监理的工程项目，监理人都应根据工程项目规模、性质、委托人对监理的要求，委派称职的人员担任项目的总监理工程师，代表监理人全面负责该项目的监理工作。总监理工程师对内向监理人负责，对外向委托人负责。

在总监理工程师的具体领导下，组建项目的监理机构，并根据签订的监理委托合同，制订监理规划和具体的实施计划，开展监理工作。

一般情况下，监理人在承接项目监理业务时，在参与项目监理的投标、拟订监理方案（大纲），以及与委托人商签监理委托合同时，即应选派人员主持该项工作。在监理任务确定并签订监理委托合同后，该主持人即可作为项目总监理工程师。这样，项目的总监理工程师在承接任务阶段就介入，更能了解委托人的建设意图和对监理工作的要求，并能更好地与后续工作衔接。

(2)制订工程项目监理规划。工程项目的监理规划，是开展项目监理活动的纲领性文件，根据委托人委托监理的要求，在详细占有监理项目有关资料的基础上，结合监理的具体条件编制的开展监理工作的指导性文件。其内容包括工程概况、监理范围和目标、监理主要措施、监理组织、项目监理工作制度等。

(3)制订各专业监理工作计划或实施细则。在监理规划的指导下，为具体指导投资控制、质量控制、进度控制的进行，还需结合工程项目实际情况，制订相应的实施性计划或细则。

(4)根据制订的监理工作计划和运行制度，规范化地开展监理工作。

(5)监理工作总结归档。监理工作总结包括三部分内容。

第一部分是向委托人提交监理工作总结。其内容主要包括监理委托合同履行情况概述、监理任务或监理目标完成情况评价，由委托人提供的供监理活动使用的办公用房、车辆、试验设施等清单；表明监理工作终结的说明等。

第二部分是监理单位内部的监理工作总结。其内容主要包括监理工作的经验，可以是采用某种监理技术、方法的经验，也可以是采用某种经济措施、组织措施的经验，以及签订监理委托合同方面的经验；如何处理好与委托人、承包单位关系的经验等。

第三部分是监理工作中存在的问题及改进的建议，以指导今后的监理工作，并向政府有关部门提出政策建议，不断提高我国工程建设监理的水平。

在全部监理工作完成后，监理人应注意做好监理合同的归档工作。监理合同归档资料应包括监理合同(含与合同有关的在履行中与委托人之间进行的签证、补充合同备忘录、函件、电报等)、监理大纲、监理规划、在监理工作中的程序性文件(包括监理会议纪要、监理日记等)。

五、违约责任

1. 监理人的违约责任

监理人未履行合同义务的，应承担相应的责任。

（1）因监理人违反合同约定给委托人造成损失的，监理人应当赔偿委托人损失。赔偿金额的确定方法在专用条件中约定。监理人承担部分赔偿责任的，其承担赔偿金额由双方协商确定。

（2）监理人向委托人的索赔不成立时，监理人应赔偿委托人由此发生的费用。

2. 委托人的违约责任

委托人未履行合同义务的，应承担相应的责任。

（1）委托人违反合同约定造成监理人损失的，委托人应予以赔偿。

（2）委托人向监理人的索赔不成立时，应赔偿监理人由此引起的费用。

（3）委托人未能按期支付酬金超过 28 天，应按专用条件约定支付逾期付款利息。

3. 除外责任

（1）因非监理人的原因且监理人无过错，发生工程质量事故、安全事故、工期延误等造成的损失，监理人不承担赔偿责任。

（2）因不可抗力导致合同全部或部分不能履行时，双方各自承担因此而造成的损失。

4. 对监理人违约处理的规定

（1）当委托人发现从事监理工作的某个人员不能胜任工作或有严重失职行为时，有权要求监理人将该人员调离监理岗位。监理人接到通知后，应在合理的时间内调换该工作人员，而且不应让其在该项目上再承担任何监理工作。如果发现监理人或某些工作人员从被监理方获取任何贿赂或好处，将构成监理人严重违约。对于监理人的严重失职行为或有失职业道德的行为而使委托人受到损害的，委托人有权终止合同关系。

（2）监理人在责任期内因其过失行为而造成委托人损失的，委托人有权要求其给予赔偿。赔偿的计算方法是扣除与该部分监理酬金相适应的赔偿金，但赔偿总额不应超出扣除税金后的监理酬金总额。如果监理人员不按合同履行监理职责，或与承包人串通给委托人或工程造成损失的，委托人有权要求监理人更换监理人员，直到终止合同，并要求监理人承担相应的赔偿责任或连带赔偿责任。

5. 因违约终止合同

（1）委托人由于自身应承担责任原因要求终止合同。在合同履行过程中，由于发生严重的不可抗力事件、国家政策的调整或委托人无法筹措到后续工程的建设资金等情况，需要暂停或终止合同时，应至少提前 56 天向监理人发出通知，此后监理人应立即安排停止服务，并将开支减至最小。双方通过协商对监理人受到的实际损失给予合理补偿后，协议终止合同。

（2）委托人因监理人的违约行为要求终止合同。当委托人认为监理人无正当理由而又未履行监理义务时，可向监理人发出指明其未履行义务的通知。若委托人在发出通知后 21 天内没有收到监理人的满意答复，可在第一个通知发出后的 35 天内进一步发出终止合同的通知。委托人的终止合同通知发出后，监理合同即行终止，但不影响合同内约定各方享有的权利和应承担的责任。

（3）监理人因委托人的违约行为要求终止合同。如果委托人不履行监理合同中约定的义务，则应承担违约责任，赔偿监理人由此造成的经济损失。标准条件规定，监理方可在发生如下情况之一时单方面提出终止与委托人的合同关系。

1)在合同履行过程中，由于实际情况发生变化而使监理人被迫暂停监理业务时间超过半年。

2)委托人发出通知指示监理人暂停执行监理业务时间超过半年，且还不能恢复监理业务。

3)委托人严重拖欠监理酬金。

六、监理合同的酬金

监理人应在合同约定的每次应付款时间的 7 天前向委托人提交支付申请书。支付申请书应当说明当期应付款总额，并列出当期应支付的款项及其金额。支付的酬金包括正常工作酬金、附加工作酬金、合理化建议奖励金额及相关费用。

（一）正常监理工作的酬金

正常的监理酬金是监理单位在工程项目监理中所需的全部成本，再加上合理的利润和税金，具体应包括以下内容。

1. 直接成本

(1)监理人员和监理辅助人员的工资，包括津贴、附加工资、奖金等。

(2)用于该项工程监理人员的其他专项开支，包括差旅费、补助费等。

(3)监理期间使用与监理工作相关的计算机和其他检测仪器、设备的摊销费用。

(4)所需的其他外部协作费用。

2. 间接成本

间接成本包括全部业务经营开支和非工程项目的特定开支。

(1)管理人员、行政人员、后勤服务人员的工资。

(2)经营业务费，包括为招揽业务而支出的广告费等。

(3)办公费，包括文具、纸张、账表、报刊、文印费用等。

(4)交通费、差旅费、办公设施费(公司使用的水、电、气、环卫、治安等费用)。

(5)固定资产及常用工器具、设备的使用费。

(6)业务培训费、图书资料购置费。

(7)其他行政活动经费。

我国现行的建设工程监理与相关服务按照《建设工程监理与相关服务收费管理规定》(发改价格〔2007〕670 号文)标准收费，具体如下。

(1) 施工监理收费按照下列公式计算。

1)施工监理收费＝施工监理收费基准价×(1＋浮动幅度值)。

2)施工监理收费基准价＝施工监理收费基价×专业调整系数×工程复杂程度调整系数×附加调整系数。

(2) 施工监理收费基准价。施工监理收费基准价是按照本收费标准计算出的施工监理基准收费额，发包人与监理人根据项目的实际情况，在规定的浮动幅度范围内协商确定施工监理收费合同额。

(3)施工监理收费基价。施工监理收费基价是完成国家法律法规、行业规范规定的施工阶段基本监理服务内容的酬金。施工监理收费基价按《施工监理收费基价表》(附表二)中确定，计费额处于两个数值区间的，采用直线内插法确定施工监理收费基价。

（4）施工监理计费额。施工监理收费以建设项目工程概算投资额为计费额的，计费额为经过批准的建设项目初步设计概算中的建筑安装工程费、设备与工器具购置费和联合试运转费之和。

（二）附加监理工作的酬金

1. 增加监理工作时间的补偿酬金

$$报酬＝附加工作天数×\frac{合同约定的报酬}{合同中约定的监理服务天数}$$

2. 增加监理工作内容的补偿酬金

增加监理工作的范围或内容属于监理合同的变更，双方应另行签订补充协议，并具体商定报酬额或报酬的计算方法。

（三）奖金

监理人在监理过程中提出的合理化建议使委托人得到了经济效益，有权按专用条款的约定获得经济奖励。奖金的计算办法：奖励金额＝工程费用节省额×报酬比率。

委托人对监理人提交的支付申请书有异议时，应当在收到监理人提交的支付申请书后 7 天内，以书面形式向监理人发出异议通知。对于无异议部分的款项应按期支付，有异议部分的款项按约定办理。

七、协调双方关系条款

监理合同中对合同履行期间甲乙双方的有关联系、工作程序都做了严格、周密的规定，便于双方协调、有序地履行合同。

（一）合同生效、变更、暂停、解除与终止

1. 生效

除法律另有规定或者专用条件另有约定外，委托人和监理人的法定代表人或其授权代理人在协议书上签字并盖单位章后合同生效。

2. 变更

（1）任何一方提出变更请求时，双方经协商一致后可进行变更。

（2）除不可抗力外，因非监理人原因导致监理人履行合同期限延长、内容增加时，监理人应当将此情况与可能产生的影响及时通知委托人。增加的监理工作时间、工作内容应视为附加工作。附加工作酬金的确定方法在专用条件中约定。

（3）合同生效后，如果实际情况发生变化使得监理人不能完成全部或部分工作时，监理人应立即通知委托人。除不可抗力外，其善后工作及恢复服务的准备工作应为附加工作，附加工作酬金的确定方法在专用条件中约定。监理人用于恢复服务的准备时间不应超过 28 天。

（4）合同签订后，遇有与工程相关的法律法规、标准颁布或修订的，双方应遵照执行。由此引起监理与相关服务的范围、时间、酬金变化的，双方应通过协商相应调整。

（5）因非监理人原因造成工程概算投资额或建筑安装工程费增加时，正常工作酬金应做相应调整。调整方法在专用条件中约定。

（6）因工程规模、监理范围的变化导致监理人的正常工作量减少时，正常工作酬金应做相应调整。调整方法在专用条件中约定。

3. 暂停与解除

除双方协商一致可以解除合同外，当一方无正当理由未履行合同约定的义务时；另一方可以根据合同约定暂停履行合同直至解除合同。

（1）在合同有效期内，由于双方无法预见和控制的原因导致合同全部或部分无法继续履行或继续履行已无意义的，经双方协商一致，可以解除合同或监理人的部分义务。在解除之前，监理人应做出合理安排，使开支减至最小。

因解除合同或解除监理人的部分义务导致监理人遭受的损失，除依法可以免除责任的情况外，应由委托人予以补偿，补偿金额由双方协商确定。

小提示

> 解除合同的协议必须采取书面形式，协议未达成之前，合同仍然有效。

（2）在合同有效期内，因非监理人的原因导致工程施工全部或部分暂停，委托人可通知监理人要求暂停全部或部分监理工作。监理人应立即安排停止工作，并将开支减至最小。除不可抗力外，由此导致监理人遭受的损失应由委托人予以补偿。

暂停部分监理与相关服务时间超过 182 天，监理人可发出解除合同约定的该部分义务的通知；暂停全部工作时间超过 182 天，监理人可发出解除合同的通知，合同自通知到达委托人时解除。委托人应将监理与相关服务的酬金支付至合同解除日，且应承担《建设工程监理合同（示范文本）》（GF—2012—0202）适用条件第 4.2 款约定的责任。

（3）当监理人无正当理由未履行合同约定的义务时，委托人应通知监理人限期改正。若委托人在监理人接到通知后的 7 天内未收到监理人书面形式的合理解释，则可在 7 天内发出解除合同的通知，自通知到达监理人时合同解除。委托人应将监理与相关服务的酬金支付至限期改正通知到达监理人之日，但监理人应承担约定的责任。

（4）监理人在专用条件中约定的支付之日起 28 天后仍未收到委托人按合同约定应付的款项，可向委托人发出催付通知。委托人接到通知 14 天后仍未支付或未提出监理人可以接受的延期支付安排，监理人可向委托人发出暂停工作的通知并可自行暂停全部或部分工作。暂停工作后 14 天内监理人仍未获得委托人应付酬金或委托人的合理答复，监理人可向委托人发出解除合同的通知，自通知到达委托人时合同解除。委托人应承担约定的责任。

（5）因不可抗力致使合同部分或全部不能履行时，一方应立即通知另一方，可暂停或解除合同。

（6）合同解除后，合同约定的有关结算、清理、争议解决方式的条件仍然有效。

4. 终止

当以下条件全部满足时，合同即告终止。

（1）监理人完成合同约定的全部工作。

（2）委托人与监理人结清并支付全部酬金。

（二）争议解决

1. 协商

双方应本着诚信原则协商解决彼此间的争议。

2. 调解

如果双方不能在 14 天内或双方商定的其他时间内解决合同争议，可以将其提交给专用条件约定的或事后达成协议的调解人进行调解。

3. 仲裁或诉讼

双方均有权不经调解直接向专用条件约定的仲裁机构申请仲裁或向有管辖权的人民法院提起诉讼。

（三）其他

1. 外出考察费用

经委托人同意后，监理人员外出考察发生的费用由委托人审核后支付。

2. 检测费用

委托人要求监理人进行的材料和设备检测所发生的费用，由委托人支付，支付时间在专用条件中约定。

3. 咨询费用

经委托人同意，根据工程需要由监理人组织的相关咨询论证会，以及聘请相关专家等发生的费用由委托人支付，支付时间在专用条件中约定。

4. 奖励

监理人在服务过程中提出的合理化建议，使委托人获得经济效益的，双方在专用条件中约定奖励金额的确定方法。奖励金额在合理化建议被采纳后，与最近一期的正常工作酬金同期支付。

5. 守法诚信

监理人及其工作人员不得从与实施工程有关的第三方处获得任何经济利益。

6. 保密

双方不得泄露对方申明的保密资料，也不得泄露与实施工程有关的第三方所提供的保密资料，保密事项在专用条件中约定。

7. 通知

合同涉及的通知均应当采用书面形式，并在送达对方时生效，收件人应书面签收。

8. 著作权

监理人对其编制的文件拥有著作权。

监理人可单独或与他人联合出版有关监理与相关服务的资料。除专用条件另有约定外，对于监理人在合同履行期间及合同终止后两年内出版涉及本工程的有关监理与相关服务的资料，应当征得委托人的同意。

项目小结

本项目主要介绍了监理合同的概念、作用、特点、形式，监理合同示范文本，监理合同的订立，监理合同的履行管理等内容。通过本项目的学习，学生可以对建设工程监理合同有一定的认识，能在工作中正确应用。

课后练习

1. 人们经常采用的监理合同形式有哪几种？
2. 简述《建设工程监理合同(示范文本)》(GF—2012—0202)的组成。
3. 监理人的违约责任有哪些？
4. 什么是监理人应当完成的正常工作和附加工作？
5. 委托人的协助工作内容是什么？

项目七　建设工程物资采购合同及其他合同

项目引例

某建设单位与某监理公司签订了某工程施工阶段的监理合同，与承包商签订了施工合同。工程施工中发生了如下事件。

(1)承包人按合同规定负责采购该工程的材料设备，并提供产品合格证明。在材料设备到货前，承包人按合同规定时间通知工程师清点，工程师在清点时发现材料的实际质量与产品合格证明不符，采购的设备要求也不符。

课件：建设工程
物资采购合同
及其他合同

(2)合同约定：该工程的门窗安装普通玻璃，颜色未明确。承包人认为白玻透光性好，性价比高，又不宜过时，属大众化产品，故采购了白玻。施工后业主认为，绿色是近两年的流行色，绿玻美观、时尚，又有一定的防紫外线功能，要求改装绿玻。承包人不同意，由此双方产生了争议。

问题：

(1)对于合同约定由承包人采购材料设备的，在质量控制方面对承包人有什么要求？

(2)对本案中发生的材料设备质量问题，监理工程师应如何处理？

职业能力

1. 具备物资采购合同编制能力。
2. 能进行物资采购合同的订立、纠纷与索赔处理，建设工程物资采购合同管理。

职业道德

培养学生的建设工程合同法律意识，树立契约精神，增强专业及职业素养。理解工作中劳动合同的重要意义。

任务一　建设工程物资采购合同

任务导读

建设工程物资采购合同是指平等主体的自然人、法人、其他组织之间为实现建设工程物资买卖，设立、变更、终止相互权利义务关系而签订的协议。

1. 了解建设工程物资采购合同特点及分类，掌握材料采购合同的主要条款及内容，材料采购合同的订立法。

2. 了解建设工程中设备供应方式，掌握设备采购合同的主要条款及内容、设备采购合同订立的方法。

3. 熟悉材料采购合同履行、设备采购合同履行的流程。

一、建设工程物资采购合同的特点及分类

1. 建设工程物资采购合同的特点

建设工程物资采购合同属于买卖合同，具有买卖合同的一般特点：出卖人与买受人订立买卖合同，是以转移财产所有权为目的；买卖合同的买受人取得财产所有权，必须支付相应的价款；出卖人转移财产所有权，必须以买受人支付价款为对价；买卖合同是双务、有偿合同。所谓双务、有偿是指合同双方互负一定义务，出卖人应当保质、保量、按期交付合同订购的物资、设备，买受人应当按合同约定的条件接收货物并及时支付货款；买卖合同是诺成合同。除了法律有特殊规定的情况，当事人之间意思表示一致，买卖合同即可成立，并不以实物的交付为合同成立的条件。

建设工程物资采购合同与项目的建设密切相关，其特点主要表现：建设工程物资采购合同的买受人即采购人，可以是发包人，也可以是承包人。采购合同的出卖人即供货人，可以是生产厂家，也可以是从事物资流转业务的供应商；建设工程物资采购合同的标的品种繁多，供货条件差异较大；建设物资采购合同视标的的特点，合同涉及的条款繁简程度差异较大。建筑材料采购合同的条款一般限于物资交货阶段，主要涉及交接程序、检验方式和质量要求、合同价款的支付等。大型设备的采购，除了交货阶段的工作，往往还需包括设备生产阶段、设备安装调试阶段、设备试运行阶段、设备性能达标检验和保修等方面的条款约定。

2. 建设工程物资采购合同的分类

按照不同的标准，建设工程物资采购合同可以有不同的分类。

(1)按照标的不同，建设工程物资采购合同可以分为材料采购合同和设备采购合同。材料采购合同采购的是建筑材料，是指用于建筑和土木工程领域的各种材料的总称，如钢材、木材、玻璃、水泥、涂料等，也包括用于建筑设备的材料，如电线、水管等。设备采购合同采购的设备，既可能是安装于工程中的设备，如安装在电力工程中的发电机、发动机等，也包括在施工过程中使用的设备，如塔式起重机等。

(2)按照履行时间的不同，建设工程物资采购合同可以分为即时买卖合同和非即时买卖合同。即时买卖合同是指当事人双方在买卖合同成立的同时，就履行了全部义务，即移转了材料设备的所有权、价款的占有。即时买卖合同以外的合同就是非即时买卖合同。由于建设工程物资采购合同的标的数量较大，一般采用非即时买卖合同。非即时买卖合同的表现有很多种。在建设工程物资采购合同中比较常见的是货样买卖、试用买卖、分期交付买

卖和分期付款买卖等。货样买卖是指当事人双方按照货样或样本所显示的质量进行交易。凭样品买卖的当事人应当封存样品，并可以对样品质量予以说明。出卖人交付的标的物应当与样品及其说明的质量相同。凭样品买卖的买受人不知道样品有隐蔽瑕疵的，即使交付的标的物与样品相同，出卖人交付的标的物质量仍然应当符合同类标的物的通常标准。试用买卖是指出卖人允许买受人试验其标的物、买受人认可后再支付价款的交易。试用买卖的当事人可以约定标的物的试用期间，试用买卖的买受人在试用期内可以购买标的物，也可以拒绝购买。试用期间届满，买受人对是否购买标的物未做表示的，视为购买。分期交付买卖是指购买的标的物要分批交付。由于工程建设的工期较长，这种交付方式很常见。出卖人分批交付标的物的，出卖人对其中一批标的物不交付或者交付不符合约定，致使该批标的物不能实现合同目的的，买受人可以就该批标的物解除。出卖人不交付其中一批标的物或者交付不符合约定，致使今后其他各批标的物的交付不能实现合同目的的，买受人可以就该批及今后其他各批标的物解除。买受人如果就其中一批标的物解除，该批标的物与其他各批标的物相互依存的，可以就已经交付和未交付的各批标的物解除。分期付款买卖是指买受人分期支付价款。在工程建设中，这种付款方式也很常见。分期付款的买受人未支付到期价款的金额达到全部价款的五分之一的，出卖人可以要求买受人支付全部价款或者解除合同。出卖人解除合同的，可以向买受人要求支付该标的物的使用费。

（3）按照合同订立方式的不同，建设工程物资采购合同可以分为竞争买卖合同和自由买卖合同。竞争买卖包括招标投标和拍卖。在建设工程领域，一般通过招标投标来竞争。竞争买卖以外的交易则是自由买卖。

二、建设工程物资采购合同订立

（一）材料采购合同订立

1. 材料采购合同的订立方式

材料采购合同的订立方式包括公开招标，邀请招标，询价、报价、签订合同及直接订购。公开招标即由招标单位公开发布招标公告，邀请不特定的法人或者其他组织投标，按照法定程序在符合条件的材料供应商中择优选择中标单位。大宗材料采购通常采用公开招标方式进行。邀请招标即招标人以投标邀请书的方式邀请特定的法人或其他组织投标，只有接到投标邀请书的法人或其他组织才能参加投标。招标人一般必须向三个以上的潜在投标人发出邀请。询价、报价、签订合同即物资买方向若干材料供应商发出询价函，要求在规定的期限内提供报价，在收到厂商的报价后，经过比较，选出报价合理的材料供应商，与其签订合同。直接订购即由材料买方直接向材料供应商报价，材料供应商接受报价并签订合同。

2. 材料采购合同的主要条款及内容

材料采购合同的主要条款及内容见表 7-1。

表 7-1　材料采购合同的主要条款及内容

序号	主要条款	内容
1	双方当事人的名称、地址，法定代表人的姓名	委托代理的，应有授权委托书并注明委托代理人的姓名、职务等

序号	主要条款	内容
2	合同标的	合同标的是供货合同的主要条款，主要包括采购材料的名称(注明牌号、商标)、品种、型号、规格、等级、花色、技术标准等，这些内容应符合施工合同的规定
3	技术标准和质量要求	质量条款应明确各类材料的技术要求、试验项目、试验方法、试验频率，以及国家强制性标准、行业强制性标准
4	材料的数量及计量方法	材料数量的确定由当事人协商，应以材料清单为依据，并规定交货数量的正负尾差、合理磅差和在途自然减(增)量、计量方法，计量单位采用国家规定的度量标准。计量方法按国家的有关规定执行；没有规定的，可由当事人协商执行。一般建筑材料数量的计量方法有理论换算计量、检斤计量和计件计量，应在合同中注明具体采用何种方式，并明确规定相应的计量单位
5	材料的包装	材料的包装是保护材料在储运过程中免受损坏不可缺少的环节。材料的包装条款包括包装的标准、包装物的供应及回收。包装的标准是材料包装的类型、规格、容量，以及印刷标记等，可按国家和有关部门规定的标准签订，当事人有特殊要求的，可由双方商定标准，但应保证材料包装适合材料的运输方式，并根据材料特点采取防潮、防雨、防锈、防震、防腐蚀等保护措施。同时，还应在合同中规定提供包装物的当事人及包装品的回收等。除国家明确规定由买方供应外，包装物应由建筑材料的卖方负责供应。包装费用一般不得向需方另外收取，如果买方有特殊要求，双方应当在合同中商定。如果包装超过原定的标准，超过部分由买方负担费用；低于原定标准的，应相应降低产品价格
6	材料的交付方式	材料交付可采取送货、自提和代运三种方式。由于工程用料数量大、体积大、品种繁杂、时间性较强，当事人应采取合理的交付方式，明确交货地点，以便及时、准确、安全、经济地履行合同
7	材料的交货期限	材料的交货期限应在合同中明确约定
8	材料的价格	材料的价格应在订立合同时明确，可以是约定价格，也可以是政府指定价或指导价
9	结算	结算指买卖双方对材料货款、实际交付的运杂费和其他费用进行货币结算和了结的一种形式。我国现行结算方式分为现金结算和转账结算两种。若转账结算在异地之间进行，可分为托收承付、委托收款、信用证、汇兑或限额结算等方法；若转账结算在同城进行，有支票、付款委托书、托收无承付和同城托收承付等方式
10	违约责任	在合同中，当事人应对违反合同所负的经济责任作出明确规定
11	特殊条款	如果双方当事人对一些特殊条件或要求达成一致意见，也可在合同中明确规定，成为合同的条款。当事人就以上条款达成一致意见形成书面协议后，经由当事人签名盖章即产生法律效力；若当事人要求签证或公证，则经鉴证机构或公证机关盖章后方可生效
12	争议的解决方式	一般先经过协商、调节的方式解决，调解不成的可申请仲裁或依法向人民法院起诉

(二)设备采购合同订立

1. 建设工程中设备供应方式

建设工程中设备供应方式主要有委托承包、按设备包干和招标投标三种。委托承包是指由设备供应商根据发包单位提供的成套设备清单进行承包供应，并收取一定的成套业务费，其费率由双方根据设备供应的时间、供应的难度、是否需要进行技术咨询和开展现场服务的范围等情况商定。按设备包干是指根据发包单位提出的设备清单及双方核定的设备预算总价，由设备供应商承包供应。招标投标是指发包单位对需要的成套设备进行招标，设备供应商参加投标，按照中标价格承包供应。

2. 设备采购合同的内容

设备采购合同的内容包括约首、正文和约尾。约首即合同的开头部分，包括项目名称、合同号、签约日期、签约地点、双方当事人名称或姓名、地址等条款。正文即合同的主要内容，包括合同文件、合同范围和条件、货物及数量、合同金额、付款条件、交货时间和交货地点、验收方法、现场服务、保修内容、合同生效等条款。其中合同文件包括合同条款、投标格式和投标人提交的投标报价表、要求一览表(含设备名称、品种、型号、规格、等级等)、技术规范、履约保证金、规格响应表、买方授权通知书等；货物及数量(含计量单位)、交货时间和交货地点等均在要求一览表中明确；合同金额指合同的总价，分项价格则在投标报价表中确定。约尾即合同的结尾部分，规定本合同生效条件，具体包括双方的名称、签字盖章及签字时间、地点等。

3. 设备采购合同的主要条款及内容

设备采购合同的主要条款及内容见表7-2。

表7-2 设备采购合同的主要条款及内容

序号	主要条款	内容
1	定义	对合同的术语做统一解释
2	技术规范	除应注明成套设备系统的主要技术性能外，还要在合同后附上说明各部分设备的主要技术标准和技术性能的文件。提供和交付的货物的技术规范应与合同文件的规定相一致
3	专利权	若合同中的设备涉及某些专利权的使用问题，卖方应保证买方在使用该货物或其他任何一部分时不被第三方起诉侵犯其专利权、商标权和工业设计权
4	包装要求	卖方提供的货物包装应适应运输、装卸、仓储的要求，确保货物完全无损地运抵现场，并在每个包装箱内附一份详细装箱单和质量合格证，在包装箱表面做醒目的标志
5	装运条件及装运通知	卖方应在合同规定的交货期前30天内以电报或电传形式将合同号、货物名称、数量、包装箱号、总毛重、总体积和备妥交货日期通知买方。同时，还应用挂号信将详细交货清单，以及货物运输、仓储的特殊要求和注意事项通知买方。如果卖方交货超过合同的数量和质量，产生的一切法律后果由卖方负责。卖方在货物装完24 h内以电报或电传的方式通知买方
6	保险	根据合同采用的不同价格，由不同当事人办理保险业务。出厂价合同，货物装运后由买方办理保险；目的地交货价合同，由卖方办理保险
7	交付	合同中应规定卖方交付设备的期限、地点、方式，并规定买方支付货款的时间、数额、方式。卖方按合同规定履行义务后，可按买方提供的单据，将一套资料寄给买方，并在发货时另行随货物发运一套
8	质量保证	卖方须保证货物是全新的、未使用过的、完全符合合同规定的质量、规格和性能的要求。在货物最终验收后的质量保证期内，卖方应对由于设计、工艺或材料的缺陷而发生的任何不足或故障负责，费用由卖方负担

序号	主要条款	内容
9	检验与保修	在发货前，卖方应对货物的质量、规格、性能、数量和质量等进行准确而全面的检验，并出具证书，但检验结果不能视为最终检验结果。成套设备的安装是一项复杂的工程，安装成功后，试车是关键。因此，合同中应详细注明成套设备的验收方法，买方应在项目成套设备安装后才能验收。某些必须安装运转后才能发现内在质量缺陷的成套设备，除另有规定或当事人另行商定提出异议的期限外，一般可在运转之日起6个月内提出异议。成套设备是否保修、保修期限、费用负担者都应在合同中明确规定
10	违约罚款	在履行合同的过程中，卖方如果不能按时交货或提供服务，应及时以书面形式通知买方，并说明不能交货的理由及延误时间。买方在收到通知后，可通过修改合同酌情延长交货时间。如果卖方毫无理由地拖延交货，买方可没收履约保证金，加收罚款或终止合同
11	不可抗力	发生不可抗力事件后，受事故影响一方应及时书面通知另一方，双方协商延长合同履行期限或解除合同
12	履约保证金	卖方应在收到中标通知书30天内，通知银行向买方提供相当于合同总价10%的履约保证金，其有效期到货物保证期满为止
13	争议的解决	执行合同过程中发生的争议，双方应通过友好协商解决，如协商不能解决，当事人可通过仲裁解决或诉讼解决，具体解决方式应在合同中明确规定
14	破产终止合同	卖方破产或无清偿能力时，买方可以书面形式终止合同，并有权请求卖方赔偿有关损失
15	转让或分包	双方应就卖方能否完全或部分转让其应履行的合同义务达成一致意见
16	其他	包括合同生效时间、合同正副本份数、修改或补充合同的程序等

📝 真题解读

1. 公开招标方式与邀请招标方式相比，在招标程序上的主要区别是(　　)。(2023年全国监理工程师职业资格考试真题)

A. 增加招标投标文件形式审查环节　　　　B. 增加投标文件相应性审查环节

C. 设置资格预审程序　　　　　　　　　　D. 设置资格后审程序

【精析】公开招标是指招标人以招标公告的方式邀请不特定的法人或者其他组织投标，这种投标方式于邀请招标方式在招标程序上的主要区别是需要设置资格预审程序。

2. 施工单位采购大宗建筑材料，与材料供应商签订的合同属于(　　)合同。(2022年全国监理工程师职业资格考试真题)

A. 委托　　　　　　B. 承揽　　　　　　C. 买卖　　　　　　D. 建设工程

【精析】材料设备的采购合同按照所需采购物品的特点可以分为两类，分别为加工承揽合同和买卖合同。其中，施工单位采购一些通用型批量生产的中小型设备或者大宗建筑材料，与材料供应商签订的合同属于买卖合同。

3. 根据《标准设计施工总承包招标文件》，自监理人收到承包人的设计文件之日起，对设计文件的审查期限不应超过(　　)天。

A. 21　　　　　　　B. 28　　　　　　　C. 42　　　　　　　D. 56

【精析】根据《标准设计施工总承包招标文件》，除合同中另有约定的外，自监理人收到承包人的设计之日起，对设计文件的审查期限不应超过21天。承包人的设计文件对于合同约定有偏离的，应在通知中说明。

三、建设工程物资采购合同履行

(一)材料采购合同履行

1. 材料采购合同履行要求

材料采购合同订立后，应依据《民法典》中的规定全面、实际地履行。

(1)按约定的标的履行。卖方交付的货物的名称、品种、规格、型号必须与合同规定相一致，除非买方同意，不允许以其他货物代替合同标的，也不允许以支付违约金或赔偿金的方式代替履行合同。

(2)按合同规定的期限、地点交付货物。交付货物的日期应在合同规定的期限内，实际交付的日期早于或迟于合同规定的交付期限的，即视为延期交货。提前交付的，买方可拒绝接受。逾期交付的，卖方应当承担逾期交付的责任。如果逾期交货，买方不再需要，应当接到卖方交货通知后15天内通知卖方，逾期不答复的，视为同意延期交货。

合同当事人应在合同指定的地点交付。合同双方当事人应当约定交付标的物的地点，如果当事人没有约定交付地点或者约定不明确，事后又没有达成补充协议，也无法按照合同有关条款或者交易习惯确定的，则适用下列规定：标的物需要运输的，卖方应当将标的物交付给第一承运人以运交给对方；标的物不需要运输的，买卖双方在订立合同时的卖方经营地交付标的物。

(3)按合同规定的数量和质量交付货物。对于交付货物的数量，应当场检验、清点账目后，由双方当事人签字。对质量的检验，外在质量可当场检验，内在质量需做物理或化学试验的，试验的结果为验收的依据。卖方在交货时，应将验收资料交买方据以验收。材料的验收对买方来说，既是一项权利，也是一项义务。买方收到标的物后，应当在约定的检验期间内检验；没有约定检验期间的，应当及时检验。

当事人约定了检验期间的，买方应当在检验期间内将标的物的数量或者质量不符合约定的情形通知卖方。买方怠于通知的，视为标的物的数量或者质量符合约定。当事人没有约定检验期间的，买方应当在发现或者应当发现标的物的数量或者质量不符合约定的合理期间内通知卖方。买方在合理期间内未通知或者自标的物收到之日起两年内未通知卖方的，视为标的物的数量或者质量符合约定；但标的物有质量保证期的，应适用质量保证期，不适用该两年的规定。卖方知道或者应当知道提供的标的物不符合约定的，买方不受前两款规定的通知时间的限制。

(4)买方的义务。买方在验收材料后，应按合同规定履行支付义务，否则承担法律责任。

(5)违约责任。对于卖方的违约责任，即卖方不能交货的，应向买方支付违约金；卖方所交货物与合同规定不符的，应根据情况由卖方负责退换，赔偿由此造成的买方损失；卖方承担不能按合同规定期限交货的责任或提前交货的责任。

对于买方的违约责任，即买方中途退货的，应向卖方偿付违约金；逾期付款的，应按中国人民银行关于延期付款的规定向卖方偿付逾期付款违约金。

2. 标的物的风险承担

这里的风险，是指标的物因不可归责于任何一方当事人的事由而遭受的意外损失。一般情况下，标的物毁损、灭失的风险，在标的物交付之前由卖方承担，交付之后由买方承担。

因买方的原因致使标的物不能按约定的期限交付的，买方应当自违反约定之日起承担标的物毁损、灭失的风险。卖方出卖交由承运人运输的在途中的标的物，除当事人另有约定的以外，毁损、灭失风险自合同成立时起由买方承担。卖方未按约定交付有关标的物的单证和资料的，不影响标的物毁损、灭失风险的转移。

3. 不当履行合同处理

卖方多交标的物的，买方可以接受或者拒绝接受多交部分。买方接受多交部分的，按照合同的价格支付价款；买方拒绝接受多交部分的，应当及时通知出卖人。因标的物的主物不符合约定而解除合同的，解除合同的效力及于从物；因标的物的从物不符合约定而解除合同的，解除合同的效力不及于主物。

4. 监理工程师对材料采购合同管理

监理工程师应对材料采购合同及时进行统一编号管理。监理工程师应监督材料采购合同符合项目施工合同的描述，指明标的物的质量等级及技术要求，并对采购合同的履行期限进行控制。监理工程师应对进场材料进行全面检查和检验，如果认为所检查或检验的材料有缺陷或不符合合同要求，监理工程师可拒收这些材料，并指示在规定的时间内将材料运出现场；监理工程师也可指示用合格适用的材料取代原来的材料。应从投资控制、进度控制或质量控制的角度对执行中可能出现的问题和风险进行全面分析，防止由于材料采购合同的执行原因造成施工合同不能全面履行。

(二)设备采购合同履行

1. 设备采购合同履行要求

(1)交付货物。卖方应按合同规定，按时、按质、按量地履行供货义务，并做好现场服务工作，及时解决有关设备的技术、质量、缺损件等问题。

(2)验收交货。买方应及时对卖方交付的货物进行验收，依据合同规定对设备的质量及数量进行核实检验，如有异议，应及时与卖方协商解决。

(3)结算。买方检验卖方交付的货物没有发现问题时，应按合同的规定及时付款；如果发现问题，在卖方及时处理达到合同要求后，也应及时履行付款义务。

(4)违约责任。在合同履行过程中，任何一方都不应借故延迟履行或拒绝履行合同义务；否则应追究违约当事人的法律责任。卖方交货不符合合同规定的，如交付的设备不符合合同规定，或交付的设备未达到质量、技术要求，或数量、交货日期等与合同规定不符，卖方应承担违约责任。卖方中途解除合同的，买方可采用合理的补救措施，并要求卖方赔偿损失。买方在验收货物后，不能按期付款的，应按中国人民银行有关延期付款的规定交付违约金。买方中途退货的，卖方可采取合理的补救措施，并要求买方赔偿损失。

2. 监理工程师对设备采购合同管理

监理工程师应对设备采购合同及时编号，统一管理。监理工程师参与设备采购合同的订立。监理工程师可参与设备采购的招标工作，参加招标文件的编写，提出对设备的技术要求及交货期限的要求。监理工程师监督设备采购合同的履行。在设备的制造期间，监理工程师有权对全部工程设备的材料和工艺进行检查、研究和检验，同时检查其制造进度。根据合同规定或取得承包方的同意后，监理工程师可将工程设备的检查和检验授权给一家独立的检验单位进行。

监理工程师认为检查、研究或检验的结果是设备有缺陷或不符合合同规定的，可拒收此类工程设备，并立即通知承包方。

小提示

任何工程设备必须得到监理工程师的书面许可后方可运至现场。

案例

某建筑公司迫切需要 100 t 水泥。该建筑公司同时向某县甲、乙两家水泥厂发函。函件中称："如贵厂有 32.5 级矿渣水泥现货（袋装），吨价不超过 400 元，请于接到信后 15 日内发货 100 t，货到付款，运费由供方承担。"甲水泥厂接信后当天回信，表示愿以吨价 400 元发货 100 t，建筑公司回电同意。乙水泥厂与甲水泥厂同时接到建筑公司要货的信件，便积极组织货源。在接信后的第 10 天，乙水泥厂将 100 t 袋装水泥装车，直接送至某建筑公司。某建筑公司拒收乙水泥厂送来的货物，理由是本仅需要 100 t 水泥，已与甲水泥厂建立了合同关系；给乙水泥厂发函只是在协商，不具有法律约束力。乙水泥厂不服，向人民法院提起诉讼。

分析：

乙水泥厂与某建筑公司之间的合同已经有效成立，该建筑公司应当接受乙水泥厂送来的货物。

本案例中，某建筑公司同时向甲、乙两家水泥厂发函。函件中，已包含着足以使合同成立的必备条款。因此，两份函件均已构成有效要约。在要约有效期内，作为要约人的建筑公司应受该要约的约束。某建筑公司所提出的"给乙水泥厂发函只是协商，不具有法律约束力"的观点是不能成立的。作为受要约人的乙水泥厂虽未在要约确定的期限内以通知的方式作出承诺的表示，但其实际履行本身已足以视为对要约的承诺。根据《民法典》第四百八十条的规定："承诺应当以通知的方式作出，但根据交易习惯或者要约表明可以通过行为作出承诺的除外。"建筑公司所发出的要约即包含了可以行为作出承诺的内容。因此，乙水泥厂与某建筑公司之间已因前者对后者的要约的有效承诺而建立了合法有效的合同关系。既然某建筑公司与乙水泥厂已建立合法有效的合同关系，那么，拒收乙水泥厂的货物就是一种违约行为。本案例中，乙水泥厂在某建筑公司所发出的要约所规定的期限内，是一种以实际履行对要约的承诺，若某建筑公司拒收货物则要承担违约责任。

任务二　承揽合同

任务导读

承揽合同是日常生活中除买卖合同外最为常见和普遍的合同，也是工程建设中常见的一种合同。承揽合同是诺成、有偿、双务、非要式合同，承揽人必须按照定作人的要求完成一定的工作，但定作人的目的不是工作过程，而是工作成果，这是与单纯提供劳务的合同的不同之处。

1. 了解承揽合同的概念及特点，掌握承揽合同的订立方式。
2. 熟悉承揽合同的主要条款，熟悉承揽人的履行、定作人的履行。

一、承揽合同的概念及特点

1. 承揽合同的概念

《民法典》第七百七十条对承揽合同所下定义为："承揽人按照定作人的要求完成工作，交付工作成果，定作人支付报酬的合同。"在承揽合同中，完成工作并交付工作成果的一方为承揽人；接受工作成果并支付报酬的一方称为定作人。

承揽合同具有多种多样的具体形式。按照《民法典》第七百七十条的规定，承揽包括加工、定作、修理、复制、测试、检验等工作，因而也就有相应类型的合同。

2. 承揽合同的特点

承揽合同是诺成、有偿、双务、非要式合同，具有以下特征。

（1）承揽合同以完成一定的工作并交付工作成果为标的。在承揽合同中，承揽人必须按照定作人的要求完成一定的工作，但定作人的目的不是工作过程，而是工作成果，这是与单纯的提供劳务的合同的不同之处。按照承揽合同所要完成的工作成果可以是体力劳动成果，也可以是脑力劳动成果；既可以是物，也可以是其他财产。

（2）承揽合同的标的物具有特定性。承揽合同是为了满足定作人的特殊要求而订立的，因而定作人对工作质量、数量、规格、形状等的要求使承揽标的物特定化，使它同市场上的物品有所区别，以满足定作人的特殊需要。

（3）承揽人工作具有独立性。承揽人以自己的设备、技术、劳力等完成工作任务，不受定作人的指挥管理，独立承担完成合同约定的质量、数量、期限等责任，在交付工作成果之前，对标的物意外灭失或工作条件意外恶化风险所造成的损失承担责任。故承揽人对完成工作有独立性，这种独立性受到限制时，其承受意外风险的责任也可相应减免。

（4）承揽合同具有一定人身性质。承揽人一般必须以自己的设备、技术、劳力等完成工作并对工作成果的完成承担风险。承揽人不得擅自将承揽的工作交给第三人完成，且对完成工作过程中遭受的意外风险负责。但是如果经过定作人的同意，承揽人可以将承揽的主要工作交由第三人，但需要注意的是工程成果承揽人还是要负责的。

二、承揽合同的订立方式

承揽合同是诺成、不要式合同，当事人可任意选择口头形式、书面形式和其他形式。

书面式合同形式有较强的证据力，在发生纠纷时便于取证；而口头合同的证据力较差，在发生纠纷时不易证明合同的存在及相关内容，双方一旦发生纠纷，难以得到确切的证据，常常因无据可查而不易分清责任。因此，当事人应尽量采取书面形式。书面形式虽然比较复杂，但通过书面文字可以使双方权利、义务更加明确、详尽、具体、肯定地表示出来，这不仅大大加强了签约双方的责任心，敦促各方恪守合同，而且一旦发生纠纷，书面承揽合同也可以成为可信的书证，成为人民法院和仲裁机构正确裁决案件的重要根据。因此，当事人应尽量采取书面形式签订合同，虽说书面形式有可能会减少缔约的机会，但与可能引发违约而造成的损失，甚至不得不提起诉讼的后果相比，仍然是微不足道的。当然，对于那些能够即时清结的承揽合同，如少量的复印、修理、快速扩充等，自无订立书面合同的必要。

三、承揽合同的主要条款

承揽合同通常有以下主要条款。

(1)承揽的标的。它是承揽合同规定的工作，也可叫承揽的品名或项目。

(2)数量和质量。承揽合同标的物的数量和质量应明确、具体地加以规定。

(3)报酬或酬金。承揽合同应对报酬或酬金作出明确规定，包括报酬的数量、支付方式、支付期限等。

(4)承揽方式。承揽人必须以自己的设备、技术和劳动力完成主要工作，但可以将辅助工作交由第三人完成。

(5)材料的提供。在承揽合同中，用于完成承揽工作的材料是很重要的。因此，《民法典》第七百七十四条、第七百七十五条分别就材料的提供进行了规定。承揽人提供材料的，承揽人应当按照约定选用材料，并接受定作人检验。而定作人提供材料的，应当按照约定提供材料。

(6)履行期限。承揽合同应对承揽工作的履行期限做出具体规定。履行期限包括完成工作的期限、交付定作物的时间、移交工作成果的时间、交付报酬的时间等。这些期限都应在合同中明确、具体地加以规定。

(7)验收标准和方法。验收由定作人进行，主要就承揽人完成工作在数量、质量等方面是否符合承揽合同的约定加以检验。

小提示

> 除上述条款外，承揽合同还应就结算方式、违约责任等进行规定。

四、承揽合同的履行

1. 承揽人的履行

承揽人应当以自己的设备、技术和劳力完成主要工作，但当事人另有约定的除外。承揽人可以将承揽的辅助工作交由第三人完成。承揽人将其承揽的辅助工作交由第三人完成的，应当就该第三人完成的工作成果向定作人负责。

如果合同约定由承揽人提供材料，承揽人应当按照约定选用材料，并接受定作人检验。如果是定作人提供材料，承揽人应当及时检验，发现不符合约定的，应当及时通知定作人更换、补齐或者采取其他补救措施。承揽人发现定作人提供的图纸或者技术要求不合理，应当及时通知定作人。

承揽人在工作期间应当接受定作人必要的监督检验。定作人不得因监督检验妨碍承揽人的正常工作。承揽人完成工作，应当向定作人交付工作成果，并提交必要的技术资料和有关质量证明。

2. 定作人的履行

定作人应当按照约定的期限支付报酬。定作人未向承揽人支付报酬或者材料费等价款，承揽人对完成的工作成果享有留置权。

承揽工作需要定作人协助的，定作人有协助的义务。定作人不履行协助义务致使承揽工作不能完成的，承揽人可以催告定作人在合理期限内履行义务，并可以顺延履行期限；定作人逾期不履行的，承揽人可以解除合同。

如果合同约定由定作人提供材料，定作人应当按照约定提供材料。承揽人通知定作人提供的图纸或者技术要求不合理后，因定作人怠于答复等原因造成承揽人损失的，应当赔偿损失。

定作人中途变更承揽工作的要求，造成承揽人损失的，应当赔偿损失。定作人可以随时解除承揽合同，造成承揽人损失的，应当赔偿损失。定作人可以变更和解除承揽合同，这是对定作人的特别保护。因为定作物往往是为了满足定作人的特殊需要而存在，如果定作人需要的定作物发生变化，或者根本不再需要定作物，再按照合同约定制作定作物将没有任何意义。

任务三 技术合同

任务导读

技术合同是当事人就技术开发、转让、许可、咨询或者服务订立的确立相互之间权利和义务的合同。技术合同履行环节多，履行期限长。技术合同的法律调整具有多样性。当事人一方具有特定性，通常应当是具有一定专业知识或技能的技术人员。

任务目标

1. 了解技术合同的概念及特点，熟悉技术合同的种类。
2. 掌握技术合同的种类，掌握技术合同的主要条款。
3. 熟悉技术合同的订立方式及原则。

知识准备

一、技术合同的概念及特点

1. 技术合同的概念

技术合同是当事人就技术开发、转让、咨询或者服务订立的确立相互之间权利义务关系的合同，是技术开发合同、技术转让合同、技术咨询合同和技术服务合同的总称。《民法典》第八百四十三条对技术合同所下定义是：技术合同是当事人就技术开发、转让、许可、咨询或者服务订立的确立相互之间权利和义务的合同。订立技术合同，应当有利于知识产权的保护和科学技术的进步，促进科学技术成果的研发、转化、应用和推广。

2. 技术合同的特点

(1)技术合同的标的与技术有密切联系，不同类型的技术合同有不同的技术内容。技术转让合同的标的是特定的技术成果，技术服务与技术咨询合同的标的是特定的技术行为，技术开发合同的标的兼具技术成果与技术行为的内容。

(2)技术合同履行环节多，履行期限长，价款、报酬或使用费的计算较为复杂，一些技术合同的风险性很强。

(3)技术合同的法律调整具有多样性。技术合同标的物是人类智力活动的成果，这些技术成果中许多是知识产权法调整的对象，涉及技术权益的归属、技术风险的承担、技术专利权的获得、技术产品的商业标记、技术的保密、技术的表现形式等，受《中华人民共和国专利法》《中华人民共和国商标法》《中华人民共和国商业秘密法》《反不正当竞争法》《中华人民共和国著作权法》等法律的调整。

(4)当事人一方具有特定性，通常应当是具有一定专业知识或技能的技术人员。

(5)技术合同是双务、有偿合同。

二、技术合同的种类

技术合同分为技术开发合同、技术转让合同、技术咨询合同和技术服务合同四类。

1. 技术开发合同

技术开发合同是指当事人之间就新技术、新产品、新工艺或者新材料及其系统的研究开发所订立的合同。其客体是尚不存在的有待开发的技术成果，其风险由当事人共同承担。

技术开发合同可以分为委托开发合同和合作开发合同。在委托开发合同中，委托方的义务是按照合同约定支付研究开发费用和报酬，完成协作事项并按期接受研究开发成果。受托方即研究开发方的义务，是合理使用研究开发费用，按期完成研究开发工作并交付成果，同时接受委托方必要的检查。在合作开发合同中，合作各方应当依合同约定参与研究开发工作并进行投资，同时应保守有关技术秘密。

2. 技术转让合同

技术转让合同是指当事人之间就专利权转让、专利申请权转让、专利实施许可和技术秘密转让所订立的合同，包括专利权转让合同、专利申请权转让合同、技术秘密转让合同和专利实施许可合同四种类型。

根据《民法典》第八百六十三条的规定，技术转让合同和技术许可合同应当采用书面形式。

技术转让合同是一类较复杂的合同，涉及专利、技术秘密等的知识产权问题，容易发生纠纷。采用书面形式，一方面，有利于当事人权利义务关系的明确，避免纠纷的发生；另一方面，有利于纠纷发生后的解决。

3. 技术咨询合同

技术咨询合同是指就特定技术项目提供可行性论证、技术预测、专题技术调查、分析评价报告等所订立的合同。技术咨询合同实际是完成技术咨询工作并交付工作成果的技术性承揽合同。上述定义强调了技术咨询必须是对特定的技术项目提供咨询，从而对技术咨询合同的基本法律特征和范围进行了高度概括。

4. 技术服务合同

技术服务合同是指当事人一方因技术知识为另一方解决特定技术问题所订立的合同。技术服务合同中包括技术培训合同和技术中介合同。技术培训合同是指当事人一方委托另一方对指定的专业技术人员进行特定项目的技术指导和专业训练所订立的合同。

三、技术合同的主要条款

技术合同的主要条款包括项目名称、标的、履行、保密、风险责任、成果，以及收益分配、验收、价款、违约责任、争议解决方法和专门术语的解释等。体现技术合同特殊性的条款如下。

(1)保密条款。保守技术秘密是技术合同中的一个重要问题。在订立合同之前，当事人应当就保密问题达成保密协议，在合同的具体内容中更要对保密事项、保密范围、保密期限及保密责任等问题作出约定，防止因泄密而造成的侵犯技术权益与技术贬值情况的发生。

(2)成果归属条款。指合同履行过程中产生的发明、发现或其他技术成果，应定明归谁所有，如何使用和分享。对于后续改进技术的分享办法，当事人可以按照互利的原则在技术转让合同中明确约定，没有约定或约定不明确的，可以达成补充协议；不能达成补充协议的，参考合同相关条款及交易习惯确定；仍不能确定的，一方后续改进的技术成果，他方无权分享。

(3)特殊的价金或报酬支付方式条款。如采取收入提成方式支付价金的，合同应对按产值还是利润为基数、提成的比例等作出约定。

(4)专门名词和术语的解释条款。由于技术合同专业性较强，当事人应对合同中出现的关键性名词，或双方当事人认为有必要明确其范围、意义的术语，以及因在合同文本中重复出现而被简化了的略语作出解释，避免事后纠纷。

四、技术合同的订立方式及原则

技术合同作为一项法律行为和科学技术工作，订立技术合同必须遵循以下基本原则。

(1)遵守法律、法规，维护公共秩序的原则。《民法典》规定，当事人订立、履行合同应当遵守法律、行政法规，尊重社会公德，不得扰乱社会经济秩序，损害社会公共利益。这是合同当事人订立合同所必须履行遵守的基本原则。

(2)自愿、平等、公平、诚实信用的原则。这些原则是《民法典》总则中确定的民事法律关系准则，适用于订立、履行各类合同。

(3)有利于科学技术进步，促进科技成果转化、推广和应用的原则。有利于科学技术进步，促进科技成果转化、推广和应用原则是我国法律确定技术合同规范、设计技术合同机构时的指导思想，也是技术合同的特有原则。

任务四　工程建设中的技术咨询与技术服务合同

任务导读

《民法典》对建设工程合同进行了专章规定，这是因为建设工程活动属于一类特殊的行业，长期以来已经形成了自身独特的一整套行之有效的管理制度。从法律意义上说，建设工程合同具有一般技术合同不具备的法律特征，建设工程合同应当适应《民法典》的专章规定。但是，这并不意味着在那些与建设工程合同有着直接或间接联系的单项技术开发、技术转让、技术咨询、技术服务项目不能够适用技术合同。实际上，工程建设过程中存在着许多包括技术咨询和技术服务合同在内的技术合同，有些工程勘察设计合同和工程施工承包合同也附有从属的技术合同。

任务目标

1. 了解工程建设中可纳入技术咨询合同的咨询项目。
2. 了解工程建设中可纳入技术服务合同范畴的服务项目。

知识准备

一、工程建设中可纳入技术咨询合同的咨询项目

工程建设中可纳入技术咨询合同的咨询项目主要有以下一些。

(1)宏观的建筑科技政策，包括建筑技术政策、各类建筑新技术体系规划(如绿色建筑技术导则等)、各专业建筑技术管理规定或办法、各类建筑技术体系评价等。

(2)工程建设项目投资咨询、项目建议书编制、可行性研究分析论证、工程建设管理咨询等。

(3)各类专业建筑技术或大型建设工程的技术体系评估、专项技术调查与评价、特定建筑技术的技术扩散和转移预测分析、建筑技术成果推广建议等。

(4)专项建筑产品和施工工艺技术或工艺原理、性能、工艺装备、市场竞争力等的调查分析。

(5)工程项目的新技术、新材料、新产品、新工艺等技术方案的比较和选择。

(6)建筑专用设施、设备的运行经济性与安全性的咨询等。

二、工程建设中可纳入技术服务合同范畴的服务项目

工程建设中可纳入技术服务合同范畴的服务项目主要有以下一些。

(1)施工设备、模板、支撑等的改进设计，特殊工程的施工工具系统的设计等。

(2)施工工艺流程的改进、特殊工程的施工工艺流程的编制等。

(3)新型建筑体系、建筑新结构、新材料、特殊建筑物的性能测试分析。

(4)建筑业企业辅助设计、辅助施工、管理支持软件的编制。

(5)新型建筑产品、建筑结构、建筑材料等施工的技术指导和协助，以及新型施工设备调试等。

(6)对施工设备使用、施工工艺运用的技术指导、培训等。

(7)建筑企业各类管理体系建立、指导、协助和员工培训等。

(8)新型建筑产品、结构、材料和工艺的研究与开发中介服务等。

📺 项目小结

本项目主要介绍了建设工程物资采购合同的特点、分类、订立、履行，承揽合同的概念、特点、订立方式、主要条款、履行，技术合同的概念、特点、种类、主要条款、订立方式及原则，工程建设中的技术咨询与技术服务合同等内容。通过本项目的学习，学生可以对建设工程物资采购合同、承揽合同、技术合同、技术咨询与技术服务合同有一定的认识，能在工作中正确应用。

📺 课后练习

1. 简述建设工程物资采购合同的类型。
2. 材料采购合同的订立方式有哪几种？
3. 在建设工程中，设备供应方式有哪几种？
4. 简述材料采购合同的违约责任。
5. 简述承揽合同的特点。
6. 什么是技术咨询合同？
7. 在工程建设中，可纳入技术服务合同范畴的服务项目有哪些？

项目八　FIDIC 施工合同

　　某业主通过公开招标与一承包商签订了一份框架结构高层写字楼的施工合同，地下 1 层，地上 16 层，钻孔灌注桩基础。采用 FIDIC 的《施工合同条件》作为标准合同文本。中标合同价为 42 585 600 元，工期为 24 个月。在监理工程师下达开工令以后，承包商按期开始施工，其施工进度计划也已得到批准。但在施工过程中出现了一系列问题。

课件：FIDIC 施工
合同

　　事件 1：在土方开挖时，由于现场附近的一条主干道修路，车辆都集中到工地边上的一条路上行驶，造成交通堵塞，施工受交通影响很大。因此，挖土机和运土的汽车均达不到投标计算时的工效，每天只能完成计划挖运土方量的一半。由于工效降低，造成机械费增加和施工进度计划远远落后于原计划。

　　事件 2：当土方工程接近完成时，承包商就向工程师递交了需要尽快拿到桩基础施工图纸的通知。桩基础施工由于图纸延迟一周提供，现场停工待图，桩位迟迟无法确定，造成桩基础施工开始时间拖后一周。

　　事件 3：桩基础施工中，由于钻孔机出现故障停工 1 天。

　　承包商按照合同中规定的程序和时间限制提出了索赔通知和索赔报告。其中索赔理由是：根据合同第 4.12 款，事件 1 要求顺延工期 10 天和补偿增加的机械费、工地管理费、总部管理费和利润损失。这属于不可预见的物质条件，因为工地边上的这条路并不是主要交通道路。根据合同第 1.9 款，事件 2 要求顺延工期 7 天，并补偿窝工费、机械闲置费、现场管理费、总部管理费和利润损失。

　　工程师反驳索赔理由的情况：事件 1 的索赔理由不成立。工程师驳回对事件 1 的索赔要求，认为承包商无索赔权。根据是承包商所依据的合同第 4.12 款不适用这样的情况，交通情况不能列入不可预见的物质条件。根据合同第 4.10 款承包商应该在投标报价时对现场的状况和周围的环境了解清楚，当然包括交通情况。根据合同编 4.11 款，承包商也应该被认为已将其影响考虑在投标报价内，事件 2 的索赔理由成立。

职业能力

　　1. 能够理解 FIDIC 合同条件的基本内容和主要条款。
　　2. 具有利用 FIDIC 合同条件从事施工项目管理的初步能力。

职业道德

　　培养学生养成职业标准、规范化意识和一丝不苟的工作态度。从事任何职业，都必须遵守国家的法律法规，成为遵纪守法的公民。

任务一　FIDIC 组织

任务—　FIDIC 组织

任务导读

作为一个国际性的非官方组织，FIDIC(国际咨询工程师联合会，International Federation of Consulting Engineers)的宗旨是要将各个国家独立的咨询工程师行业组织联合成一个国际性的行业组织；促进还没有建立起这个行业组织的国家也能够建立起这样的组织；鼓励制订咨询工程师应遵守的职业行为准则，以提高为业主和社会服务的质量；研究和增进会员的利益，促进会员之间的关系，增强本行业的活力；提供和交流会员感兴趣和有益的信息，增强行业凝聚力。

任务目标

了解 FIDIC 组织。

知识准备

FIDIC 是一个国际性的非官方组织，而中国工程咨询协会于 1996 年被接纳为其正式会员。

FIDIC 组织认为，咨询业对于社会和环境的可持续发展是至关重要的。为了使工作更有效，不仅要求咨询工程师要不断提高自身的知识和技能，同时，其也要求社会必须尊重咨询工程师的诚实和正直，相信他们判断的准确性并给予合理的报酬。FIDIC 组织成员协会的行为准则见表 8-1。

表 8-1　FIDIC 组织成员协会的行为准则

序号	行为准则	具体内容
1	对社会和咨询业的责任	咨询工程师应该认可咨询业对社会的责任；寻求适合可持续发展的解决措施；在任何时候都维护咨询业的荣誉
2	能力	咨询工程师保证其掌握的知识和技能与技术、法规和管理的发展一致，并有义务在为顾客提供服务的时候付出足够的技术、勤奋和关注；提供自身能胜任的服务
3	正直、诚实	咨询工程师的所有行为都应以保护顾客的合法利益为出发点，并以正直、诚实的态度提供服务
4	公正	咨询工程师在提供建议、判断和决定的时候应保持公正；将服务过程中有可能产生的任何潜在利益冲突都告知顾客；不接受任何可能影响其独立判断的酬劳
5	公正地对待其他工程师	咨询工程师有义务推动"质量决定选择"的概念；无论是无心或故意都不得损害其他方的名誉和利益；对于已经确定咨询工程师人选的工作，其他工程师不得直接或间接试图取代原定人选；在未接到顾客终止原先咨询工程师的书面指令并与该工程师协商之前，其他工程师不得取代该工程师的工作；当被要求对其他工程师的工作进行评价时，咨询工程师应保持行为恰当

序号	行为准则	具体内容
6	拒绝腐败	既不提供也不接受任何不恰当的报酬，不恰当的报酬是指旨在影响咨询工程师及顾客做出选择或支付报酬的过程，或试图影响咨询工程师的公正判断的报酬；当有合法的研究机构对服务或建筑合同管理情况进行调查时，咨询工程师要进行充分的合作

任务二　FIDIC 合同条件的实施条件及标准化

任务导读

FIDIC 作为国际上权威的咨询工程师机构，多年来所编写的标准合同条件是国际工程界几十年来实践经验的总结，公正地规定了合同各方的职责、权利和义务，程序严谨，可操作性强。

任务目标

1. 了解 FIDIC 合同条件的实施条件。
2. FIDIC 合同条件的标准化。

知识准备

FIDIC 合同条件最初的版本是 FIDIC 于 1945 年在英国土木工程师学会(ICE)制定的《合同条款》第 3 版的基础上经补充修订而成的。随着国际工程规模的扩大和工程情况复杂性的增大，FIDIC 又先后编制了适合土木工程以外的其他方面的两个合同条件及一个与《土木工程施工合同条件》配套的《土木工程施工分包合同条件》。另两个合同条件是《电气与机械工程合同条件》和《设计—建造与交钥匙工程合同条件》。

《土木工程施工合同条件》是 FIDIC 最早编制的合同条件，也是其他几个合同条件的基础。该文本适用于业主(或业主委托第三人)提供设计的工程施工承包，以单价合同为基础(也允许其中部分工作以总价合同承包)，广泛用于土木建筑工程施工、安装承包的标准化合同格式。《土木工程施工合同条件》的主要特点表现为，条款中责任的约定以招标选择承包商为前提，合同履行过程中建立以工程师为核心的管理模式。

一、FIDIC 合同条件的实施条件

FIDIC 合同条件是大型复杂建设工程项目管理的国际惯例，它是在一定约束条件下(工期、投资、地域特点等)建设项目的质量保证体系，它包括了高水平项目管理的丰富内涵。但是，并非所有国际工程或发达国家的建设项目都采用 FIDIC 合同条件。这应取决于建设项目的特点，例如，小型建设项目没有必要采用 FIDIC 合同条件，美国建筑师协会(AIA)的合同范本就采用总价合同形式。因此，采用 FIDIC 合同条件并不等于与国际接轨，实施 FIDIC 合同条件是有条件的。

实施 FIDIC 合同条件的条件包括采用无限制招标选择承包商、合同履行中建立以工程师为核心的管理模式及施工承包合同采用单价合同。

二、FIDIC 合同条件的标准化

FIDIC 出版的所有合同文本结构，都是以通用条件、专用条件和其他标准化文件的格式编制。

所谓"通用"，其含义是工程建设项目不论属于哪个行业，也不管处于何地，只要是土木工程类的施工均适用。条款内容涉及合同履行过程中业主和承包商各方的权利与义务，工程师（交钥匙合同中为业主代表）的权利和职责，各种可能预见到事件发生后的责任界限，合同正常履行过程中各方应遵循的工作程序，以及因意外事件而使合同被迫解除时各方应遵循的工作准则等。

专用条件是相对于"通用"而言的，要根据准备实施的项目工程专业特点，以及工程所在地的政治、经济、法律、自然条件等地域特点，针对通用条件中条款的规定加以具体化。专用条件可以对通用条件中的规定进行相应补充、完善、修订或取代其中的某些内容，也可以增补通用条件中没有规定的条款。专用条件中条款序号应与通用条件中要说明条款的序号相对应，通用条件和专用条件内相同序号的条款共同构成对某一问题的约定责任。如果通用条件内的某一条款内容完备、适用，专用条件内可不再重复列入此条款。

FIDIC 编制的标准化合同文本，除了通用条件和专用条件，还包括有标准化的投标书（及附录）和协议书的格式文件。

投标书的格式文件只有一页内容，是投标人愿意遵守招标文件规定的承诺表示。投标人只需填写投标报价并签字后，即可与其他材料一起构成有法律效力的投标文件。投标书附录列出了通用条件和专用条件内涉及工期和费用内容的明确数值，与专用条件中的条款序号和具体要求相一致，以使承包商在投标时予以考虑。这些数据经承包商填写并签字确认后，合同履行过程中作为双方遵照执行的依据。

协议书是业主与中标承包商签订施工承包合同的标准化格式文件，而双方只要在空格内填入相应内容并签字盖章后合同即可生效。

任务三　FIDIC 土木工程施工合同条件

任务导读

土木工程施工合同条件不仅是 FIDIC 最早编制的合同文本，也是其他几个合同条件的基础。土木工程施工合同条件的主要特点表现为，条款中责任的约定以招标选择承包商为前提，合同履行过程中建立以工程师为核心的管理模式。

任务目标

1. 了解施工合同条件文本结构，了解当事人的权利与义务。

2. 熟悉施工合同条件对质量的控制、施工合同条件对成本的控制、施工合同条件对成本的控制。

    3. 掌握合同中变更管理、合同中的风险与保险管理的方法。

    4. 熟悉合同终止、违约惩罚与索赔的流程。

知识准备

一、施工合同条件文本结构

    新版的 FIDIC 合同条件的内容由两部分构成：第一部分为通用条款；第二部分为专用条款及一套标准格式。

    FIDIC 施工合同条件的通用条款有 20 条 160 款，每条条款又分有若干子款。通常，在国际工程项目招标文件中，对于 FIDIC 施工合同条件中的通用条款是直接采用的，不再需要去编制相关的合同条款，例如我国的二滩电站项目、京津塘高速公路项目等，都曾直接引用了 FIDIC 施工合同条件中的通用条款，并以此获得了世界银行的认可。

    FIDIC 施工合同条件第二部分专用条款共包括 20 条。在通常情况下，专用条款部分大多由项目的招标委员会根据项目所在国的具体情况，并结合项目自身的特性，对照 FIDIC 施工合同条件第一部分的通用条款进行具体的编写，如将通用条款中不适合具体工程的条款删去，同时换上适合本项目的具体内容；将通用条款中表述得不够具体或是不够细致的地方在专用条款的对应条款中进行补充和完善；若完全采用通用条款的规定，则该条专用条款只列出条款号，内容为空。

1. 合同文件

    通用条件条款的规定构成对雇主和承包商有约束力的合同文件，内容见表8-2。

表 8-2　通用条件条款的规定

序号	条款	内容
1	合同协议书	雇主发出中标函的 28 日内，接到承包商提交的有效履约保证后，双方签署的法律性标准化格式文件
2	中标函	雇主签署的对投标书的正式接受函，可能包含作为备忘录记载的合同签订前谈判时可能达成一致并共同签署的补遗文件
3	投标函	承包商填写并签字的法律性投标函和投标函附录，包括报价和招标文件及合同条款的确认文件
4	专用条件	结合工程所在国、工程所在地和工程本身的情况，对通用条款的说明、修正、增补和删减，即为专用条款。所以通用和专用条款组成为一个适合某一特定国家和特定工程的完整合同条件。专用条款与通用条款的条号是一致的，但条号是间断的，并用专用条款解释通用条款
5	通用条件	通用条件是指对某一类工程项目都通用
6	规范	规范是合同重要的组成部分，它的功能是对雇主招标的项目从技术方面进行详细的描述，提出执行过程中的技术标准、程序等
7	图纸	一般情况下所附图纸达到工程初步设计深度即可满足招标工作的要求，为投标人提供工程规模、建设条件、编制施工说明、可核定工程量等

序号	条款	内容
8	资料表及构成合同一部分的其他文件	（1）资料表——由承包商填写并随投标函一起提交的文件，包括工程量表、数据、列表及费率/单价表等 （2）构成合同一部分的其他文件——在合同协议书或中标函中列明范围的文件（包括合同履行过程中构成对双方有约束力的文件）

注：应当注意的是，组成合同的各个文件之间是可以相互解释的，在解释合同时即按照上面的顺序确定合同文件的优先次序。同时，若在文件之间出现模糊不清或发现不一致的情况，工程师应该给予必要的澄清或指示

2. 合同各方和人员

合同各方与当事人包括雇主、承包商、工程师、分包商及指定分包商。

雇主指在投标函附录中指定为雇主的当事人或此当事人的合法继承人。合同中规定属于雇主方的人员包括工程师、工程师的助理人员、工程师和雇主的雇员（包括职员和工人）、工程师和雇主聘请的其他工作人员（工程师和雇主应将这些人的基本情况告知承包商）。从此定义来看，FIDIC首次明确将工程师列为雇主人员，从而改变了工程师这一角色的"独立性"，淡化了其"公正无偏"的性质。

承包商指在雇主收到的投标函中指明为承包商的当事人及其合法继承人。承包商的人员包括承包商的代表，以及为承包商在现场工作的一切人员。除非合同中已写明了承包商代表的姓名，否则承包商在开工日期前，将其拟任命为承包商代表的人员姓名和详细资料提交工程师，以取得同意。承包商代表应将其全部时间协助承包商履行合同。如果承包商代表在工程施工期间要暂时离开现场，应事先征得工程师的同意，任命合适的替代人员，并通知工程师。

工程师指雇主为合同之目的指定作为工程师工作并在投标函附录中指明的人员。工程师由雇主任命，与雇主签订咨询服务协议。如果雇主要撤换工程师，必须提前42日发出通知以征得承包商的同意，同时承包商对雇主拟聘用的工程师人选持有反对权。工程师应履行合同中规定的职责，行使在合同中明文规定或必然隐含的权力。如要求工程师在行使某种权力之前需获得雇主的批准，必须在合同专用条件中规定。如果没有承包商的同意，雇主对工程师的权力不能进一步加以限制。工程师无权修改合同，无权解除任何一方依照合同具有的任何职责、义务或责任。工程进行过程中，承包商的图纸、施工完毕的工程、付款的要求等诸多事宜都需经工程师的审查和批准，但如果经工程师批准、审查、同意、检查、指示、建议、检验的任何事项出现了问题，承包商仍需依照合同负完全责任。

工程师职责中大量的常规性工作（不包括对合同事宜作出商定或决定）都是由工程师授权其助理完成的。工程师的助理包括一位驻地工程师和若干名独立检验员。在被授权的范围内，他们可向承包商发出指示，且其批准、审查、开具证书等行为具有和工程师等同的效力。但对于任何工作、工程设备和材料，如果工程师助理未提出否定意见并不能构成批准，工程师仍可拒收；承包商对工程师助理做出的决定若有质疑，也可提交工程师，由工程师确认、否定或更改。

工程师可按照合同的规定，随时向承包商发布提示；承包商仅接受工程师和其授权的助理的指示，并且必须严格按其指示办事；指示均应为书面形式。如果工程师或工程师助

理发出口头指示，应在口头指示发出之后两个工作日内从承包商处收到对该指示的书面确认，如在接到此确认后两个工作日内未颁发书面的拒绝及（或）其他表示，则此确认构成工程师或他授权的助理的书面指示。

分包商在合同中指明为分包商的所有人员，或为部分工程指定为分包商的人员及这些人员的合法继承人。承包商不得将整个工程分包出去。承包商应对任何分包商、其代理人或雇员的行为或违约，如同承包商自己的行为或违约一样地负责，除非专用条件中另有规定。承包商在选择材料供应商或向合同中已指定的分包商进行分包时，无须取得同意。对其他建议的分包商应取得工程师的事先同意。承包商应至少提前 28 日将各分包商承担工作的拟订开工日期和该工作在现场的拟定开工日期通知工程师。每个分包合同应包括根据合同的规定分包合同终止时，雇主有权要求将分包合同转让给雇主的规定。

指定分包商是由雇主（或工程师）指定、选定，完成某项特定工作内容并与承包商签订分包合同的特殊分包商。合同条款规定，雇主有权将部分工程项目的施工任务或涉及提供材料、设备、服务等工作内容发包给指定分包商实施。由于许多项目施工的工作内容有较强的专业技术要求，一般承包单位不具备相应的能力，但如果以一个单独的合同对待，又限于现场的施工条件或合同管理的复杂性，工程师无法合理地进行协调管理，为避免各独立合同之间的干扰，雇主往往只能将这部分工作发包给指定分包商实施。又由于指定分包商是与承包商签订分包合同，因而在合同关系和管理关系方面与一般分包商处于同等地位，对其施工过程中的监督、协调工作纳入承包商的管理。指定分包工作内容可能包括部分工程的施工，供应工程所需的货物、材料、设备、设计、技术服务等。

虽然指定分包商与一般分包商处于相同的合同地位，但两者并不完全一致，如：承担指定分包工作任务的单位由雇主或工程师选定，而一般分包商由承包商选择。指定分包工作属于承包商无力完成，不属于合同约定应由承包商必须完成范围之内的工作，即承包商投标报价时没有摊入间接费用、管理费、利润、税金的工作，因此不损害承包商的合法权益。而一般分包商的工作为承包商承包工作范围的一部分。为了不损害承包商的利益，给指定分包商的付款应从暂列金额内开支。而对一般分包商的付款，从工程量清单中相应工作内容项内支付。雇主选定的指定分包商要与承包商签订分包合同，并需指派专职人员负责施工过程中的监督、协调、管理工作，因此也应在分包合同内具体约定双方的权利和义务，明确收取分包管理费的标准和方法。如果施工中需要指定分包商，在招标文件中应给予较详细的说明，承包商在投标书中填写收取分包合同价的某一百分比作为协调管理费。该费用包括现场管理费、公司管理费和利润。尽管指定分包商与承包商签订分包合同后，按照权利义务关系，指定分包商直接对承包商负责，但由于指定分包商终究是雇主选定的，而且其工程款的支付从暂列金额内开支，因此，在合同条件内列有保护指定分包商的条款。通用条件规定，承包商在每个月末报送工程进度款支付报表时，工程师有权要求承包商出示以前已按指定分包合同向指定分包商付款的证明。如果承包商没有合法理由而扣押了指定分包商上个月应得工程款，雇主有权按工程师出具的证明从本月应得款内扣除这笔金额直接付给指定分包商。对于一般分包商则无此类规定，雇主和工程师不介入一般分包合同履行的监督。除由于承包商向指定分包商发布了错误的指示要承担责任外，对指定分包商的任何违约行为给雇主或第三者造成损害而导致索赔或诉讼的，承包商不承担责任。如果一般分包商出现违约行为，雇主将其视为承包商的违约行为并按照主合同的规定追究承包商的责任。

3. 合同的时间概念

合同的时间概念包括基准日期、开工日期、合同工期、施工期、竣工时间、缺陷通知期及合同有效期。

(1)基准日期指递交投标书截止日期前 28 日的日期。中标合同金额是承包商自己确信的充分价格。即使后来的情况表明报价并不充分，承包商也要自担风险，除非该不充分源于基准日期后情况的改变，或是一个有经验的承包商在基准日期前不能预见的物质条件。规定这个定义是确定投标报价所使用的货币与结算使用货币之间的汇率的依据。规定这个定义能够确定因工程所在国法律法规变化带来风险的分担界限。基准日期之后因工程所在国法律发生变化给承包商带来损失的，承包商可主张索赔。

(2)除非专用条款另有约定，开工日期是指工程师按照有关开工的条款通知承包商开工的日期。

(3)合同工期是所签合同注明的完成全部工程或分部移交工程的时间，加上合同履行过程中因非承包商原因导致的变更和索赔事件发生后，经工程师批准顺延的工期。

(4)施工期指的是从工程师按合同约定发布的"开工令"中指明的应开工之日起，至工程移交证书注明的竣工日止的日历天数。

(5)竣工时间指从开工日期开始到完成工程的一个时间段，并非指一个时间点。在我国工程界习惯将其称为"合同工期"。

(6)缺陷通知期即国内施工文本所指的工程质量保修期。但是如前所述，缺陷通知期和质量保修期又有所不同，主要体现在期限长短有很大差异，以及在保修期内雇主对于工程缺陷向承包商主张权利的途径不同。缺陷通知期指自工程师接收证书中写明的竣工日开始，至工程师颁发履约证书为止的日历天数。尽管工程移交前进行了竣工检验，但只是证明承包商的施工工艺达到了合同规定的标准，设置缺陷通知期的目的是考验工程在动态运行条件下是否达到了合同中技术规范的要求。因此，从开工之日起至颁发履约证书日止，承包商要对工程的施工质量负责。合同工程的缺陷通知期及分阶段移交工程的缺陷通知期，应在专用条款内具体约定。次要部位工程通常为半年；主要工程及设备大多为一年；个别重要设备也可以约定为一年半。当承包商在缺陷通知期内未能按照雇主的要求补修工程缺陷时，雇主有权延长该通知期，但延长的期限不得超过两年。

(7)合同有效期自合同签订日起至承包商提交给雇主的"结清单"生效日止，施工承包合同对雇主和承包商均具有法律约束力。颁发履约证书只是表示承包商的施工义务终止，合同约定的权利义务并未完全结束，还剩有管理和结算等事宜。结清单生效指雇主已按工程师签发的最终支付证书中的金额付款，并退还承包商的履约保函。结清单一经生效，承包商在合同内享有的索赔权利也自行终止。

4. 款项预付款

接受的合同款额指雇主在"中标函"中对实施、完成和修复工程缺陷所接受的金额，源于承包商的投标报价。这实际上就是中标的投标人的投标价格或经双方确定修改的价格。这一金额实际上只是一个名义合同价格，而实际的合同价格只能在合同结束时才能确定。

合同价格指按照合同各条款的约定，承包商完成建造和保修任务后，对所有合格工程有权获得的全部工程款。这是一个"动态"价格，是工程结束时发生的实际价格，即工程全部完成后的竣工结算价，而这一价格的确定是经过工程实施过程中的累计计价得到的。

费用指承包商在现场内或现场外正当发生的所有开支，包括管理费和类似支出，但不包括利润。

暂定金额是在招标文件中规定的作为雇主的备用金的一笔固定金额。投标人必须在自己的投标报价中加上此笔金额。中标的合同金额包含暂定金额。暂定金额只有在工程师的指示下才能使用。承包商自行实施工作，暂定金额按变更进行估价和支付。承包商从指定分包商或他人处购买工程设备、材料或服务，这时要支付给承包商实际支出的款额加上管理费和利润。虽然此类费用常出现在合同中，但根据实际情况，合同中也可以没有此类工程费用。雇主在合同中包含的暂定金额是为以下情形准备的：工程实施过程中可能发生雇主负责的应急费用或不可预见费用，如计日工费用；在招标阶段，雇主方还不能决定某项工作是否包含在合同中；在招标阶段，对工程的某些部分，雇主还不可能确定到使投标者能够报出固定单价的深度；对于某些工作，雇主希望以指定分包商的方式来实施。暂定金额的额度一般用固定数值来表示，有时也用投标价格的百分数来表示，一般由雇主方在招标文件中确定，并在工程量表中表现出来。

二、当事人权利与义务

权利与义务条款包括承包商、雇主和工程师三者的权利与义务。

1. 承包商的权利和义务

(1)承包商的权利：有权得到提前竣工奖励；收款权；索赔权；因工程变更超过合同规定限值而享有补偿权；暂停施工或延缓工程进度速度；停工或终止受雇；不承担雇主的风险；反对或拒不接受指定的分包商；特定情况下合同转让与工程分包；有权在特定情况下要求延长工期；特定情况下有权要求补偿损失；有权要求进行合同价格调整；有权要求工程师书面确认口头指示；有权反对雇主随意更换监理工程师。

(2)承包商的义务：遵守合同文件规定，保质保量、按时完成工程任务，并负责保修期内的各种维修；提交各种要求的担保；遵守各项投标规定；提交工程进度计划；提交现金流量估算；负责工地的安全和材料的看管；对由其负责完成的设计图纸中的任何错误和遗漏负责；遵守有关法规；为其他承包商提供机会和方便；保持现场整洁；保证施工人员的安全和健康；执行工程师的指令；向雇主偿付应付款项；承担第三方的风险；为雇主保守机密；按时缴纳税金；按时投保各种强制险；按时参加各种检查和验收。

2. 雇主的权利和义务

(1)雇主的权利：有权指定分包商；有权决定工程暂停或复工；在承包商违约时，雇主有权接管工程或没收各种保函、保证金；有权决定在一定的幅度内增减工程量；有权拒绝承包商分包或转让工程(应有充足理由)。

(2)雇主的义务：向承包商提供完整、准确、可靠的信息资料和图纸，并对这些资料的准确性负完全的责任；承担由雇主风险所产生的损失或损坏；确保承包商免于承担属于承包商义务以外情况的一切索赔、诉讼、损害赔偿费、诉讼费、指控费及其他费用；在多家独立的承包商受雇于同一工程或属于分阶段移交的工程情况下，雇主负责办理保险；按时支付承包商应得的款项，包括预付款；为承包商办理各种许可，如现场占用许可，道路通行许可，材料设备进口许可，劳务进口许可等；承担工程竣工移交后的任何调查费用；支付超过一定限度的工程变更所导致的费用增加部分；承担因后继法规所导致的工程费用增加额。

3. 工程师的权利和义务

工程师虽然不是工程承包合同的当事人，但工程师受雇于雇主，代雇主管理工程建设，行使雇主或 FIDIC 条款赋予工程师的权利，也承担相应义务。

（1）工程师的权利。工程师可以行使合同规定的或合同中必然隐含的权利，主要有有权拒绝承包商的代表；有权要求承包商撤走不称职人员；有权决定工程量的增减及相关费用，有权决定增加工程成本或延长工期，有权确定费率；有权下达开工令、停工令、复工令（因雇主违约而导致承包商停工情况除外）；有权对工程的各个阶段进行检查，包括已掩埋覆盖的隐蔽工程；如果发现施工不合格，工程师有权要求承包商如期修复缺陷或拒绝验收工程；承包商的材料、设备必须经工程师检查，工程师有权拒绝接受不符合规定的材料和设备；在紧急情况下，工程师有权要求承包商采取紧急措施；审核批准承包商的工程报表，开具付款证书；当雇主与承包商发生争端时，工程师有权裁决，虽然其决定不是最终的。

（2）工程师的义务。工程师作为雇主聘用的工程技术负责人，除了必须履行其与雇主签订的服务协议书中规定的义务，还必须履行其作为承包商的工程监理人而应尽的职责。FIDIC 条款针对工程师在建筑与安装施工合同中的职责规定了以下义务：必须根据服务协议书委托的权利进行工作；行为必须公正，处事公平合理，不能偏听偏信；应耐心听取雇主和承包商两方面的意见，基于事实作出决定；发出的指示应该是书面的，特殊情况下来不及发出书面指示时，可以发出口头指示，但随后以书面形式予以确认；应认真履行职责，根据承包商的要求及时对已完工程进行检查或验收，对承包商的工程报表及时进行审核；应及时审核承包商在履约期间所做的各种记录，特别是承包商提交的作为索赔依据的各种材料；应实事求是地确定工程费用的增减与工期的延长或压缩；如因技术问题需同分包商打交道，须征得总承包商的同意，并将处理结果告知总承包商。

三、施工合同条件对质量的控制

1. 实施方式

承包商应以合同中规定的方法，按照公认的良好惯例，以恰当、熟练和谨慎的方式，使用适当装备的设施和安全的材料来制造工程设备、生产和制造材料及实施工程。

2. 样本

承包商要事先向工程师提交该材料的样本和有关资料，以获得同意：制造商的材料标准样本和合同中规定的样本，由承包商自费提供；工程师指示作为变更而增加的样本。

3. 检查和检验

雇主的人员在一切合理时间内，有权进入所有现场和获得天然材料的场所。雇主在生产、制造和施工期间，对材料、工艺进行审核、检查、测量与检验，对工程永久设备的制造进度和材料的生产及制造进度进行审查。承包商应向雇主人员提供进行上述工作的一切方便。未经工程师的检查和批准，工程的任何部分不得覆盖、掩蔽或包装，否则工程师有权要求承包商打开这部分工程供检验并自费恢复原状。

对于合同中有规定的检验（竣工后的检验除外），由承包商提供所需的一切用品和人员。检验的时间和地点由承包商和工程师商定。工程师可以通过变更改变规定的检验位置和详细内容，或指示承包商进行附加检验。工程师参加检验应提前 24 h 通知承包商，如果工程师未能如期前往（工程师另有指示除外），承包商可以自己进行检验，工程师应确认此检验结果。承包商要及时向工程师提交具有证明的检验报告,规定的检验通过后,工程师应向承包商颁发检验证书。如果按照工程师的指示对某项工作进行了检验或由于工程师的延误导致承包商遭受工期、费用及合理的利润损失,承包商可以提出索赔。

4. 补救工作

不论以前是否进行检验或颁发了证书,工程师仍可以指示承包商把不符合合同规定的永久设备或材料从现场移走并进行替换,把不符合合同规定的任何其他工程移走并重建。工程师还可以随时指示承包商开展保证工程安全所急需的任何工作。若承包商未及时遵守上述指示,雇主可雇佣他人完成此工作并进行支付,有关金额要由承包商补偿给雇主。

5. 竣工验收

1999 年第 1 版 FIDIC《施工合同条件》虽然将"竣工试验"这一条款列入工程进度控制的范畴,但是从条款规定的具体内容上看,更应该划入质量控制的范畴。

承包商将竣工文件及操作和维修手册提交工程师以后,应提前 21 日将准备接受竣工检验的日期通知工程师。一般应在该日期后 14 日内由工程师指定日期进行竣工检验。若检验通过,则承包商应向工程师提交一份有关此检验结果的证明报告;若检验未能通过,工程师可拒收工程或该区段并责令承包商修复缺陷,修复缺陷的费用和风险由承包商自负。工程师或承包商可要求进行重新检验。

如果雇主无故延误竣工检验,则承包商可根据合同中有关条款进行索赔;如果承包商无故延误竣工检验,工程师可要求承包商在收到通知后 21 日内进行竣工检验。若承包商未能在 21 日内进行检验,则雇主可自行进行竣工检验,其风险和费用均由承包商承担,而此竣工检验应被视为是承包商在场的情况下进行的,且其结果应被认为是准确的。

如果按相同条款或条件进行重新检验仍未通过,则工程师有权指示进行重新检验;如果不合格的工程基本无法达到原使用或营利的目的,雇主可拒收此工程并从承包商处得到相应的补偿;若雇主提出要求,也可以在扣减一定的合同价格之后颁发接收证书。

案例

北京某房地产开发公司与某建筑企业签订住宅小区的施工合同。该工程按照约定如期顺利开工,在施工过程中,由于雨期超过了正常年份,影响了工程进度,为了赶工期,施工单位加班加点,对于隐蔽工程的验收,施工单位按照合同约定提前书面通知监理进行验收,但监理正忙着别的工程的质量检查,因此,未按通知时间参加隐蔽工程验收。

为了不耽误工期,施工企业自行进行了隐蔽工程验收,并将验收记录在案。监理回到施工现场查看验收记录,提出重新钻孔复验,但遭到施工单位拒绝。在施工单位的一再坚持下,房地产开发公司也没有继续要求重新验收。

施工单位按期完成施工任务并经验收交付使用。

在住宅小区交付使用后,地下车库也被业主抢购一空。一日,某业主将车开进地下车库时，突然发现车胎被什么东西击穿，并引发了大火，将车胎烧毁并延及部分车体。事后经查，发现是裸露在空气中的地下电缆断头击穿车胎并引发大火。为此，向法院提起诉讼要求房地产开发公司赔偿损失，并追加施工单位为被告。

施工企业辩称：通知监理参加隐蔽工程验收，监理未按时间参加验收，竣工验收时房地产开发公司也未对房屋质量提出任何异议。

法院判决：建筑企业和房地产开发公司共担责任，依据过错大小承担赔偿责任。

分析：

案件在审理中，房地产开发公司认为其没有任何过错，并认为造成工程质量缺陷完全是施工单位的责任，遂要求法院追加建筑企业为共同被告。庭审中房地产开发公司称：地下电缆断头暴露在空气中的施工责任，首先属于施工质量缺陷，施工质量不合格是造成车辆破坏的本质原因。况且根据《建设工程施工合同条件》关于隐蔽工程验收的规定，尽管单方的验收记录可以有效，但对于建设单位提出重新验收要求时，施工单位应当配合，进行重新验收合格的，造成的时间延误和损失，由重新验收单位负责；如果重新验收不合格，造成的时间延误可以顺延，对于经济损失不予补偿。尽管房地产开发公司没有参与隐蔽工程的验收，但事后房地产开发公司提出重新验收时，施工单位并没有配合，致使房地产开发公司的复验权被剥夺，因此，施工单位应当对工程缺陷负全部责任。

法院认为：根据《建筑法》和《民法典》及《建设工程施工合同条件》中关于隐蔽工程验收的规定，施工单位有权在建设单位不参加隐蔽工程验收的情况下单方面进行验收，但在建设单位要求重新验收的情况下，施工单位没有给予配合，导致质量隐患没有被及时发现。最终，房地产开发公司没有发现地下车库的质量缺陷，本身也负有一定的责任。根据《建筑法》中的规定，施工单位对工程质量负有终身质量保修的责任。

法院判决：房地产开发公司和建筑企业对业主的损失承担共同责任，由建筑企业承担主要责任。

律师评析：当买受人在房屋使用过程中，因房屋质量问题，其财产遭受损失时，其责任人应承担赔偿责任。

四、施工合同条件对进度的控制

1. 开工

开工是合同履行过程中的重要里程碑事件。工程的开工日期由工程师签发开工通知确定，一般在承包商收到中标函后 42 日内，具体日期工程师应至少提前 7 日通知。也就是说，工程师最迟必须在承包商收到中标函后的第 35 日签发开工令。承包商在开工日期后应尽快开始实施工程，之后以恰当的速度施工，不得拖延。无论雇主还是承包商，都需要一定的时间准备开工，因此，工程师在确定开工时应考虑双方的准备情况。

2. 竣工时间

竣工时间指雇主在合同中要求整个工程或某个区段完工的时间。竣工时间从开工日期算起。承包商应在此期间内通过竣工检验并完成合同中规定的所有工作。完成所有工作的含义是指通过竣工检验来完成工程接收时要求的全部工作。

3. 进度计划

在接到开工通知后的 28 天内，承包商应向工程师提交详细的进度计划，并应按此进度计划开展工作。当进度计划与实际进度及承包商履行的义务不符时，或工程师根据合同发出修订通知时，承包商要修改原进度计划并提交工程师。进度计划的内容包括承包商计划实施工作的次序和各项工作的预期时间；每个指定分包商工作的各个阶段；合同中规定的检查和检验的次序和时间；承包商拟采用的方法和各主要阶段的概括性描述，以及对各个主要阶段所需的承包商的人员和承包商设备数量的合理估算和说明。承包商应按照进度计划履行义务，如果在任何时候工程师通知承包商该进度计划不符合合同规定，或与实际进度及承包商说明的计划不一致，承包商应按本款规定向工程师提交一份修改的进度计划。

承包商编制进度计划时，应基于本款规定的原则，并在具体操作中关注雇主向承包商移交现场可能规定的时间限制、雇主方是否规定了编制进度计划的使用软件、进度计划编制的方式和详细程度（如网络图、横道图等；要达到哪一级或层次）。在编制进度计划时，承包商最好采用"两头松，中间紧"的原则。

4. 进度报告

在工程施工期间，承包商应每月向工程师提交进度报告。此报告应随期中支付报表的申请一起提交。月进度报告的内容主要包括进度图表和详细说明；照片；工程设备制造、加工的进度和其他情况；承包商的人员和设备数量；质量保证文件、材料检验结果；双方索赔通知；安全情况；实际进度与计划进度对比；暂停施工。

5. 竣工时间的延误和赶工

如果因变更或合同范围内某些工程工作量的实质性变化或承包商遵守了合同某条款的规定，且根据该条款承包商有权获得延长工期或异常不利的气候条件或传染病、法律变更或其他政府行为导致承包商不能获得充足的人员或货物，而且这种短缺是不可预见的或雇主、雇主人员或雇主的其他承包商延误、干扰或阻碍了工程的正常进行的原因致使承包商不能按期竣工，承包商可索赔工期。如果并非由于上述原因而出现了进度过于缓慢，以致不可能按时竣工或实际进度落后于计划进度的情况，工程师可以要求承包商修改进度计划、加快施工并在竣工时间内完工。由此引起的风险和开支，包括由此导致雇主产生的附加费用（如监理工程师的报酬等），均由承包商承担。

如果承包商未能在竣工时间内完成合同规定的义务，则工程师可要求承包商在规定时间内完工，雇主可向承包商收取误期损害赔偿费，且有权终止合同。这笔误期损害赔偿费是指投标函附录中注明的金额，即自相应的竣工时间起至接收证书注明的日期为止的每日支付。但全部应付款额不应超过投标函附录中规定的误期损失的最高限额。应该注意的是，误期损害赔偿费是除雇主根据合同提出终止履行以外的、承包商对其拖延完工所应支付的唯一款项，因此与一般意义上的"罚款"是完全不同的。雇主的预期损失是不能够被计算到误期损害赔偿费用当中的。

6. 工作暂停

工作暂停是指承包商应根据工程师的指示暂停部分或全部工程，并负责保护这部分工程。

如果工程师认为暂停并非由承包商的责任所致，承包商则有权索赔因暂停和（或）复工造成的工期和费用损失。在工程设备的有关工作或工程设备及材料的运输已被暂停 28 日的情况下，如果承包商已经将这些工程设备或此材料记为雇主的财产，那么承包商有权按停工开始时的价值获得对还未运至现场的工程设备及（或）材料的支付。

如果暂停已延续了 84 日，且承包商向工程师发函提出在 28 日内复工的要求也未被许可，工程师认为暂停并非由承包商的责任所致，那么当暂停工程仅影响工程的局部时，承包商可以通知工程师把这部分工程视为删减的工程；当暂停的工程影响整个工程的进度时，承包商可要求雇主违约处理；承包商也可以不采取上述措施，继续等待工程师的复工指示。

在接到继续工作的许可或指示后，承包商应和工程师一起检查受到暂停影响的工程、工程设备和材料。承包商应对上述工程、工程设备和材料在暂停期间发生的损失、缺陷和损坏进行修复。

7. 雇主的接收

承包商可在其认为工程将完工并准备移交前 14 日内，向工程师申请颁发接收证书。工程师在收到上述申请后，如果对检验结果满意，则应发给承包商接收证书，在其中说明工程的竣工日期以及承包商仍需完成的扫尾工作；也可驳回申请，要求承包商完成一些补充和完善的工作后再行申请。若在 28 天期限内，既未颁发接收证书，也未驳回承包商申请，而工程或区段基本符合合同要求，应视为在 28 日期限的最后一天已颁发了接收证书。如果竣工证书已经颁发且根据合同工程已经竣工，则雇主应接收工程，并对工程负全部保管责任。承包商应在收到接收证书之前或之后将地表恢复原状。

只要雇主同意，工程师就可对永久工程的任何部分颁发接收证书（这里所说的"部分"指合同中已规定的区段中的一个部分）。除非合同中另有规定或合同双方有协议，在工程师颁发包括某部分工程的接收证书之前，雇主不得使用该部分。否则，一经使用可认为雇主接收了该部分工程，对该部分要承担照管责任；如果承包商要求，工程师应为此部分颁发接收证书；如果因此给承包商带来了费用，承包商有权索赔这笔费用及合理的利润。若对工程或某区段中的一部分颁发了接收证书，则该工程或该区段剩余部分的误期损害赔偿费的日费率按相应比例减少，但最大限额不变。

小提示

> 若由于雇主的原因妨碍竣工检验已达 14 日以上，则认为雇主在原定竣工检验之日已接收了工程或区段，工程师应颁发接收证书。工程师应在 14 日前发出通知，要求承包商在缺陷通知期满前进行竣工检验。若因延误竣工检验导致承包商有所损失，则承包商可据此索赔损失的工期、费用和利润。

8. 缺陷通知期

从接收证书中注明的工程的竣工日期开始，工程进入缺陷通知期。承包商在缺陷通知期内，要完成接收证书中指明的扫尾工作，并按雇主的指示对工程中出现的各种缺陷进行修正、重建或补救。如果这些缺陷的产生是由于承包商负责的设计有问题，或由于工程设备、材料或工艺不符合合同要求，或由于承包商未能完全履行合同义务，则由承包商自担风险和费用；否则按变更处理，由工程师考虑向承包商追加支付。承包商在工程师要求下进行缺陷调查的费用也按此原则处理。如果在雇主接收后，整个工程或工程的主要部分由于缺陷或损坏不能达到原定的使用目的，雇主有权通过索赔要求延长工程或区段的缺陷通知期，但延长不得超过两年。如果承包商未能在雇主规定的期限内完成应自费修补的缺陷，雇主可自行或雇用他人修复并由承包商支付费用，可以要求适当减少支付给承包商的合同价格。如果该缺陷使得全部工程或部分工程损失了绝大部分盈利功能，则雇主可对此不能按期投入使用的部分工程终止合同，向承包商收回为此工程已支付的全部费用及融资费，以及拆除工程、清理现场等费用。如果工程师认为承包商对缺陷或损坏的修补可能影响工程运行，可要求按原检验条件重新进行检验，由责任方承担检验的风险和费用及修补工程的费用。

五、施工合同条件对成本的控制

1. 中标合同金额的充分性

承包商应将被认为已确信中标合同金额的正确性和充分性，以及已中标合同金额建立在关于现场数据中提到的所有有关事项的数据、解释、必要的资金、视察、检查和满意的基础上。除非合同中另有规定，中标合同金额包括承包商根据合同应承担的全部义务，以及为正确地实施和完成工程并修补任何缺陷所需的全部有关事项的费用。

2. 雇主的资金安排

雇主应在收到承包商的请求后的 28 天内提出合理的证据，表明雇主已做好了资金安排，有能力按合同要求支付合同价格的条款。如果雇主打算对其资金安排作出实质性的变动，则要向承包商发出详细通知。如果在此 28 日内没有收到雇主的资金安排证明，承包商可以减缓施工进度。如果在发出通知后 42 日内仍未收到雇主的合理证明，承包商拥有暂停工作的权利。

3. 估价

对于每项工作，用通过测量得到的工程量乘以相应的费率或价格即得到该项工作的估价。工程师根据所有各项工作的总和来决定合同价格。对于每项工作所适用的费率或价格，应该取合同中对该项工作所规定的值或对类似工作规定的值。

对于以下两种情形，应对费率或价格作出合理调整，若无可参照的费率或价格，则应在考虑有关事项的基础上，将实施工作的合理费用和合理利润相加以规定新的费率或价格。

第一种情形：对于不是合同中的"固定费率"项目，且全部满足下列三个条件的工作。

(1)其实际测量得到的工程量比工程量表或其他报表中规定的工程量增多或减少了 10% 以上。

(2)该项工作工作量的变化与相应费率的乘积超过了中标合同金额的 0.01%。

(3)此工程量的变化直接造成该项工作每单位工程量成本(Cost)的变动超过 1%。

第二种情形：此项工作是根据变更指示进行，合同中对此项工作未规定费率或价格，也没有适用的可参照的费率或价格，或者由于该项工作的性质不同、实施条件不同，合同中没有合适的费率。

由此可知，对于工作的估价主要分为三个层次，即正常情况下，估价依据测得的工程量和工程量表中的单价或价格得出；如果某项工作的数量与工程量表中的数量出入太大，其单价或价格应予以调整；如果是按变更命令实施的工作，在满足规定的条件下也应采用新单价或新价格。

4. 预付款

预付款是由雇主在项目启动阶段支付给承包商用于工程启动和动员的无息贷款。预付款金额在投标书附录中规定，一般为合同的 10%～15%，雇主支付预付款的条件是承包商必须提交履约保函和预付款保函。

工程师为第一笔预付款签发支付证书应满足三项条件，即收到承包商提交的期中支付申请、已提交了履约保证及已由雇主同意的银行按指定格式开出了无条件预付款保函。此保函一直有效，但其中担保金额随承包商的逐步偿还而持续递减。

预付款回收的原则是从开工后一定期限开始到工程竣工期前的一定期限，从每月向承包商的支付款中扣回，不计利息。具体的回收方式有四种：由开工后的某月（如第4个月）到竣工前的某月（如竣工前3个月），以其间月数除以预付款总额求出每月平均回收金额。一般工程合同额不大、工期不长的项目可采用此法；由开工后累计支付额达到合同总价的某一百分数的下一月开始扣还，到竣工期前的某月扣完。这种方式不知道开始扣还日期，只能在工程实施过程中，当承包商的支付达到合同价的某一百分数时，计算由下一个月到规定的扣完月之间的月数，每月平均扣还；由开工后累计支付额达到合同总价的某一百分数的下一个月开始扣还，扣还额为每月期中支付证书总额（不包括预付款及保留金的扣还）的25%，直到将预付款扣完为止；由开工后累计支付额达到合同总价的某一百分数的下一个月开始扣还，一直扣到累计支付额达到合同总价的另一百分数（如80%）扣完。用这种方法在开工时无法知道开始扣还和扣完的日期。

FIDIC在1999年版《施工合同条件》采用第三种做法，即当期中证书的累计款额（不包括预付款和保留金的扣减与退还）超过中标合同款额与暂定金额差的10%时，开始从期中支付证书扣还预付款，每次扣还数额为该次证书的25%，扣还货币比例与支付预付款的货币比例相同，直到全部归还为止。

5. 履约担保

承包商应对严格履约（自费）取得履约担保，保证金额和币种应符合投标书附录中的规定。如投标书附录中没有提出保证金额，本款应不适用。承包商应在收到中标函后28日内向雇主提交履约担保，并向工程师送一份副本。履约担保应由雇主批准的国家（或其他司法管辖区）内的实体提供，并采用专用条件所附格式或雇主批准的其他格式。承包商应确保履约担保直到其完成工程的施工、竣工及修补完任何缺陷前持续有效和可执行。如果在履约担保的条款中规定了期满日期，而承包商在该期满日期前28日尚无权拿到履约证书，承包商应将履约担保的有效期延长至工程竣工和修补完任何缺陷为止。

除出现以下情况可以根据合同规定有权获得金额外，雇主不应根据履约担保提出索赔。承包商未能按前一段所述的要求延长履约担保的有效期，这时雇主可以索赔履约担保的全部金额。承包商未能在商定或确定后42日内，将其同意的或按照规定确定的应付金额付给雇主。承包商未能在收到雇主要求纠正违约的通知后42日内进行纠正。雇主根据规定有权终止合同，而不管是否已发出终止通知。

小提示

> 雇主应使承包商免受因雇主根据履约担保提出其本无权索赔范围的索赔引起的所有损害赔偿费、损失和开支（包括法律费用和开支）的损害。雇主应在收到履约证书副本后21日内，将履约担保退还承包商。

6. 期中支付

承包商在每个月的月末要向工程师提交一式六份报表，详细说明他认为自己到该月末有权得到的款额，同时提交证明文件，作为对期中支付证书的申请。期中支付证书的申请表中应包括截至该月末已实施的工程及完成的承包商的文件的估算合同价值（包括变更）；由于法规变化和费用涨落应增加和减扣的款额；作为保留金减扣的款额；作为预付款的支付和偿还应增加和减扣的款额；根据合同规定，作为永久工程的设备和材料的预付款应增加和减扣的款额；根据合同或其他规定（包括对索赔的规定），应增加和减扣的款额；对以前所有的支付证书中已经证明的扣除的款额。

用于工程的工程设备与材料的预付款，当为永久工程配套的工程设备和材料已运至现场且符合合同具体规定时，当月的期中支付证书中应加入一笔预付款；当此类工程设备和材料已构成永久工程时，则应在期中支付证书中将此预付款扣除。预付款为该工程设备和材料的费用（包括将其运至现场的费用）的 80%。

只有在雇主收到并批准了承包商提交的履约保证之后，工程师才能为任何付款开具支付证书，钱款才能得到支付。在收到承包商的报表和证明文件后的 28 日内，工程师应向雇主签发期中支付证书，列出其认为应支付给承包商的金额，并提交详细证明材料。在颁发工程的接收证书之前，若该月应付的净金额（扣除保留金和其他应扣款额之后）少于投标函附录中对支付证书的最低限额的规定，工程师可暂不开具支付证书，而将此金额累计至下月应付金额中。若工程师认为承包商的工作或提供的货物不完全符合合同要求，可以从应付款项中扣留用于修理或替换的费用，直至修理或替换完毕，但不得因此而扣发期中支付证书。工程师可在任何支付证书中对以前的证书进行修改。支付证书不代表工程师对工程的接受、批准、同意或满意。

对于首次分期预付款，其支付期限为中标函颁发之日起 42 日内，或雇主收到履约保证及预付款保函之日起 21 日内，取两者中较晚者。对于期中支付证书中开具的款额，其支付期限为工程师收到报表及证明文件之日起 56 日内；对于最终支付证书中开具的款额，其支付期限为雇主收到最终支付证书之日起 56 日内。

小提示

> 如果承包商未能在合同规定的期限内收到首期预付款、期中支付证书或最终支付证书中开具的款额，则承包商有权对雇主拖欠的款额每月按复利收取延误期的融资费。无论期中支付证书何时颁发，延误期都从合同中规定的支付日期算起。除非在专用条件中另有规定，此融资费应以年利率为支付货币所在国中央银行的贴现率加上 3%，以复利方式计算。

7. 保留金的扣留和支付

保留金一般按投标函附录中规定的百分比从每月支付证书中扣除，一直扣到规定的保留金限额为止；一般为中标的合同金额的 5%。

如果工程没有进行区段划分，则所有保留金分两次退还，签发接收证书后先退还一半，在缺陷通知期结束后退还另一半。如果涉及的工程区段已划分，则分三次退还，区段接收证书签发之后返还 40%，该区段缺陷通知期到期之后返还 40%，剩余 20% 待最后的缺陷通知期结束后退还。但是，如果某区段的缺陷通知期是最迟的一个，那么该区段保留金归还应为接收证书签发后返还 40%，缺陷通知期结束之后返还剩余的 60%。

8. 最终支付和结清单

在颁发履约证书后 56 日内，承包商应向工程师提交一式六份按其批准的格式编制的最终报表草案及证明文件，以详细说明根据合同所完成的所有工作的价值，以及承包商认为根据合同或其他规定还应支付给他的其他款项（如索赔款等）。

如果承包商和工程师之间达成了一致，则承包商可向工程师提交正式的最终报表。提交最终报表时，承包商应提交一份书面结清单，以进一步证实最终报表的总额是根据合同应支付给他的全部款额和最终的结算额，并说明只有当承包商收到履约担保合同款余额时，结清单才生效。在收到最终报表和书面结清单之后 28 日内，工程师应向雇主签发最终支付证书，以说明雇主最终应支付给承包商的款额以及雇主和承包商之间所有应支付的和应得到的款额的差额（如有时）。

六、合同中变更管理

颁发工程接收证书前，工程师可通过发布变更指示或以要求承包商递交建议书的方式提出变更。除非承包商马上通知工程师，说明其无法获得变更所需的货物并附上具体的证明材料，否则承包商应执行变更并受此变更的约束。收到上述通知后，工程师应取消、确认或修改指示。

合同变更的内容包括改变合同中所包括的任何工作的数量，改变任何工作的质量和性质，改变工程任何部分的高程、基线、位置和尺寸，删减任何工作，任何永久工程需要的附加工作、工程设备、材料或服务、改动工程的施工顺序或时间安排。

值得注意：只有工程师有权提出变更；没有工程师的指示或同意，承包商必须完全按合同规定施工，不得擅自进行任何改动。

如果工程师在发布变更指示之前要求承包商提交建议书，则承包商应尽快提交将要进行工作的说明书及进度计划，并提交作出必要修改的建议书和变更估价的建议书。工程师收到建议后，应尽快予以答复，说明批准与否或提出意见。在等待答复期间，承包商不应延误任何工作。工程师应向承包商颁发每一项实施变更的指示，并要求其记录费用。每项变更都应按合同中有关测量和估价的规定进行估价。

对于数量少的零散工作，工程师可以变更的形式指示承包商实施，并按合同中包括的计日工表进行估价和支付。承包商应每日向工程师提交报表，表中包括前一天工作中使用的承包商的人员、设备、材料及临时工程的详细情况，以得到工程师的同意和签字。当承包商向工程师提交以上各资源的价格报表后，此日报表可作为申请期中付款的依据。

七、合同中的风险与保险管理

1. 雇主的风险范围

雇主的风险范围包括战争、敌对行动、入侵、外敌行动；工程所在国内部的叛乱、革命、暴动、军事政变、篡夺政权或内战；暴乱、骚乱或混乱，但完全局限于承包商的人员，以及承包商和分包商的其他雇员中的事件除外；军火、炸药、离子辐射或放射性污染，由于承包商使用此类辐射或放射性物质的情况除外；以声速或超声速飞行的飞机或其他飞行装置产生的压力波；雇主使用或占用永久工程的任何部分，合同中另有规定的除外；由工程任何部分设计不当造成的风险，而此类设计是由雇主的人员提供的，或由雇主所负责的其他人员提供的；一个有经验的承包商不可预见且无法合理防范的自然力的作用。

2. 雇主风险的后果

如果因雇主的风险导致了工程、货物或承包商文件的损失或损害，则承包商应尽快通知工程师，并按工程师的要求弥补损失或修复损害，并进一步通知工程师索赔延误的工期和（或）花费的费用和利润损失。

3. 合同保险

合同保险的"投保方"指根据合同的相关条款投保各类保险并保持其有效的一方。中标函颁发前达成的条件中规定了承包商应投保险种类、承保人和保险条件。专用条件后所附的说明中则规定了如果雇主作为投保方时的承保人和保险条件。如果要求某一保险单对联合的被保险人进行保险，则该保险应适用于每一个单独的保险人，其作用同向每一个保险人颁发了一张单独的保险单一样。办理的每份保险单都应规定，进行补偿的货币种类应与修复损失或损害所需的货币种类一致。投保方应按投标函附录中规定的期限向另一方提交保险生效的证明及"工程和承包商的设备的保险"和"人员伤亡和财产损害的保险"的保险单的副本。投保方在支付每一笔保险费后，应将支付证明提交给另一方，并通知工程师。若投保方未能按合同要求办理保险或未能提供生效证明和保险单的副本，则另一方可办理相应保险并缴保险费，合同价格将由此作出相应调整。合同双方都应遵守每份保险单规定的条件。投保方应将工程实施过程中发生的任何有关的变动都通知给承保人，并确保承包条件与本条的规定一致。没有对方的事先批准，另一方不得对保险条款做实质性变动。任何未保险或未能从保险人处收回的款额，应由承包商和（或）雇主按照其各自根据合同应付的义务、职责和责任分别承担。若投保方未能按合同要求办理保险并使之保持有效（且该保险是可以办理的），而另一方没有批准删减此项保险，也没有自行办理该保险，则任何通过此类保险本可收回的款项由投保方支付给另一方。一方向另一方支付的各种费用要受合同中有关索赔条款的约束。

> **小提示**
>
> 合同中一般要求进行投保的险别有工程和承包商的设备的保险、人员伤亡和财产损害的保险及工人的保险。这些保险均由承包商作为投保人，并以合同双方联合的名义投保。

4. 不可抗力的通知

如果由于不可抗力，一方已经或将要无法履行其合同义务，那么在该方注意到此事件后的 14 日内，应通知另一方有关情况，并详细说明他已经或将要无法履行的义务和工作。此后，该方可在此不可抗力持续期间，免去履行此类义务（支付义务除外）。当不可抗力的影响终止时，该方也应通知另一方。任何情况下，合同双方都应在合理范围内作出一切努力，以减少不可抗力引起的延误。如果由于不可抗力，承包商无法履行其合同义务，并且已经按照前述要求通知了雇主，则承包商有权索赔由不可抗力遭受的工期和费用损失。如果由于不可抗力，导致整个工程已经持续 84 日无法施工，或停工时间累计已经超过 140 日，则任一方可向对方发出终止合同的通知，通知发出 7 日后即生效。承包商按照对合同终止时的规定撤离现场。

如果出现了合同双方无法控制的事件或情况，使得一方或双方履行合同义务成为不可能或非法；或根据本合同的适用法律，双方均被解除了进一步的履约，那么在任一方发出通知的情况下，合同双方应被解除进一步的履约，但是在涉及任何以前的违约时，不影响任一方享有的权利，雇主支付给承包商的金额与在不可抗力影响下终止合同时包括的项目相同。

八、合同终止

1. 由雇主终止合同

如果承包商未能根据合同履行义务，工程师可通知承包商，要求其在规定的合理时间内纠正并补救。如果承包商有下列行为，雇主有权终止合同。

(1)未能遵守规定，或根据规定发出通知的要求。

(2)放弃工程，或明确表现出不愿继续按照合同履行其义务的意向。

(3)无合理解释，未能按照规定进行工程或在收到按照规定发出的通知后28日内，符合通知的要求。

(4)未经必要的许可，将整个工程分包出去，或将合同转让他人。

(5)破产或无力偿债，停业清理，已有对其财产的接管令或管理令，与债权人达成和解，或为其债权人的利益在财产接管人、受托人或管理人的监督下营业，或采取了任何行动或发生任何事件(根据有关适用法律)具有与前述行动或事件相似的效果。

(6)向任何人付给或企图付给任何贿赂、礼品、赏金、回扣或其他贵重物品，以引诱或报偿他人。

在出现任何上述事件或情况时，雇主可提前14日向承包商发出通知，终止合同，并要求其离开现场。但在(5)或(6)的情况下，雇主可发出通知立即终止合同。

雇主作出终止合同的选择，不应损害其根据合同或其他规定所享有的其他任何权利。

此时，承包商应撤离现场，并将任何需要的货物、所有承包商文件，以及由(或为)他编制的其他设计文件交给工程师。但承包商应立即尽最大努力遵从包括通知中关于转让分包合同及保护生命、财产或工程的安全的合理指示。

终止合同后，雇主可以继续完成工程，和(或)安排其他实体完成。这时雇主和这些实体可以使用任何货物、承包商文件和由承包商或以其名义编制的其他设计文件。

其后雇主应发出通知，将在现场或其附近把承包商设备和临时工程返还给承包商。承包商应自行承担风险和费用，迅速安排将它们运走。但如果此时承包商还有应付雇主的款项没有付清，雇主可以出售这些物品，以收回欠款，且应将收益的余款支付给承包商。

2. 由承包商暂停和终止合同

如果工程师未能按照规定确认发证，或雇主未能遵守雇主的资金安排或付款的规定，承包商可在不少于21日前通知雇主，暂停工作，除非并直到承包商根据情况和通知中所述，收到了付款证书、合理的证明或付款。

如果在发出终止通知前，承包商随后收到了付款证书、证明或付款，承包商应在合理可能的情况下，尽快恢复正常工作。

如果因按照本款暂停工作，使承包商遭受延误和(或)招致增加费用的，承包商应向工程师发出通知，有权要求对任何此类延误给予延长工期，以及将此类费用加合理利润计入合同价格，给予支付。工程师收到此通知后，应按规定，对这些事项进行商定或确定。

如果出现下列情况，承包商有权终止合同。

(1)承包商根据规定，就未能遵循相关规定的事项发出通知后 42 日内，仍未收到合理的证据。

(2)工程师未能在收到报表和证明文件后 56 日内发出有关的付款证书。

(3)在规定的付款时间到期后 42 日内，承包商仍未收到根据期中付款证书的应付款额。

(4)雇主实质上未能根据合同规定履行其义务。

(5)雇主未遵守合同协议书或权益转让的规定。

(6)拖长的停工影响了整个工程。

(7)雇主破产或无力偿债，停业清理，已有对其财产的接管令或管理令，与债权人达成和解，或为其债权人的利益在财产接管人、受托人或管理人的监督下营业，或采取了任何行动或发生任何事件具有与前述行动或事件相似的效果。

在上述任何事件或情况下，承包商可通知雇主，14 日后终止合同。但在(6)或(7)项情况下，承包商可发出通知立即终止合同。

小提示

> 承包商做出终止合同的选择，不应影响其根据合同或其他规定所享有的其他任何权利。

九、违约惩罚与索赔

违约惩罚与索赔是 FIDIC 条款的一项重要内容，也是国际承包工程得以圆满实施的有效手段。FIDIC 条款中的违约条款包括两部分。

第一部分是业主对承包商的惩罚措施和承包商对业主拥有的索赔权，包括因承包商违约或履约不力，业主可采取相应的惩罚措施，包括没收有关保函或保证金、误期罚款、由业主接管工程并终止对承包商的雇用。同时对业主方违约也做了严格的规定，按照合同规定，当业主方不执行合同时，承包商可以分两步采取措施，即当工程师不按规定开具支付证书，或业主不提供资金安排证据时，承包商有权暂停工作；业主不按规定日期支付时，承包商可提前 21 天通知业主，暂停工作或降低工作速度。承包商有权索赔由此引起的工期延误、费用和利润损失。

第二部分是索赔条款。索赔条款是根据关于承包商享有的因业主履约不力或违约，或因意外因素（包括不可抗力情况）蒙受损失（时间和款项）而向业主要求赔偿或补偿权利的契约性条款，具体包括索赔的前提条件、索赔程序、索赔通知、索赔的依据、索赔的时效和索赔款项的支付等。

合同对工程师给予承包商索赔的答复日期有非常严格的限制：在收到承包商的索赔详细报告（包括索赔依据、索赔工期和金额等）之后 42 天内（或在工程师可能建议但由承包商认可的时间内），工程师应对承包商的索赔表示批准或不批准，不批准时要给予详细的评价，并可能要求进一步详细报告。合同同时加入了争端裁决委员会（DAB）工作程序：尽管 FIDIC 的合同条件要求工程师在处理合同相关问题时必须独立、公正、公平，但毕竟工程师是业主聘用的，工程师在工作过程中很难做到绝对公平、公正。因此，FIDIC 在吸收相关国家及世界银行解决工作争端经验的基础上加入了 DAB 工作程序，即由业主方和承包商方各提名一位 DAB 委员，由对方批准，合同双方再与这两人协商确定第三位委员（作为主席)共同组成 DAB。DAB 委员的报酬由双方平均支付。

案例

某油码头工程，采用 FIDIC 合同条件。招标文件的工程量表中规定钢筋由业主提供，投标日期 2010 年 6 月 3 日。但在收到标书后，业主发现他的钢筋已用于其他工程，他已无法再提供钢筋。在 2010 年 6 月 11 日由工程师致信承包商，要求承包商另报出提供工程量表中所需钢材的价格。自然，这封信作为一个询价文件。2010 年 6 月 19 日，承包商作出了答复，提出了各类钢材的单价及总价格。接信后业主于 2010 年 6 月 30 日复信表示接受承包商的报价，并要求承包商准备签署一份由业主提供的正式协议。但此后业主未提供书面协议，双方未做任何新的商谈，也未签订正式协议。业主认为承包商已经接受了提供钢材的要求，而承包商认为业主又放弃了由承包商提供钢材的要求。待开工约 3 个月后，即 2010 年 10 月 20 日，由于需要钢材，承包商向业主提出业主的钢材应该进场，这时候才发现双方都没有准备工程所需要的钢材。由于要重新采购钢材，不仅钢材价格上升、运费增加，而且工期拖延，进一步造成施工现场费用的损失约 60 000 元。承包商向业主提出了索赔要求。但由于在本工程中双方缺少沟通，都有责任，故最终解决结果为，合同双方各承担 50% 的损失。

分析：

本工程有如下几个问题应注意。

(1)双方就钢材的供应做了许多商讨，但都是表面性的，是询价和报价(或新的要约)文件。由于最终没有确认文件，如签订书面协议，或修改合同协议书，所以没有约束力。

(2)如果在 2010 年 6 月 30 日的复信中业主接受了承包商的 2010 年 6 月 19 日的报价，并指令由承包人按规定提供钢材，而不提出签署一份书面协议的问题，则就可以构成对承包商的一个变更指令。如果承包商不提反驳意见(一般在一个星期内)，则这个合同文件就形成了，承包商必须承担责任。

(3)在合同签订和执行过程中，沟通是十分重要的。及早沟通，钢筋问题就可以早落实，就可以避免损失。本工程合同签订并执行几个月后，双方就如此重大问题不再提及，令人费解。

(4)在合同的签订和执行中既要讲究诚实信用，又要在合作中有所戒备，防止被欺诈。在工程中，许多欺诈行为属于对手钻空子、设圈套，而自己疏忽大意，盲目相信对方或对方提供的信息(口头的、小道的或作为"参考"的消息)造成的。这些都无法责难对方。

真题解读

国际咨询工程师联合会(FIDIC)发布的《施工合同条件》规定，当某项工作测量的工程量比工程量表中规定的工程量的变动超过(　　　)，且工程量的变动直接导致该项工作每单位成本变动超过 1%，工程量变动与费率的成绩超过中标合同额的 0.01%，合同中未规定此项工作未固定费率时，应对该项工作规定的费率或价格进行调整。(2023 年全国监理工程师职业资格考试真题)

A. 5%　　　　　　B. 10%　　　　　　C. 15%　　　　　　D. 20%

【精析】根据《施工合同条件》，应对该项目工作规定的费率或价格进行调整的情形包括：①该项工作测量的工程量比工程量表中规定的工程量变动超过 10%；②工程量的变动直接导致该项工作每单位成本超过 1%；③工程量变动与费率的成绩超过中标合同额的

0.01%；④合同中未规定此项工作未固定费率。以上四个条件需同时满足，方可对规定的额费率或价格进行调整。

任务四　设计采购施工(EPC)/交钥匙工程合同条件

任务导读

设计采购施工(EPC)/交钥匙工程合同条件用于在交钥匙的基础上进行的工厂或其他类似设施的加工或能源设备的提供、或基础设施项目和其他类型的开发项目的实施。这种合同条件所适用的项目对最终价格和施工时间的确定性要求较高，承包商完全负责项目的设计和施工，雇主基本不参与工作。在交钥匙项目中，一般情况下由承包商实施所有的设计、采购和建造工作，该合同类型是一种总价固定的合同安排，承包商承担了比其他合同类型更大的风险。

任务目标

1. 了解 EPC 合同条件产生的背景，合同文本结构、雇主管理的内容。
2. 掌握工程质量管理、支付管理、进度控制、合同变更的方法。

知识准备

一、EPC 合同条件产生的背景

传统的 FIDIC 合同条件包括 FIDIC 的第 4 版《土木工程施工合同条件》(红皮书)和第 3 版《电气与机械工程合同条件》(黄皮书)，都以其能在合同双方之间合理分摊风险而广泛应用于国际工程承包界，1999 年出版的《施工合同条件》(新红皮书)和《生产设备与设计－施工合同条件》(新黄皮书)基本上继承了红皮书和黄皮书中的风险分摊原则，即让雇主方承担大部分外部风险，尤其是"一个有经验的承包商通常无法预测和防范的任何自然力的作用"等风险。

近年来，在国际工程市场中出现了一种新趋势。对于某些项目，尤其是私人投资的商业项目(如 BOT 项目)，作为投资方的雇主在投资前十分关心工程的最终价格和最终工期，以便能够准确地预测在该项目上投资的经济可行性。因此，此类项目的雇主希望尽可能地少承担项目的风险，以避免在项目实施过程中追加过多的费用和给予承包商延长工期的权利。另外，一些政府项目的雇主，出于某些特殊原因，在采用以前的 FIDIC 合同条件时常常对其加以修改，将一些正常情况下本属于雇主的风险转嫁给承包商。这种将风险条件转移的做法导致两种结果：一是保证了雇主对项目的投资能固定下来，以及项目按时竣工；二是由于承包商在这种情况下承担的风险大，因此在其投标报价中就会增加相当大的风险费，也就会使雇主支付的合同价格比正常情况下要高得多。尽管如此，雇主仍愿意采用这种由承包商承担大部分风险的做法。对于承包商来说，虽然这种合同模式的风险较大，只要有足够的实力和管理水平就有机会获得较高的利润。在这种背景下，FIDIC 编制了标准的设计采购施工(EPC)合同条件，以适应国际工程承包市场的需求，为具体的实践活动提供指导。

二、合同文本结构

《EPC/交钥匙项目合同条件》(银皮书)同其第1版的内容基本相同。这是由于第1版在1995出版发行时，合同条件编写委员会已有了彻底改写FIDIC诸合同条件文本的考虑，对合同条件的条款简化、语言通俗化有了基本的原则。其第1版的主题条款有20条，其名称同1999年新版完全相同，仅仅在两个主题条款的顺序上有无关紧要的调整。

银皮书的合同工程内容包括承包商对工程项目进行设计、采购和施工等全部工作，向雇主提供一个配备完善的设施，雇主只需"转动钥匙"就可以开始生产运行。也就是以交钥匙的方式向雇主提供工厂或动力、加工设施，或一个建成的土建基础设施工程。EPC/交钥匙项目合同条件适用于在交钥匙基础上进行的工程项目的设计和施工。这类项目对最终价格和施工时间的确定性要求较高；同时；承包商完全负责项目的设计和施工，雇主基本不参与工作。

合同条件也分通用条件和专用条件两部分。通用条件包括20条，分别讨论了一般规定；雇主；雇主的管理；承包商；设计；职工和劳工；生产设备、材料和工艺；开工、延误和暂停；竣工试验；雇主的接收；缺陷责任；竣工后试验；变更和调整；合同价格和支付；由雇主终止；由承包商暂停和终止；风险和责任；保险；不可抗力；索赔、争端和仲裁。这20条包括166款，分别从合同文件管理、工期管理、费用和支付、质量管理、环保、风险分担，以及索赔和争端的解决等方面对合同双方在实施项目过程中的职责、义务和权利做出全面的规定。其中雇主的管理、设计、职工和劳工、竣工试验、竣工后试验各条与《施工条件合同》中的规定差异较大。这里将合同主要条款分析如下。

(1)雇主关注的主要条款：第1条[一般规定](合同建议书)、第5条[设计]、第7条[生产设备、材料和工艺]、第8条[开工、延误和暂停]、第9条[竣工试验]、第10条[雇主的接收]、第11条[缺陷责任](含缺陷修复期)、第12条[竣工后试验]。

(2)雇主关注的保障工程顺利实施的约束性控制条款：第2.5款[雇主的索赔]、第3.5款[确定]、第11条[缺陷责任]、第13条[变更和调整]、第14条[合同价格和支付]、第17条[风险和责任](非保险方面)、第18条[保险](财产险、人身险和责任险。信誉险在保函方面已经提出)。

(3)实施工程的法人实体和实体条款：第2条[雇主]、第3条[雇主的管理]、第4条[承包商](含分包商、承包商的文件等)、第6条[职工和劳工]。

(4)非保险方面的意外、偶然或非签约本意的条款：第15条[由雇主终止]、第16条[由承包商暂停和终止]、第19条[不可抗力]。

(5)雇主的应对条款：第20.1款[承包商的索赔]。

(6)合同双方争端解决的条款：第20条[索赔、争端和仲裁]。

在FIDIC的标准EPC合同条件中没有出现类似新红皮书和新黄皮书中的"中标函"的文件。这大概是因为EPC合同条件的编制者考虑到EPC项目邀请招标较多，并且一般都很复杂。在评标后，雇主往往选择几个条件接近的投标人进行澄清和授标前的谈判，然后选择一位直接签订合同协议书。这是一种简明的做法，虽然在实践中仍存在EPC项目的雇主签发"中标函"的情况。

三、雇主管理

银皮书同新黄皮书在主题条款上仅有一点差别，这就是第三条，新黄皮书为"工程师"，银皮书则是"雇主的管理"。银皮书合同方式在合同有关人员中不设置工程师，而由雇主自己进行管理。工程项目的设计工作由承包商负责完成，雇主不需要委托设计咨询公司（工程师）进行设计。雇主对施工项目的管理，具体由其代表（雇主代表）负责。这位代表将被认为具有合同规定的雇主的权力。在极个别特别重要的事项上，由雇主亲自出面办理，如重大的工程变更和终止合同等。雇主代表有其助手人员，如驻地工程师、设备检验员、材料检验员等。雇主的这些人员具有工程师作出"决定"的权力，如批准、检查、指示、通知和要求试验等。

关于解决合同争端的"争端裁决委员会"（DAB），银皮书和新黄皮书中也规定可以建立采用，但同新红皮书中对 DAB 的重视程度有所不同。新红皮书规定，对于重大的工程项目，DAB 应该由三人组成，而且必须是常设的，其成员应定期到工程项目上去实地考察；而银皮书和新黄皮书规定可以采用一人的独任评判员（或三人评判员），而且可建立临时的 DAB，或称特设 DAB，即这个争端裁决委员会可因某一专项争端而设立，因此争端解决而取消。这样灵活机动地解决争端问题，可以节约人力财力，值得参照采纳。

四、合同管理的特点

1. 工作范围

承包商要负责实施的合同工作包括设计、施工、材料、设备订货和安装、设备调试、未来生产和管理人员的培训等。即在"交钥匙"时，要提供一个设施配备完整、可以投产运行的项目。这里的"设计"不但包括工程图纸的设计，还包括工程规划和整个设计过程的管理工作。因此，此合同条件通常适用于承包商以交钥匙方式为雇主承建工厂、发电厂、石油开发项目以及基础设施项目等，且这类项目的合同价格和工期具有"高度的确定性"，因为固定不变的合同价格和工期对雇主来说至关重要。

承包商要全面负责工程的设计和实施，从项目开始到结束，雇主很少参与项目的具体执行。所以这类 EPC 合同条件适合那些要求承包商承担大多数风险的项目。因此，一般来说，对于采用此类模式项目的，在投标阶段，雇主应给予投标人充分的资料和充足的时间，使投标人能够详细审核"雇主的要求"，以详细地了解该文件规定的工程项目、范围、设计标准和其他技术要求，并去进行前期的规划设计、风险评估和估价等。该工程包含的地下隐蔽工作不能太多，承包商无法在投标前进行勘察的工作区域不能太大。这是因为，这两类情况都使得承包商无法判定具体的工程量，因而无法给出比较准确的报价。虽然雇主有权监督承包商的工作，但不能过分地干预承包商的工作或审批大多数的施工图纸。既然合同规定承包商负责全部设计，并负担全部责任，只要其设计和完成的工程符合"合同中预期的工程目的"，就认为承包商履行了合同中的义务。合同中的期中支付款应由雇主方按照合同支付，而不再像新红皮书和新黄皮书那样，先由雇主派出的工程师来审查工程量，再决定和签发支付证书。

2. 价格方式

EPC 采取总价合同方式。只有在某些特定风险出现时，雇主才会花费超过合同价格的款额，如果雇主认为实际支付的最终合同价格的确定性（有时还包括工程竣工日期的确定性）十分重要，可以采取这种合同，不过其合同价格往往要高于采用传统的单价与子项包干混合式合同。

3. 管理方式

在 EPC 合同形式下，没有独立的"工程师"这一角色，有雇主的代表管理合同，代表着雇主的利益。与《施工合同条件》模式下的"工程师"相比，雇主的代表权力较小，有关延期和追加费用方面的问题一般由雇主决定；也不像要求"工程师"那样，在合同中明文规定要"公正无偏"地作出决定。

4. 风险管理

和《施工合同条件》相比，承包商要承担较大的风险，如不利或不可预见的地质条件的风险，以及雇主在"雇主的要求"中说明的风险。因此，在签订合同前，承包商一定要充分考虑相关情况，并将风险费计入合同价格。不过仍有一部分特定的风险由雇主承担，如战争、不可抗力等。至于还有哪些其他的风险应由雇主承担，合同双方最好在签订合同前进行协议。

在 EPC 合同条件中，雇主的风险主要有战争、敌对行动（不论宣战与否）、入侵、外敌行动；工程所在国的叛乱、恐怖活动、革命、暴动、军事政变、篡夺政权或内战；暴乱、骚乱或混乱（完全局限于承包商的人员，以及承包商和分包商雇用人员中间的事件除外）；工程所在国的军火、爆炸性物质、离子辐射或放射性污染（由于承包商原因造成这种情况除外）；以声速或超声速飞行的飞机或其他飞行装置产生的压力波。

而新红皮书和新黄皮书中，除了 EPC 合同条件中的风险，雇主的风险还有雇主使用或占用永久工程的任何部分，合同中另有规定的除外；因工程任何部分设计不当而造成的，而此类设计是由雇主的人员提供的，或由雇主所负责的其他人员提供的；一个有经验的承包商不可预见且无法合理防范的自然力的作用。

从上面的对比来看，雇主在 EPC 合同条件下承担的风险要比在新红皮书和新黄皮书下承担的少，最明显的是减少了上面关于"外部自然力"一项。这就意味着，在 EPC 合同条件下承包商就要承担发生最频繁的"外部自然力的作用"这一风险，这无疑大大增加了承包商在实施工程过程中的风险。

另外，从其他一些条款中也能看出，在 EPC 合同条件中，承包商的风险要比在新红皮书和新黄皮书中多。EPC 合同条件第 4.10 款[现场数据]中明确规定："承包商应负责核查和解释（雇主提供的）此类数据。雇主对此类数据的准确性、充分性和完整性不负担任何责任。"而在新红皮书和新黄皮书的相应条款中规定得比较有弹性："承包商应负责解释此类数据。考虑到费用和时间，在可行的范围内，承包商应被认为已取得了可能对投标文件或工程产生影响或作用的有关风险、意外事故及其他情况的全部必要的资料。"EPC 合同条件第 4.12 款[不可预见的困难]中规定："①承包商被认为已取得了可能对投标文件或工程产生影响或作用的有关风险、意外事故及其他情况的全部必要的资料；②在签订合同时，承包商应已经预见到为圆满完成工程今后发生的一切困难和费用；③不能因任何没有预见到的困难和费用而进行合同价格的调整"。而在新红皮书和新黄皮书的相应条款第 4.12 款[不可预见的外部条件]中规定："如果承包商在工程实施过程中遇到了一个有经验的承包商在提交投标书之前无法预见的不利条件，则它就有可能得到工期和费用方面的补偿。"

五、工程质量管理

EPC 合同条件在质量方面的规定与新红皮书和新黄皮书大致相同，主要是承包商应建立一套质量保证体系；承包商应向雇主提供样品，供其检验；雇主的人员可随时在现场和其他有关地点对原材料、设备、工艺等进行检查和试验；实施竣工验收。

"竣工后的检验"实际上是一种重复检验，并不是所有 EPC 合同条件中都必须规定的。实际上，雇主在合同中是否规定这一要求需要结合项目的实际情况而定。可见这种合同对工程质量的控制是通过对工程的检验来进行的，包括施工期间的检验、竣工检验和竣工后的检验。为了证实承包商提供的工程设备和仪器的性能及可靠性，"竣工检验"通常会持续相当长的一段时间，只有当竣工检验顺利完成时，雇主才会接收工程。

如果雇主采用这种合同形式，则仅需在"雇主的要求"中原则性地提出对项目的基本要求。由投标人对一切有关情况和数据进行证实并进行必要的调查后，再结合其自身的经验提出最合适的详细设计方案。因此，投标人和雇主必须在投标过程中就一些技术和商务方面的问题进行谈判，谈判达成的协议构成签订合同的一部分。

签订合同后，只要其最终结果达到了雇主制定的标准，承包商就可自主地实施工程。雇主对承包商的控制是有限的，一般情况下，雇主不应干涉承包商的工作。当然，雇主有权对工程进度、工程质量等进行检查监督，以保证工程满足"雇主的要求"。

六、支付管理

关于支付管理方面，EPC 合同条件也与新红皮书或新黄皮书类似，但在工程预付款扣还和有关调价公式方面略有不同。

在新红皮书和新黄皮书中，关于承包商扣还预付款都规定了扣还的开始时间和扣还比例。例如，新红皮书规定预付款应通过付款证书中按百分比扣减的方式付还，除非投标书附录中规定了其他百分比。扣减应从确定的期中付款(不包括预付款、扣减额和保留金的付还)累计额超过中标合同金额减去暂列金额后余额的 10% 时的付款证书开始；扣减应按每次付款证书中金额(不包括预付款、扣减额和保留金的付还)25% 的比率摊还，并按预付款的货币和比例计算，直到预付款还清时为止。而在银皮书中，规定"预付款应通过在期中付款中按比例减少的方式返还"。扣减应该按照专用条件中规定的分期摊还比率计算，该比率应用于其他付款项(不包括预付款、减少额和保留金的付还)，直到预付款还清为止。如果没有规定这一比率，则应按照付款总额除以减去暂列金额的合同协议书规定的合同价格得出的比率进行计算。

另一个明显的区别是，在 EPC 合同条件的通用条件中没有加入新红皮书或新黄皮书通用条件中都有的调价公式，只是在专用条件中提到。这可能反映了一种倾向，即在 EPC 合同条件下，雇主允许承包商因费用的变化而调整的情况是不多见的。

七、进度控制

关于工期管理方面的规定，需要承包商提交进度计划和每月进度报告，与新红皮书和新黄皮书中的规定也基本相同，但对于承包商在何种条件下有权获得工期的延长差异很大。

新红皮书和新黄皮书规定在变更或工程量有实质性变化或发生了合同条件中提到的承

包商有权延期的原因或异常不利的气候条件或由流行性疾病或政府行为造成的无法预见的人员或物资的短缺或由雇主、雇主的人员或现场雇主的其他承包商引起的延误的条件下承包商可以获得合理的工期延长。

EPC 合同条件规定，承包商仅在变更或工程量有实质性变化或发生了合同条件中提到的承包商有权延期的原因或异常不利的气候条件三种情况下有索赔工期的权利。显然，在 EPC 合同条件下承包商索赔工期要比在新红皮书和新黄皮书下困难得多。

八、合同变更

施工合同条件应该与项目管理模式相适应。在 EPC 合同条件下，没有设置"工程师"这一角色，因此有权进行工程变更的主体是雇主。在颁布工程接收证书前的任何时间，雇主可通过发布指示或要求承包商提交建议书的方式提出变更。同时，为了鼓励承包商发挥专业优势和积极能动性，合同当中也规定了价值工程条款，但是与施工合同条件不同，EPC 合同条件中没有明确规定雇主与承包商利益分配的比例。

📋 **真题解读**

1. 根据《标准设备采购招标文件》，对于专用合同条款约定的超大、超重设备，卖方应在包装箱两侧标注的内容是(　　)。(2023 年全国监理工程师职业资格考试真题)

A. 产品名称和吊装要求　　　　　　　　B. 重心和吊装要求

C. 重心和起吊点　　　　　　　　　　　D. 产品平常和起吊点

【精析】根据《标准设备采购招标文件》，对于专用合同条款约定的超大超重件，卖方应在包装箱两侧标注"重心"和"起吊点"以便装卸和搬运。如果是发运合同设备中含有易燃易爆物品、腐蚀物品、放射性物质等，则应在包装箱上标明危险品标注。

2. 根据《标准施工招标文件》中的通用合同条款，采用计日工计价的工作应从(　　)中支付。

A. 暂估价　　　　　　　　　　　　　　B. 暂列金额

C. 单价措施项目费　　　　　　　　　　D. 总价措施项目费

【精析】根据《标准施工招标文件》，暂列金额是指已标价工程量清单中所列的暂列金额，用于再签订协议书时尚未确定或不可预见变更的施工及其所需材料、工程设备、服务等的金额，包括以计日工方式支付的金额。

任务五　FIDIC 生产设备和设计－施工合同条件

任务导读

FIDIC 生产设备和设计－施工合同条件，该文件推荐用于电气和(或)机械设备供货和建筑或工程的设计与施工，通常采用总价合同。由承包商按照雇主的要求，设计和提供生产设备和(或)其他工程，可以包括土木、机械、电气和建筑物的任何组合，进行工程总承包，但也可以对部分工程采用单价合同。

了解合同文件，熟悉工程质量管理、支付管理、进度管理。

一、合同文件

1963 年，FIDIC 首次出版了用于雇主和承包商机械与设备的供应和安装的《电气与机械工程合同条件》，即黄皮书。1980 年和 1987 年分别又出版了第 2 版和第 3 版及其应用指南。黄皮书第 3 版，在一切可能的条件下，对新增的条件原则上参照《土木工程施工合同条件》第 4 版。

黄皮书中要求承包商提供的服务包括设计以及主要设备与机械的供应与安装，与承包商在土木工程施工合同中应提供的服务有根本的区别。生产设备和设计－施工合同条件，适用于由承包商做绝大部分设计的工程项目，特别是电力和(或)机械工程项目。

新黄皮书合同方式主要推荐用于包括电力和(或)机械工程，以及房屋建筑或工程的设计和实施的项目。如果采用这种合同方式，雇主只需在"雇主的要求"中说明工程的目的、范围和设计等方面的技术标准，一般是由承包商按照此要求进行设计、提供设备并进行施工，完成的工作只有符合"雇主的要求"才会被雇主接收。雇主一般对项目进行中的工作参与较少，主要依靠工程师把好工程的检验关。

新黄皮书与黄皮书相比，条款内容做了比较大的改动与补充，借鉴了 FIDIC 1995 年出版的橘皮书格式，条款顺序也进行了合理调整，对雇主和承包商双方的职责和义务，以及工程师的职权都做了更为严格而明确的规定。

与 FIDIC 1999 年版《施工合同条件》一样，新黄皮书的附件中包括母公司保函、投标保函、履约保函、履约担保书、预付款保函、保留金保函、雇主支付保函的范例格式，之后是投标书、投标书附录(取代了黄皮书的"序言")和合同协议书的范例格式。还为解决合同争端采用了争端裁决委员会(DAB)的工作程序，并附有"争端裁决协议书的通用条件"和"程序规则"，以及分别用于一个人或三个人组成的 DAB 的"争端裁决协议书"。

为了使合同条件的使用者更便于了解和确定合同实施过程中的一些合同的关键活动和时间点，新黄皮书在其通用合同条件之前给出了按照时间坐标排列的三个典型过程图，即"工程设备和设计－建造合同中主要事件的典型过程""支付事件的典型过程""争端事件处理的典型过程"。

二、工程质量管理

由于在新黄皮书合同方式下雇主对工程的管理相对比较宽松，为了保证工程的质量，检验问题就显得格外重要，要求承包商按照合同规定建立一套质量保证体系。在每一设计和实施阶段开始之前，均应将所有程序的细节和执行文件提交工程师。工程师有权审查质量保证体系的各个方面，但这并不能解除承包商在合同中的任何职责、义务和责任。这对承包商的施工质量管理提出了更高的要求，也便于工程师检查工程和保证工程质量。

与 EPC 合同形式相似，这种合同对工程质量的控制也是通过施工期间的检验、竣工试验和竣工后试验进行的。因为新黄皮书方式下设计是由承包商进行的，工程项目中设备安装和调试所占比重很大。在进行竣工检验时，承包商要先依次进行试车前的测试、试车测试、试运行，然后才能通知工程师进行性能测试以确认工程是否符合"雇主的要求"及"保证书"的规定。

增加了可供选择的"竣工后试验"，以保证工程最终的质量。对于某些类型的工程，竣工后试验包括采用较为繁杂的接收标准的某些重复的竣工检验，可能是电气、液压和机械等方面的综合检验。工程在可靠性运行期间将持续运行。竣工后试验结果的评估应由雇主和承包商共同进行，以便在早期解决任何技术和质量上的分歧，还规定了未能通过"竣工后试验"时补偿雇主损失的具体办法。

如果采用这种合同方式，雇主要在"雇主的要求"中说明工程的目的、范围和设计，以及其他技术标准。开工后一定期限内，承包商要对"雇主的要求"进行审查，若发现不妥之处，要通知工程师，如果工程师决定修改"雇主的要求"，则按变更处理，竣工时间和合同价格都将随之调整。否则，承包商应按"雇主的要求"进行设计。此后如果出现设计错误，承包商必须自费改正其设计文件和工程，而无论此设计是否已经过工程师的批准或同意。

三、支付管理

同 EPC 合同相同，这种合同也是一种总价合同方式。如果工程的任何部分要根据提供的工程量或实际完成的工作来进行支付，其测量和估价的方法应在专用条件中规定。但如果法规或费用发生了变化，合同价格将随之作出调整。

新黄皮书的支付有三个特点：一是采用以总价为基础的合同方式；二是如果适用的法规发生变化或工程费用出现涨落，合同价格将随之作出调整；三是如果工程的某些部分要根据提供的工程量或实际完成的工作来进行支付，其测量和估价的方法必须在合同专用条件中进行规定。

新黄皮书关于雇主向承包商的支付问题做了更加严格而明确的规定。如新增了"雇主的资金安排"一款，规定雇主应按承包商的要求提交其资金安排计划，以保证资金按时到位。在专用条件中加入了一段"在承包商融资情况下的范例条款"，条款中规定雇主方应向承包商提交"支付保函"。对支付时间做了更明确的规定，在工程师收到期中支付申请报表和证明文件之后 56 天内，雇主应向承包商支付。关于基准日期之后发生的法规变化而产生的价格调整问题，新黄皮书中也有较为详细的规定。

新黄皮书的期中支付是建立在支付计划表基础上的。此类支付计划表可采用下列形式中的一种。

第一种，为竣工时间内的每一个月填写金额数（或合同价格的一个百分数），但如果承包商的实际工程进度与制订支付计划表时预计的进度有重大差别，则分期付款额会变得不合理，因此，规定对按日历天数计算分期付款额的支付计划表在考虑实际进度的情况下可以被调整。若工程进度落后于制订支付计划表时预计的进度计划，则雇主和工程师有权修改分期付款额；如果进度超前则原定支付计划表不变。

第二种，支付计划表可建立在工程实施过程中实际完成进度的基础上，即建立在完成所规定的里程碑基础上，这一方法的可行性在于它要求必须仔细定义支付里程碑，否则就可能引起争议。

四、进度控制

新黄皮书与其他合同条件类似，也要求承包商在工程开工后提交进度计划。该进度计划在经过审核后，是雇主控制工程进度的重要依据。因此，雇主有权要求在实际进度与计划不符时，由承包商提交更新的进度计划，以保证项目工期目标的实现。同时，针对项目实施过程中的实际情况，雇主方有权要求暂时停止施工。

案例

某工程所在地区，因连降暴雨成灾，爆发了严重的山洪，使正在施工的桥梁工程遭受如下损失。

(1)大部分临时施工栈桥和脚手架被冲毁，估计损失为300万元。

(2)一座临时仓库被狂风吹倒，使库存水泥等材料被暴雨淋坏和冲走，估计损失为80万元。

(3)洪水冲走和损坏了一部分施工机械设备，其损失为50万元。

(4)临时房屋工程设施倒塌造成人员伤亡，产生的损失为15万元。

(5)工程被迫停工20天，造成人员和机械设备闲置损失达60万元。

依据FIDIC合同条款，该工程分别办理了工程全保险、承包商机械装备保险及人身安全保险。雇主应承担的风险应为上述(1)和(2)两项与工程相关的风险。承包商应承担(3)、(4)和(5)的有关风险。这些风险均可依据保险公司的规定，得到相应的经济赔偿。若雇主的损失费用为380万元，如已办理了3‰的保险，该项目工程造价为8 000万元，投保金额为分期办理，本期只办理了6 000万元，则保险公司可以赔偿的金额为285万元，雇主花费的保险费＝6 000×3‰＝18(万元)。由此计算可知，雇主只花费了18万元的保险费而避免了285万元的经济损失。承包商共损失了125万元的资产，与雇主同理，也可以通过所办的保险向承保的保险公司索赔。

分析：

FIDIC合同体系历来非常重视以保险的方式转移工程风险，保险品种包括第三者(也称第三方)责任险、承包商全险、车辆保险等，也规定承包商必须把工程性质和范围的任何变化通知保险公司，以确保在合同期限内一直有足够的保险保障。新红皮书比较红皮书而言，对于保险责任方的限制给出了较为灵活的约定，包括向合同双方表明已经履行保险义务的时限，以及办理具体保险时投保的额度等，都比以往更具操作性。

保险在项目实施过程中是必不可少的，因其确实可以防范和转移许多风险，使承包商不致遭受毁灭性打击。如果承包商没能或不会适当处理项目保险或针对自身的保险，会蒙受很大的经济损失。如果没有适当的保险(或者由于没有提供所要求的资料而使保险无效)，雇主可能由此向承包商提起索赔，同时，承包商也无法依据保险单的规定获得相应的补偿。

国际承包工程中遇到的保险主要有以下几种(有些是强制的，合同中明确规定了必须投)：承包商全险、第三者责任险、运输保险、车辆保险、人身保险。平时常见的是承包商全险、第三者责任险，这些险的理赔办起来相当复杂，很难拿回经济补偿，所以，在实际办理时应尽量降低投保金额，从而减少保险费用的支出。

对于我国的"建设工程一切险"和"安装工程一切险"条款均附加了第三者责任的内容。FIDIC合同条件所提的"最小保险金额"是就第三者责任险而言的，即指当第三者责任险发生赔偿时，承包商所应收取的最低保费数额，而且这种赔偿在一年中是不限次数的。该金额在标书的附件里通常是明列的，如标书附件里写明"最小保险金额"为10 000美元，但若根据(保险×费率)的公式计算出来的第三者责任险保费低于此值，则承包商也有权按10 000美元的标准向保险公司收取保险费。如果承包商认为必要，可以在投标时把第三者责任险的保险金额提高一些。当然这种加大通常与所付的保险费成正比关系。

有经验的承包商会从风险与支付的角度考虑并权衡利弊，有时，一项工程中的某些分项工程相对较小或发生的概率较低，他就可能不将这部分列入投保额，从而减少保险费的支出。

另外，在一些国际工程项目中，经常涉及大宗设备的采购，所以还会投保运输险，尤其是海上货物运输保险。因为大宗货物长途运输很难说不出任何事情，若发生事故就要进行理赔，能把损失弥补回来。人行现在经常使用的国际贸易术语中就包含了货物运抵工程所在地的保险费用。车辆险也一定要保，车出事的概率太大，上路的各种大小车辆在外面天天跑，时刻伴随着风险。再就是人身保险，FIDIC合同中有人身保险的条款，承包商应注意分析，谨慎处理在合同期间影响保险人的信息(包括对可能提起理赔的通知)，以免在以后提出主张时被拒绝。

项目小结

本项目主要介绍了FIDIC组织，FIDIC合同条件实施条件及标准化，FIDIC土木工程施工合同条件，设计采购施工/交钥匙工程合同条件，FIDIC生产设备和设计一施工合同条件等内容。通过本项目的学习，学生可以对FIDIC施工合同有一定的认识，能在工作中正确应用。

课后练习

1. FIDIC合同条件的实施条件是什么？
2. 简述施工合同条件文本结构。
3. 简述合同的时间概念。
4. 合同变更的内容有哪些？
5. 由雇主终止的FIDIC合同的情形有哪些？

项目九　工程合同索赔管理

项目引例

某施工单位与建设单位按《建设工程施工合同（示范文本）》(GF—2017—0201)签订了可调整价格施工承包合同，合同工期390天，合同总价5 000万元。合同中约定按建标〔2013〕44号文综合单价法计价程序计价，其中措施项目费费率为20％，规费费率为5％，取费基数为人工费与机械费之和。该工程在施工过程中出现了如下事件。

课件：工程合同
索赔管理

(1)因地质勘探报告不详，出现图纸中未标明的地下障碍物，处理该障碍物导致工作A持续时间延长10天(该工作处于非关键线路上且延长时间未超过总时差)，增加人工费2万元、材料费4万元、机械费3万元。

(2)因不可抗力而引起施工单位的供电设施发生火灾，使工作C持续时间延长10天(该工作处于非关键线路上且延长时间未超过总时差)，增加人工费1.5万元、其他损失费用5万元。

(3)结构施工阶段因建设单位提出工程变更，导致施工单位增加人工费4万元、材料费6万元、机械费5万元，工作F持续时间延长30天(该工作处于关键线路上)。

问题：
针对上诉事件，施工单位按程序提出了工期索赔和费用索赔。请问，索赔流程是什么？

职业能力

具备发现施工索赔情况的能力，以及申请和处理能力。

职业道德

培养学生的主观能动性，树立正确的索赔观念和维权意识，养成良好的职业习惯。

任务一　建设工程施工索赔概述

任务导读

索赔是合同和法律赋予正确履行合同者免受意外损失的权利，索赔是当事人保护自己、避免损失、增加利润、提高效益的一种重要手段。索赔是落实和调整合同双方的责、权、利关系的手段，也是合同双方风险分担的又一次合理再分配。若离开了索赔，合同责任就不能全面体现，合同双方的责、权、利关系就难以平衡。索赔是合同实施的保证。索赔是合同法律效力的具体体现，对合同双方形成约束条件，特别能对违约者起到警诫作用，违约方必须考虑违约后的后果，从而尽量减少其违约行为的发生。索赔对提高企业和工程项目管理水平起着重要的促进作用。承包商应正确、辩证地对待索赔问题。在任何工程中，索赔是不可避免的，通过索赔能使损失得到补偿，增加收益。所以，承包商要保护自身利益，争取盈利，不能不重视索赔问题。

任务目标

1. 了解工程索赔的概念和特征，熟悉工程索赔分类、工程索赔起因。
2. 熟悉工程索赔要求，掌握工程索赔事件。
3. 熟悉工程索赔事件发生率、工程索赔依据、工程索赔证据。

知识准备

一、工程索赔的概念

索赔是当事人在合同实施过程中，根据法律、合同规定及惯例，对不应由自己承担责任的情况造成的损失，向合同的另一方当事人提出给予赔偿或补偿要求的行为。

建设工程索赔通常是指在工程合同履行过程中，合同当事人一方因非自身因素或对方不履行或未能正确履行合同而受到经济损失或权利损害时，通过一定的合法程序向对方提出经济或时间补偿的要求。索赔是一种正当的权利要求，它是发包方、监理工程师和承包方之间一项正常的、大量发生而且普遍存在的合同管理业务，是一种以法律和合同为依据的、合情合理的行为。

建设工程索赔包括狭义的建设工程索赔和广义的建设工程索赔。狭义的建设工程索赔是指人们通常所说的工程索赔或施工索赔。工程索赔是指建设工程承包商在由于发包人的原因或发生承包商和发包人不可控制的因素而遭受损失时，向发包人提出的补偿要求。这种补偿包括补偿损失费用和延长工期。广义的建设工程索赔是指建设工程承包商由于合同对方的原因或合同双方不可控制的原因而遭受损失时，向对方提出的补偿要求。这种补偿可以是损失费用索赔，也可以是索赔实物。它不仅包括承包商向发包人提出的索赔，还包括承包商向保险公司、供货商、运输商、分包商等提出的索赔。

二、工程索赔的特征

从索赔的基本含义可以看出，索赔具有双向性、实际性和单方行为性。

(1)索赔的双向性指的是承包人可以向发包人索赔，发包人同样也可以向承包人索赔。发包人始终处于主动和有利地位，对承包人的违约行为，发包人可以通过直接从应付工程款中扣抵、扣留保留金或通过履约保函向银行索赔来实现自己的索赔要求。

(2)索赔的实际性是指只有实际发生了经济损失或权利损害一方才能向对方索赔。经济损失是指因对方因素造成合同外的额外支出，如人工费、材料费、机械费、管理费等额外开支。权利损害是指虽然没有经济上的损失，但造成了一方权利上的损害，如对于恶劣气候条件对工程进度造成的不利影响，承包人有权要求延长工期等。

(3)索赔的单方行为性指的是索赔是一种未经对方确认的单方行为。对对方尚未形成约束力，这种索赔要求最终能否得到实现，必须通过确认（如双方协商、谈判、调解或仲裁、诉讼）后才能得知。

三、工程索赔的分类

由于索赔贯穿工程项目全过程，可能发生的范围比较广泛。索赔从不同的角度、按不同的方法和不同的标准，可以有多种分类方法。

1. 按索赔当事人分类

按索赔当事人不同，索赔可分为承包商与发包方间的索赔、承包商与分包商间的索赔、承包商与供货商间的索赔及业主与监理单位间的索赔。承包商与发包方间的索赔一般与工程计量、工程变更、工期、质量、价格等方面有关，有时也与工程中断、合同终止有关。在总分包的模式下，总承包商与分包商之间可能就分包工程的相关事项产生索赔。承包商与供货商之间可能因产品或货物的质量不符合技术要求，数量不足或不能按时交货或不能按时支付货款产生索赔。业主与监理单位在监理合同履行中因双方的原因或单方原因使合同不能得到很好的履行或外界原因（如政策变化、不可抗力等）而产生的索赔。

2. 按索赔的依据分类

按索赔依据不同，索赔可分为合同内索赔、合同外索赔和道义索赔。合同内索赔是指索赔所涉及的内容可以在合同条款中找到依据，并可根据合同规定明确划分责任。一般情况下，合同内索赔的处理和解决要顺利一些。合同外索赔是指索赔的内容和权利难以在合同条款中直接找到依据，但可从合同引申含义和合同适用法律或政府颁发的有关法规及相关的交易习惯中找到索赔的依据。道义索赔是指承包商在合同内或合同外都找不到可以索赔的合同依据或法律依据，因而没有提出索赔的条件和理由，但承包商认为自己有要求补偿的道义基础，而对其遭受的损失提出具有优惠性质的补偿要求。道义索赔的主动权在业主手中，业主在下面四种情况下，可能会同意并接受这种索赔：第一，若另找其他承包商，费用会更大；第二，为了树立自己的形象；第三，出于对承包商的同情和信任；第四，谋求与承包商更理解或更长久的合作。

📋**案例**

某市某大学修建一教学楼，该工程经公开招标投标后，该市一建筑工程公司（简称 A 公司）中标，合同工期 300 天，施工合同采用固定单价合同，合同明确该工程综合单价包干，施工期间不做任何调整。该工程建筑面积 23 510 m²，总用钢量约 1 100 t。该工程于 2013 年 10 月初开工，工程开工后不久，该地区钢材价格持续暴涨，从 2012 年 11 月的均价 3 100 元/t，一直涨到 2013 年 4 月的均价 4 500 元/t。A 公司在投标报价中，按 3 150 元/t 钢材价格报价，钢材价格大幅上涨，使 A 公司遭受重大损失，如果继续施工，A 公司仅在钢材一项上将损失 140 万元左右。A 公司反复研究后，向业主提出索赔，要求业主补偿由于钢材大幅涨价造成的损失。

业主方收到 A 公司索赔报告后，并未同意索赔，认为该工程已签订固定单价合同，并约定综合单价不得调整，所以材料单价也不得调整，工程的中标价（合同价）是 A 公司自主报出的，相应的风险也应由 A 公司自己承担。

由于索赔未果，A 公司不愿承担如此大的损失，工程已处于停工的边缘。业主在收到

A公司提交的第三次索赔报告后，经过认真研究和分析，以及走访建设行业主管部门，认为钢材价格暴涨的确是A公司应承担的风险，但并不是A公司的过错引起的；该教学楼原定2013年9月开学即将投入使用，如果不能按期竣工，将影响学校的正常教学工作，A公司在工程施工过程中，与业主学校方合作也一直是友好顺利的，基于以上原因，业主最后同意就钢材价格索赔给予经济补偿。

在索赔谈判中，业主方指出：此次钢材价格上涨，按合同规定的确是A公司应承担的风险，A公司未有效采取备料、预订材料等措施，致使其遭受重大损失，但从工程大局出发，业主方同意按钢材均价3 950元/t重新计算综合单价，以补偿A公司的损失（补偿约为涨价幅度的60%），而剩余部分则由A公司自己承担。

经过认真考虑，A公司最后同意了这一索赔方案。

分析：

(1)这是一起典型的道义索赔案件，即承包人的索赔没有相应的合同条件的支持，从合同默示的条款来说，也推论或引申不出相应的支持条件。所以该案例按照合同条件不应该索赔。业主完全从工程大局（需按时使用教学楼）和双方友好合作的角度出发同意补偿。

(2)业主最后同意按涨价价差的60%补偿A公司，A公司自己也承担涨价价差的40%，这种索赔处理是合理的。钢材价格大幅上涨，不是A公司的责任，但A公司中标后，应该采取预先备料等措施，以防止材料价格的风险，A公司没有这样做，也是A公司管理的失误。A公司自己承担部分损失，是完全应该的。

(3)为了实现索赔目的，A公司为该干扰事件一共提交了三次索赔报告，以打动业主、换取业主的同情，也表示自己解决问题的迫切心情，从道义索赔的角度出发，这也是值得采取的措施。

(4)需要特别指出的是，如果A公司由于该干扰事件索赔不成功而停工的话，其责任完全在A公司，A公司将承担停工而带来的违约责任。所以，施工企业在工程施工中由于干扰事件而带来的不利影响，应尽量采取相应的管理措施（如索赔）来解决，而不能以停工相威胁。

(5)该案例反映了合同风险管理的问题，双方在签订合同时，一定要考虑到各种风险造成的影响，如该案例中遇到材料价格大幅上涨，也是很多施工过程中常出现的问题。一方面，A公司在保证中标的前提下，一定要考虑投标报价的风险；另一方面，双方应在合同中约定当材料价格上涨一定幅度后材料单价的调整方案，达到风险分析的目的，以免对工程建设造成重大影响。

3. 按索赔目标分类

按索赔目标不同，索赔可分为费用索赔和工期索赔。在合同履行中，由于非自身的原因而应由对方承担责任或风险情况，使自己有额外的费用支付或损失，可以向对方提出费用索赔。如工程量增加，承包商可以向发包方提出费用补偿的索赔要求。工期索赔主要指出现了应由发包方承担风险责任的事件影响了工期，承包商可以向发包方提出工期补偿的索赔要求。

4. 按索赔事件的性质分类

按索赔事件性质不同，索赔可分为工程延误索赔、工程变更索赔、工程终止索赔、工程加速索赔、意外风险和不可预见因素索赔及其他索赔。工程延误索赔是工程中常见的一类索赔。因业主未按合同要求提供施工条件，如未及时交付设计图纸、施工现场、道路等，或因业主指令工程暂停或不可抗力事件等原因造成工期拖延的，承包商对此提出索赔。由于业主或监理工程师指令增加或减少工程量或增加附加工程、修改设计、变更工程施工顺序等，造成工期延长和费用增加，承包商对此提出索赔，即工程变更索赔。由于业主违约或发生了不可抗力事件等造成工程非正常终止，承包商因蒙受经济损失而提出索赔，即工程终止索赔。由于业主或监理工程师指令承包商加快施工速度、缩短工期，引起承包商人、财、物的额外开支而提出的索赔即工程加速索赔。意外风险和不可预见因素索赔是指在工程实践中，因人力不可抗拒的自然灾害、特殊风险，以及一个有经验的承包商通常不能合理预见的不利施工条件或外界障碍，如地下水、地质断层、溶洞、地下障碍物等引起的索赔。除上述几种索赔外，还包括因货币贬值、汇率变化、物价、工资上涨、政策法令变化等原因引起的其他索赔。

5. 按索赔处理方式分类

按索赔处理方式不同，索赔可分为单项索赔和综合索赔。单项索赔是针对某一干扰时间提出的，在影响原合同正常运营的干扰事件发生时或发生后，由合同管理人员立即处理，并在合同规定的索赔有效期内向业主或监理工程师提交索赔要求和报告。单项索赔通常原因单一，责任单一，分析起来相对容易，由于涉及的金额一般较小，双方容易达成协议，处理起来也比较简单。因此，合同双方应尽可能地用此种方式来处理索赔。综合索赔又称为一揽子索赔，一般在工程竣工前和工程移交前，承包商将工程实施过程中因各种原因未能及时解决的单项索赔集中起来进行综合考虑，提出一份综合索赔报告，由合同双方在工程交付前后进行最终谈判，以一揽子方案解决索赔问题。在合同实施过程中，有些单项索赔问题比较复杂，不能立即解决，为不影响工程进度，经双方协商同意后留待以后解决。有的是业主或监理工程师对索赔采用拖延办法，迟迟不给出答复，使索赔谈判旷日持久。还有的是承包商因自身原因，未能及时采用单项索赔方式等，都有可能出现一揽子索赔的情况。由于在一揽子索赔中许多干扰事件交织在一起，影响因素比较复杂而且相互交叉，责任分析和索赔值计算都很困难，索赔涉及的金额往往又很大，双方都不愿或不容易作出让步，使索赔的谈判和处理都很困难。因此，综合索赔的成功率比单项索赔要低得多。

四、工程索赔的起因

在现代承包工程中（特别是在国际承包工程中），索赔经常发生，而且金额很高。造成索赔的原因也有很多种。

1. 施工延期引起索赔

施工延期是指由于非承包商的各种原因造成的工程进度推迟，施工不能按原计划时间进行。大型的土木工程项目在施工过程中，由于工程规模大，技术复杂，受天气、水文地质条件等自然因素影响，又受到来自社会的政治、经济等人为因素影响，发生施工进度延期是比较常见的。施工延期的原因有时是单一的，有时又是多种因素综合交错而形成的。施工延期的事件发生后，会给承包商造成两个方面的损失：一方面，损失是时间损失；另一方面，损失是经济方面的。因此，当出现施工延期的索赔事件时，往往在分清责任和损失补偿方面，合同双方易发生争端。常见的施工延期索赔大多是因为发包人征地拆迁受阻，未能及时提交施工场地；或是由于气候条件恶劣（如连降暴雨）使大部分土方工程无法开展等而引起的。

2. 恶劣的现场自然条件引起索赔

恶劣的现场自然条件一般是指有经验的承包商事先无法合理预料的，例如地下水、未探明的地质断层、溶洞、沉陷等；另外还有地下的实物障碍，如经承包商现场考察无法发现的、发包人资料中未提供的地下人工建筑物，地下自来水管道、公共设施、坑井、隧道、废弃的建筑物混凝土基础等，这都需要承包商花费更多的时间和金钱去克服和除掉这些障碍与干扰。因此，承包商有权据此向发包人提出索赔要求。

3. 合同变更引起索赔

合同变更的含义是很广泛的，它包括了工程设计变更、施工方法变更、工程量的增加与减少等。对于土木工程项目的实施过程来说，变更是客观存在的。只是这种变更必须是在原合同工程范围内的变更，若属超出工程范围的变更，承包商有权予以拒绝。特别是当工程量变化超出招标时工程量清单的 20%以上时，可能会导致承包商的施工现场人员不足，需另雇工人；也可能会导致承包商的施工机械设备失调。工程量的增加，往往要求承包商增加新型号的施工机械设备，或增加机械设备数量等。人工和机械设备的需求增加，则会引起承包商额外的经济支出，扩大了工程成本。反之，若工程项目被取消或工程量大减，又势必会引起承包商原有人工和机械设备的窝工和闲置，造成资源浪费，导致承包商的亏损。因此，在合同变更时，承包商有权提出索赔。

4. 合同矛盾和缺陷引起索赔

合同矛盾和缺陷常表现为合同文件规定不严谨，合同中有遗漏或错误。这些矛盾和缺陷常反映为设计与施工规定相矛盾，技术规范和设计图纸不符合或相互矛盾，以及一些商务和法律条款规定有缺陷等。在这种情况下，承包商应及时将这些矛盾和缺陷反映给监理工程师，由监理工程师作出解释。若承包商执行监理工程师的解释指令后，造成施工工期延长或工程成本增加，则承包商可提出索赔要求，监理工程师应予以证明，发包人应给予相应的补偿。因为发包人是工程承包合同的起草者，应该对合同中的缺陷负责，除非其中有非常明显的遗漏或缺陷，依据法律或合同可以推定承包商有义务在投标时发现并及时向发包人报告。

5. 参与工程建设主体的多元性引起索赔

由于一个工程项目往往会有发包人、总包商、监理工程师、分包商、指定分包商、材料设备供应商等众多参加单位，各单位的技术、经济关系错综复杂，相互联系又相互影响，只要一方失误，不仅会造成自身的损失，而且会影响其他合作者，造成他人损失，从而导致争执和索赔的出现。

小提示

随着工程的逐步开展，问题会不断暴露出来，工程项目必然会受到影响，从而导致工程项目成本和工期的变化，这就是索赔形成的根源。因此，索赔的发生，不仅是索赔意识或合同观念的问题，从本质上讲，索赔也是一种客观存在。

案例

某承包商投标一个中型水电站，合同中要求施工方根据已有的资料自行对围堰进行设计和施工，费用总包。从业主发出招标通知到投标截止日不足一个月，承包方根据初设文件资料对围堰进行了设计，围堰总报价 77 万元。在施工过程中，承包商施工的防渗墙渗水量较大，承包方在已成型的防渗墙上进行补孔补漏，基坑开挖才得以继续进行，但围堰施工成本达到 150 万元以上。在基坑开挖完成后承包方发现除河床面存在许多体积大于 2 m³ 的大孤石外，实际河床基岩面高程也比大坝初设图纸标示的基岩高程降低 2 m，承包商以地表以下地质资料存在错误为由要求索赔，补偿围堰施工增加的防渗墙费用和围堰初期渗水严重造成的抽水费用增加共计 78 万元。

分析：

不利的自然条件是指施工中遭遇到的实际自然条件比招标文件中所描述得更为困难和恶劣，是一个有经验的承包商无法预测的不利自然条件与人为障碍，导致承包商必须花费更多的时间和费用，在这种情况下，承包商可以向业主提出索赔要求。因此，在非设计、勘探、施工总包合同中，特别是对地质条件，承包商虽有责任全面了解地质资料，但合同中并没有独立进行地勘的义务，其对地质条件的理解，更多的是依赖于工程建设第三方合同——地勘单位所提供的地质资料，而对于地质资料的真实性与完备性，地勘单位应当负责，不应由施工承包商负其责。

五、工程索赔的要求

在承包工程中，索赔要求通常有合同工期的延长和费用补偿。承包合同中都有关于工期（开始时间和持续时间）和工程拖延的罚款条款。如果工程拖期是由承包商管理不善造成的，则必须由自己承担责任，接受合同规定的处罚。而对外界干扰引起的工期拖延，承包商可以通过索赔，取得发包人对合同工期延长的认可，在这个范围内则可免去对承包商的合同处罚。非承包商自身责任造成工程成本增加，使承包商增加额外费用，蒙受经济损失，承包商可以根据合同规定提出费用赔偿要求。如果该要求得到发包人的认可，发包人应向承包商追加支付这笔费用以补偿其损失。这样，实质上承包商通过索赔提高了合同价格，常常不仅可以弥补自身的经济损失，而且还能增加工程的利润。

六、工程索赔的事件

索赔事件又称干扰事件，是指那些使实际情况与合同规定不符合，最终引起工期和费用变化的那类事件。不断地追踪、监督索赔事件就是在不断地发现索赔机会。

1. 承包人可以提出的索赔事件

在工程实践中，承包人可以提出的索赔事件通常有发包人（业主）违约（风险）、不利的自然条件与客观障碍、工程变更、工期延长和延误、工程师指令和行为、合同缺陷、物价上涨、国家政策及法律法规变更、货币及汇率变化、其他承包人干扰、其他第三人原因等。

发包人（业主）违约（风险）见表 9-1。

表 9-1 发包人（业主）违约（风险）

序号	项目	内容
1	发包人未按合同约定完成基本工作	例如：发包人未按时交付合格的施工现场及行驶道路、接通水电等；未按合同规定的时间和数量交付设计图纸和资料；提供的资料不符合合同标准或有错误（如工程实际地质条件与合同提供资料不一致）等

序号	项目	内容
2	发包人未按合同规定支付预付款及工程款等	大部分合同中都有支付预付款和工程款的时间限制及延期付款计息的利率要求。如果发包人不按时支付，承包人可据此规定向发包人索要拖欠的款项并索赔利息，督促发包人迅速偿付。对于严重拖欠工程款，导致承包人资金周转困难，影响工程进度，甚至引起中止合同的严重后果，承包人则必须严肃地提出索赔，甚至诉讼
3	发包人（业主）应该承担的风险发生	由于业主承担的风险发生而导致承包人的费用损失增大时，承包人可据此提出索赔。许多合同规定，承包人不仅对由此而造成工程、业主或第三人的财产的破坏和损失及人身伤亡不承担责任，而且业主应保护和保障承包人不受上述特殊风险后果的损害，并免于承担由此而引起的与之有关的一切索赔、诉讼及其费用。相反，承包人还应当得到由此损害引起的任何永久性工程及其材料的付款及合理的利润，以及一切修复费用、重建费用及上述特殊风险导致的费用增加。如果由于特殊风险而导致合同终止，承包人除可以获得应付的一切工程款和损失费用外，还可以获得施工机械设备的撤离费用和人员遣返费用等
4	发包人或工程师要求工程加速	当工程项目的施工计划进度受到干扰，导致项目不能按时竣工，发包人的经济效益受到影响时，发包人或工程师可能会要求承包人加班赶工来完成工程项目，承包人不得不在单位时间内投入比原计划更多的人力、物力与财力进行施工，以加快施工进度
5	发包人不正当地终止工程	由于发包人不正当地终止工程，承包人有权要求补偿损失，其数额是承包人在被终止工程上的人工、材料、机械设备的全部支出，以及各项管理费用、保险费、贷款利息、保函费用的支出（减去已结算的工程款），并有权要求赔偿其盈利损失

表 9-1 中的工程师要求工程加速包括直接指令加速和推定加速。如果工程师指令比原合同日期提前完成工程，或者发生可原谅延误，但工程师仍指令按原合同完工日期完工，承包人就必须加快施工速度，这种根据工程师的明示指令进行的加速就是直接指令加速。一项工程遇到各种意外情况或工程变更而必须延展工期，但是发包人由于自己的原因（例如，该工程已出售给买主，需要按协议时间移交给买主），坚持不予展期，这就迫使承包人要加班赶工来完成工程，从而将导致成本增加，承包人可以要求赔偿工程延误使现场管理费附加费用增加的损失，同时要求补偿赶工措施费用，例如加班工资、新增设备租赁和使用费、分包的额外成本等。但必须注意，只有非承包人过错引起的施工加速才是可补偿的，如果承包人发现自己的施工比原计划落后了而自己加速施工以赶上进度，则发包人无义务给予补偿，承包人还应赔偿发包人一笔附加监理费，因发包人多支付了监理费。在有些情况下，虽然工程师没有发布专门的加速指令，但客观条件或工程师的行为已经使承包人合理意识到工程施工必须加速，这就是推定加速。推定加速与直接指令加速在合同实施中的意义是一样的，只是在确定是否存在推定指令时，双方比较容易产生分歧，不像直接指令加速那样明确。为了证明推定加速已经发生，承包人必须证明自己被迫比原计划更快地进行了施工，具体证明的内容包括工程施工遇到了可原谅延误，按合同规定应该获准延长工期；承包人已经特别提出了要求延长工期的索赔申请；工程师拒绝或未能及时批准延长工期；工程师已以某种方式表明工程必须按合同时间完成；承包人已经及时通知工程师，工程师的行为已构成要求加速施工的推定指令；这种推定加速实际上使施工成本增加。

2. 发包人可以提出的索赔事件

发包人可以提出的索赔事件通常有施工责任、工期延误、承包人超额利润、指定分包商的付款、承包人不履行的保险费用、发包人合理终止合同或承包人不正当地放弃工程。

当承包人的施工质量不符合施工技术规程的要求，或在保修期未满以前未完成应该负责修补的工程时，发包人有权向承包人追究责任。如果承包人未在规定的时限内完成修补工作，发包人有权雇佣他人来完成工作，发生的费用由承包人负担。

在工程项目的施工过程中，由于承包人的原因，竣工日期拖后，影响发包人对该工程的使用，给发包人带来经济损失时，发包人有权对承包人进行索赔，即由承包人支付延期竣工违约金。建设工程施工合同中的误期违约金，通常是由发包人在招标文件中确定的。

如果工程量增加很多（超过有效合同价的15%），使承包人预期的收入增大，因工程量增加承包人并不增加固定成本，合同价应由双方讨论调整，发包人有权收回部分超额利润。由于法规的变化导致承包人在工程实施中降低了成本，产生了超额利润，也应重新调整合同价格，收回部分超额利润。

在工程承包人未能提供已向指定分包商付款的合理证明时，发包人可以直接按照工程师的证明书，将承包人未付给指定分包商的所有款项（扣除保留金）付给该分包商，并从应付给承包人的任何款项中如数扣回。

如果承包人未能按合同条款指定的项目投保，并保证保险有效，发包人可以投保并保证保险有效，发包人所支付的必要的保险费可在应付给承包人的款项中扣回。

如果发包人合理地终止承包人的承包，或者承包人不合理地放弃工程，则发包人有权从承包人手中收回由新的承包人完成工程所需的工程款与原合同未付部分的差额。

除了上述索赔事件，发包人提出的索赔事件还包括由于工伤事故给发包方人员和第三方人员造成的人身或财产损失的索赔，以及承包人运送建筑材料及施工机械设备时损坏了公路、桥梁或隧洞，交通管理部门提出的索赔等。

七、工程索赔事件的发生率

近年来，由于土木建筑市场竞争激烈，索赔无论在数量或金额上都呈不断递增的趋势，已引起发包人、承包人及有关各方越来越多的关注。美国某机构曾对政府管理的各项工程的索赔事件进行了系统调查，其结果可作为参考。

1. 索赔次数和索赔成功率

被调查的22项工程中，共发生施工索赔427次，平均每项工程索赔约20次，其中378次为单项索赔，49次为综合索赔。而单项索赔中有17次、综合索赔中有12次因证据不足而被对方撤销，撤销率占6.8%，即索赔成功率为93.2%，单项索赔成功率为95.5%，综合索赔成功率为75.5%。工程索赔率（索赔成功后获得的赔偿费占合同额的比例）为增量索赔率6%，减量索赔率0.37%。

2. 索赔与工期延长要求

在313次增量索赔中，有80次索赔同时要求延长工期，要求延期的索赔次数占增量索赔总数的25.6%，每项索赔平均延长20天。

3. 索赔的比例分布

在被调查的工程中，索赔主要是由于设计错误、工程变更、现场条件变化、恶劣气候和罢工及其他五种因素造成。设计错误是引起索赔的主要因素或种类，其出现次数占增量索赔的 46%，获得的赔偿费占赔偿总额的 40%。工程变更是引起索赔的重要因素或类别，分随意性变更和强制性变更两种。前者是指业主因最初工作范围规定不周或要求增减工作量所做的变更，后者是指因法规或规程变化所做的工程规模的变更，两种变更的索赔次数在增量索赔中占 26%，获得的赔偿费占赔偿总额的 28%。现场条件变化是指现场施工条件与合同规定不符，这些索赔次数占 15%，获得的赔偿费占 13%。恶劣气候和罢工索赔基本上是要求延长工期，因恶劣气候与罢工索赔所获准的延期占全部延期的 60%。其他原因包括终止合同和停工等一些不常发生的索赔，共占 2%，获得的赔偿费占 19%。

八、工程索赔的依据

索赔的依据主要是法律、法规及工程建设惯例，尤其是双方签订的工程合同文件。由于不同的具体工程有不同的合同文件，索赔的依据也就不完全相同，合同当事人的索赔权利也不同。FIDIC 合同条件和我国建设工程施工合同示范文本中都对业主和承包商的索赔依据和索赔权利做出了明确的规定，此处不做赘述。

📑 案例

某施工单位通过对某工程的投标，获得了该工程的承包权，并与建设单位签订了施工总价合同。在施工过程中发生了如下事件。

事件 1：基础施工时，建设单位负责供应的钢筋混凝土预制桩供应不及时，使该工作延误 4 天。

事件 2：建设单位因资金困难，在应支付工程月进度款的时间内未支付，导致承包方停工 10 天。

事件 3：在主体施工期间，施工单位与某材料供应商签订了室内隔墙板供销合同，在合同内约定：如供方不能按约定时间供货，每天赔偿订购方合同价万分之五的违约金。供货方因原材料问题未能按时供货，拖延 8 天。

事件 4：施工单位根据合同工期要求，冬期继续施工，在施工过程中，施工单位为保证施工质量，采取了多项技术措施，由此造成额外的费用开支共 20 万元。

事件 5：施工单位进行设备安装时，因业主选定的设备供应商接线错误造成设备损坏，使施工单位安装调试工作延误 5 天，损失 12 万元。

分析：

事件 1：钢筋混凝土预制桩供应不及时，造成该工作延误，属于建设单位的责任，因此，建设单位应给施工单位补偿 4 天工期和相应的费用。

事件 2：由于建设单位的原因造成施工临时中断，从而导致承包商工期的拖延和费用支出的增加，应由建设单位承担，因此，应由建设单位承担施工单位延误的工期和增加的费用的责任。

事件 3：材料供应商在履行该供销合同时，已构成了违约行为，所以应由材料供应商来承担违约金；而对于延误的工期来说，材料供应商不可能去承担此责任，反映在建设单位和施工单位的合同中，属于施工单位的责任，应由施工单位承担，因此，应由材料供应商支付违约金，施工单位承担工期延误和费用增加的责任。

事件 4：在签订合同时，保证施工质量的措施费已包括在合同价款内，因此，应由施工单位承担由此导致的费用增加的责任。

事件 5：建设单位分别与施工单位和设备供应商签订了合同，而施工单位与设备供应商不存在合同关系，无权向设备供应商提出索赔，对施工单位而言，应视为建设单位的责任，因此，应由建设单位承担由此造成的工期延误和费用增加的责任。

九、工程索赔的证据

任何索赔事件的确立，其前提条件是必须有正当的索赔理由。对正当索赔理由的说明必须要有证据，因为索赔的进行主要是靠证据说话。没有证据或证据不足，索赔是难以成功的。

1. 索赔证据的要求

索赔证据应具有真实性，必须是在实际工程过程中产生的，完全反映实际情况，并能经得住对方推敲。由于在工程过程中合同双方都在进行合同管理、收集工程资料，所以双方应有相同的证据，使用不实的或虚假证据是违反商业道德甚至法律的。

所提供的证据应能说明事件的全过程，具有全面性。索赔报告中所涉及的问题应有相应的证据，证据不能凌乱和支离破碎。否则，退回索赔报告，要求重新补充证据。这会拖延索赔的解决，损害索赔方在索赔中的有利地位。所以在工程中，对涉及合同的所有工程活动和其他经济活动都应做记录，对所有涉及合同的资料都应保存。

证据是工程活动或其他经济活动发生时的记录或产生的文件，具有及时性，除了专门的规定，后补的证据通常不容易被认可。此外，证据一般和索赔报告一并交付对方。

索赔的证据应当与索赔事件有必然联系，并能够互相说明且符合逻辑，不能互相矛盾。

小提示

> 索赔证据必须具有法律效力。一般要求证据必须是书面文件，有关记录、协议、纪要必须是双方签署的；工程中重大事件、特殊情况的记录、统计必须由监理工程师及业主签证认可。

2. 索赔证据的分类

索赔证据的类别包括干扰事件存在和事件经过的证据（主要为来往信件、会谈纪要、业主或监理工程师的指令等）、证明干扰事件责任和影响的证据、证明索赔理由的证据（如备忘录、会谈记录等）、证明索赔值的计算基础和计算过程的证据（如各种账单、记工单、进料单、用料单、工程成本报表等）。

常见的索赔证据类型包括招标文件，工程合同及附件，业主认可的施工组织设计、图纸、技术规范、工程各种有关交底记录、变更图纸、变更施工指令、工程各种会议纪要等；工程经业主或监理工程师签认的签证，工程各种往来信件，业主或监理工程师指令，信函、通知、答复等；施工计划及现场实施情况记录，施工日志及工长工作日志、备忘录；工程送电、送水、道路开通、封闭的日期及数量记录，工程停电、停水和干扰事件影响日期及恢复施工的日期；工程预付款、进度款拨付的数额及日期记录；工程图纸、图纸变更、交底记录的送达份数及日期记录，工程有关施工部位的照片录像等；工程现场记录及其后记录，有关天气的温度、风力、雨雪等；工程验收报告及各项技术评估报告等；工程材料采购、订货、运输、进场、验收、使用等方面的凭据，工程会计核算资料；建设行政主管部门发布的工程造价指数，政府发布的物价指数、工资指数，国家、省、市有关影响工程造价、工期的文件和规定等。

案例

在某国际工程中，工程师向承包商颁发了一份图纸，图纸上有工程师的批准及签字。但这份图纸的部分内容违反本工程的合同专用规范（工程说明），待实施到一半后工程师发现这个问题，要求承包商返工并按规范施工。承包商就返工问题向工程师提出索赔要求，但为工程师否定。承包商提出了问题：如果工程师批准发布的图纸与合同专用规范内容不同，能否作为工程师已批准的有约束力的工程变更？

分析：

（1）在国际工程中通常合同专用规范是优先于图纸的，承包商有责任遵守合同规范。

（2）如果双方一致同意，工程变更的图纸是有约束力的。但此一致同意不仅包括图纸上的批准意见，而且工程师应有变更的意图，即工程师在签发图纸时必须明确知道已经变更，而且承包商也清楚知道。如果工程师不知道已经变更（仅发布了图纸），则不论出于何种理由，他没有修改的意向，这个对图纸的批准没有合同变更的效力。

（3）承包商在收到一个与规范不同的或有明显错误的图纸后，有责任在施工前将问题呈交给工程师。如果工程师书面肯定图纸变更，则就形成有约束力的工程变更。而在本案例中承包商没有向工程师核实，则不能构成有约束力的工程变更。

鉴于以上情况，承包商没有索赔理由。

任务二　建设工程施工索赔程序与策略

任务导读

建设工程索赔的程序是一个复杂而严谨的过程，需要遵循一定的步骤和程序。索赔成功的首要条件是建好工程。只有建好工程，才能赢得业主和监理工程师在索赔问题上的合作态度，才能使承包商在索赔争端的调解和仲裁中处于有利的位置。因此，必须把建好合同项目、认真履行合同义务放在首要位置。

任务目标

掌握施工索赔程序；掌握施工索赔策略。

知识准备

一、施工索赔程序

建设工程施工索赔程序如图 9-1 所示。

（一）发出索赔意向通知

当索赔事件发生后，承包商应在合同规定的时间内及时向发包人或工程师书面提出索赔意向通知，也即向发包人或工程师就某一个或若干个索赔事件表示索赔愿望、要求或声明保留索赔的权利。索赔意向的提出是索赔工作程序中的第一步，其关键是抓住索赔机会，及时提出索赔意向。如果承包商没有在合同规定的期限内提出索赔意向或通知，承包商则会丧失在索赔中的主动和有利地位，发包人和工程师也有权拒绝承包商的索赔要求，这是索赔成立的有效和必备条件之一。因此，在实际工作中，承包商应避免合理的索赔要求由于未能遵守索赔时限的规定而导致无效。

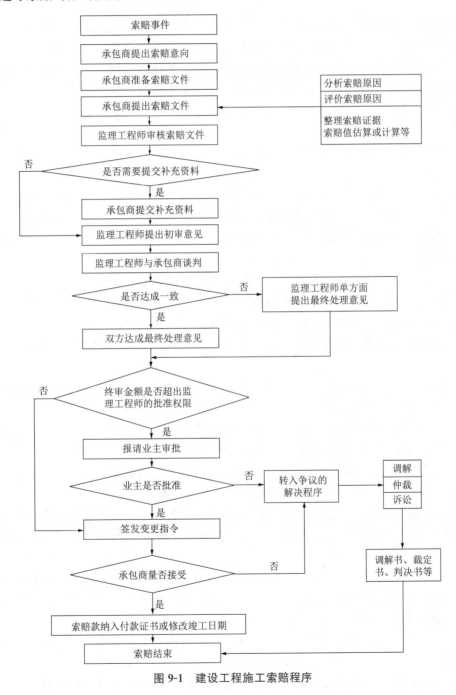

图 9-1　建设工程施工索赔程序

一般索赔意向通知仅仅是表明意向，应写得简明扼要，涉及索赔内容但不涉及索赔数额。

(二)收集索赔证据

索赔证据是关系到索赔成败的重要文件之一，在建设工程施工索赔过程中，应注重对索赔证据的收集。否则即使抓住了合同履行中的索赔机会，但拿不出索赔证据或证据不充分，索赔要求往往难以成功或被大打折扣。或者拿出的证据漏洞百出，前后自相矛盾，经不起对方的推敲和质疑，不仅不能促进本方索赔要求的成功，反而会被对方作为反索赔的证据，使承包商在索赔问题上处于极为不利的地位。因此，收集有效的证据是搞好索赔管理中不可忽视的一部分。

施工索赔所需证据可从下列资料中收集。

(1)施工日志。应指定有关人员现场记录施工中发生的各种情况，包括天气、出工人数、设备数量及使用情况、进度情况、质量情况、安全情况、监理工程师在现场有什么指示、进行了什么试验、有无特殊干扰施工的情况、遇到了什么不利的现场条件、多少人员参观了现场等。这种现场记录和日志有利于及时发现和正确分析索赔，可能成为索赔的重要证明材料。

(2)来往信件。对与监理工程师、发包人和有关政府部门、银行、保险公司的来往信函，必须认真保存，并注明发送和收到的详细时间。

(3)气象资料。在分析进度安排和施工条件时，天气是应考虑的重要因素之一，因此，应保存一份真实、完整、详细的天气情况记录，包括气温、风力、湿度、降雨量、暴风雪、冰雹等。

(4)备忘录。承包商对监理工程师和发包人的口头指示与电话应随时用书面记录，并签字给予书面确认。事件发生和持续过程中的重要情况也应有记录。

(5)会议纪要。承包商、发包人和监理工程师举行会议时要做好详细记录，对其主要问题形成会议纪要，并由会议各方签字确认。

(6)工程照片和工程声像资料。这些资料都是反映工程客观情况的真实写照，也是法律承认的有效证据，对重要工程部位应拍摄有关资料并妥善保存。

(7)工程进度计划。承包商编制的经监理工程师或发包人批准同意的所有工程总进度计划、年进度计划、季进度计划、月进度计划都必须妥善保管。任何有关工期延误的索赔中，进度计划都是非常重要的证据。

(8)工程核算资料。所有人工、材料、机械设备使用台账，工程成本分析资料，会计报表，财务报表，货币汇率，现金流量，物价指数及收付款票据，都应分类装订成册，这些都是进行索赔费用计算的基础。

(9)工程报告。工程报告包括工程试验报告、检查报告、施工报告、进度报告及特别事件报告等。

(10)工程图纸。工程师和发包人签发的各种图纸，包括设计图、施工图、竣工图及其相应的修改图，承包商应注意对照检查和妥善保存。对于设计变更索赔，原设计图和修改图的差异是索赔的最有利证据。

(11)招标投标阶段有关现场考察资料、各种原始单据(工资单、材料设备采购单)、各种法规文件和证书证明等，都应积累保存，它们都有可能是某项索赔的有利证据。

(三)编写索赔报告

1. 索赔报告的内容

索赔报告是指在合同规定的时间内，承包商向监理工程师提交的要求发包人给予一定经济补偿和延长工期的正式书面报告。索赔报告的水平与质量如何，直接关系到施工索赔的成功与否。建设工程施工索赔报告包括以下三部分内容。

第一部分，承包商或其他授权人发至发包人或工程师的信。建设工程承包商或其他授权人致发包人或工程师的信中应简要介绍索赔的事项、理由和要求，说明随函所附的索赔报告正文及证明材料情况等。

第二部分，正文。建设工程索赔报告的正文一般包括以下内容。

(1)题目。简要地说明针对什么提出索赔。

(2)索赔事件陈述。叙述事件的起因、事件经过、事件过程中双方活动及事件结果，重点叙述本方按合同所采取的行为和对方不符合合同的行为。

(3)理由。总结上述事件并引用合同条文或合同变更和补充协议条文，证明对方行为违反合同或对方的要求超过合同规定，造成了该项事件，有责任对此造成的损失作出赔偿。

(4)影响。简要说明事件对承包商施工过程的影响，而这些影响与上述事件有直接的因果关系。重点围绕由于上述事件造成的成本增加和工期延长。

(5)结论。对上述事件的索赔问题做最后总结，提出具体索赔要求，包括工期索赔和费用索赔。

第三部分，附件。其包括该报告中所列举事实、理由、影响的证明文件和各种计算基础及计算依据的证明文件。

2. 编写索赔报告的要求

编写索赔报告是一项比较复杂的工作，必须有一个专门小组并在各方的大力协助下才能完成。索赔小组的人员应具有合同、法律、工程技术、施工组织计划、成本核算、财务管理、写作等各方面的知识，进行深入的调查研究，对较大的、复杂的索赔需要向有关专家咨询，对索赔报告进行反复讨论和修改，保证写出的报告不仅有理有据，而且必须准确可靠。因此，应特别强调以下几点。

(1)责任分析应清楚、准确。若报告中提出的索赔事件的责任是由对方引起的，则应把全部或主要责任是对方的意思表述清楚，不能有责任含混不清和自我批评式的语言。要做到这一点，就必须强调索赔事件的不可预见性，承包商对它不能有所准备，事发后尽管采取能够采取的措施也无法制止；同时指出索赔事件使承包商工期拖延、费用增加的严重性和索赔值之间的直接因果关系。

(2)索赔值的计算依据要正确，计算结果要准确。计算依据要用文件规定的和公认合理的计算方法，并加以适当的分析。数字计算上不要有差错，一个小的计算错误可能影响整个计算结果，进而对索赔的可信度产生不好的印象。

(3)用词要婉转、恰当。在索赔报告中避免使用强硬的、不友好的、抗议式的语言，不能因语言而伤害了双方的关系和感情，切忌断章取义、牵强附会、夸大其词。

（四）提交索赔报告

索赔意向通知提交后的 28 天内，或工程师可能同意的其他合理时间，承包人应提交正式的索赔报告。

如果索赔事件的影响持续存在，28 天内还不能算出索赔额和工期展延天数时，承包人应按工程师合理要求的时间间隔（一般为 28 天），定期陆续报出每一个时间段内的索赔证据资料和索赔要求。在该项索赔事件的影响结束后的 28 天内，报出最终详细报告，提出索赔论证资料和累计索赔额。

承包人发出索赔意向通知后，可以在工程师指示的其他合理时间内再报送正式索赔报告，也就是说，工程师在索赔事件发生后有权不马上处理该项索赔。如果事件发生时，现场施工非常紧张，工程师不希望立即处理索赔而分散各方抓施工管理的精力，可通知承包人将索赔的处理留待施工不太紧张时再去解决。但承包人的索赔意向通知必须在事件发生后的 28 天内提出，包括因对变更估价双方不能取得一致意见，而先按工程师单方面决定的单价或价格执行时，承包人提出的保留索赔权利的意向通知。

小提示

> 如果承包人未能按时间规定提出索赔意向和索赔报告，则承包人就失去了就该项事件请求补偿的索赔权利。此时承包人所受到损害的补偿，将不超过工程师认为应主动给予的补偿额。

（五）工程师审查索赔报告

施工索赔的提出与审查过程，是当事双方在承包合同的基础上，逐步分清在某些索赔事件中的权利和责任以使其数量化的过程。作为发包人或工程师，应明确审查目的和作用，掌握审查内容和方法，处理好索赔审查中的特殊问题，促进工程的顺利进行。

1. 工程师审核承包人的索赔申请

接到承包人的索赔意向通知后，工程师应建立自己的索赔档案，密切关注事件的影响，检查承包人的同期纪录时，随时就记录内容提出工程师的不同意见或工程师希望应予以增加的记录项目。

在接到正式索赔报告以后，认真研究承包人报送的索赔资料。首先，在不确认责任归属的情况下，客观分析事件发生的原因，重温合同的有关条款，研究承包人的索赔证据，并检查其同期纪录；其次，通过对事件的分析，工程师依据合同条款划清责任界限，必要时还可以要求承包人进一步提供补充资料。尤其是对承包人与发包人或工程师都负有一定责任的事件影响，更应划出各方应该承担合同责任的比例。最后，审查承包人提出的索赔补偿要求，剔除其中的不合理部分，拟订自己计算的合理索赔数额与工期顺延天数。

2. 判定索赔是否成立

工程师判定承包人索赔成立的条件包括以下几项。

（1）与合同相对照，事件已造成承包人施工成本的额外支出，或总工期延误。

（2）造成费用增加或工期延误的原因，按合同约定不属于承包人应承担的责任，包括行为责任或风险责任。

（3）承包人按合同规定的程序提交了索赔意向通知和索赔报告。

3. 索赔报告审查内容

工程师对索赔报告的审查主要包括以下几个方面的内容。

（1）事态调查。通过对合同实施的跟踪、分析，了解索赔事件经过、前因后果，掌握事件详细情况。

（2）损害事件原因分析。工程师对损害事件的原因分析包括主要索赔事件由何种原因引起和责任应由谁来承担。在实际工作中，损害事件的责任有时是多方面原因造成的，故必须进行责任分解，划分责任范围，按责任大小，承担损失。

（3）分析索赔理由。工程师对索赔事件进行分析，主要是依据合同文件，判明索赔事件是否属于未履行合同规定义务或未正确履行合同义务导致，是否在合同规定的赔偿范围之内。只有符合合同规定的索赔要求才有合法性，才能成立。

（4）实际损失分析。工程师对实际损失的分析，即分析索赔事件的影响，主要表现为工期延长和费用增加。如果索赔事件不造成损失，则无索赔可言。损失调查的重点是分析、对比实际和计划的施工进度与工程成本和费用方面的资料，在此基础上核算索赔值。

（5）证据资料分析。工程师对证据资料的分析，主要分析其有效性、合理性和正确性，这也是索赔要求有效的前提条件。如果在索赔报告中提不出证明其索赔理由、索赔事件影响、索赔值计算等方面的详细资料，索赔要求是不能成立的。

（六）索赔争端解决

工程师与承包人双方各自依据对这一事件的处理方案进行友好协商，如果双方对该索赔事件责任、索赔金额或工期推迟天数等产生较大分歧，通过谈判达不成共识，工程师有权确定一个其认为合理的单价为最终的处理意见，报送业主并通知相应承包人。

发包人根据事件发生的原因、责任范围、合同条款审核承包人的索赔申请和工程师的处理报告，决定是否批准工程师的索赔报告。

如果承包人同意最终的索赔决定，则索赔事件宣告结束；反之，如果承包人不接受工程师的单方面决定（或业主删减的索赔金额或工期延长天数），就会导致合同纠纷的出现，从而产生争执。

案例

在某国际工程中，采用固定总价合同。合同规定由业主支付海关税。合同规定索赔有效期为 10 天。在承包商投标书中附有建筑材料、设备表，这已被业主批准。在工程中承包商进口材料大大超过投标书附表中所列的数量。在承包商向业主要求支付海关税时，业主拒绝支付超过部分材料的海关税。对此，承包商提出如下问题。

（1）业主有没有理由拒绝支付超过部分材料的海关税？

（2）承包商向业主索取这部分海关税受不受索赔有效期限制？

分析：

（1）在工程中材料超量进口可能由于如下原因造成。

1）提供的建筑材料设备表不准确。

2）业主指令工程变更造成工程量的增加，由此导致材料用量的增加。

3）其他原因：如承包商施工失误造成返工、施工中材料浪费，或承包商企图多进口材料，待施工结束后再做处理或用于其他工程，以取得海关税方面的利益等。

（2）对于上述情况的分析如下。

1）与业主提供的工程量表中的数字一样，材料、设备表也是一个估计的值，而不是固定的准确的值，所以误差是允许的，对误差业主也不能推卸其合同责任。

2）业主所批准增加的工程量是有效的，属于合同内的工程，则对这些材料，合同所规定的由业主支付海关税的条款也是有效的。所以对工程量增加所需要增加的进口材料，业主必须支付相应的海关税。

3）对于由承包商责任引起的其他情况，应由承包商承担。对于超量采购的材料，承包商最后处理（如变卖、用于其他工程）时，业主有权收回已支付的相应的海关税。

（3）因为要求业主支付超量材料的海关税并不是由于业主违约引起的，所以这项索赔不受索赔有效期的限制。

二、施工索赔策略

施工索赔的战略和策略研究，针对不同的情况，包含不同的内容，有不同的侧重点。一般应研究以下几个方面。

1. 确定索赔目标

承包商的索赔目标是指承包商对索赔的基本要求，可对要达到的目标进行分解，按难易程度排队并大致分析它们各自实现的可能性，从而确定最低、最高目标。

分析实现目标的风险状况，如能否在索赔有效期内及时提出索赔、能否按期完成合同规定的工程量按期交付工程、能否保证工程质量，等等。总之，要注意对索赔风险的防范，否则会影响索赔目标的实现。

2. 对被索赔方的分析

分析对方的兴趣和利益所在，要让索赔在友好和谐的气氛中进行，应处理好单项索赔和一揽子索赔的关系，对于理由充分而重要的单项索赔应力争尽早解决，对于发包人坚持后拖解决的索赔，要按发包人意见认真积累有关资料，为一揽子解决准备充分的材料。要根据对方的利益所在，对于双方都感兴趣的问题，承包商可在不过多损害自己利益的情况下做适当让步，打破问题僵局。在责任分析和法律分析方面要适当，在对方愿意接受索赔的情况下，就不要得理不让人，否则便达不到索赔目的。

3. 承包商经营战略分析

承包商的经营战略直接制约着索赔的策略和计划。在分析发包人情况和工程所在地情况以后，承包商应考虑有无可能与发包人继续进行新的合作、是否在当地继续扩展业务及承包人与发包人之间的关系对在当地开展业务有何影响等。这些问题决定了承包商的整个索赔要求和解决方法。

4. 对外关系分析

利用同监理工程师、设计单位、发包人的上级主管部门对发包人施加影响，往往比与发包人直接谈判更有效。承包商要同这些单位搞好关系，获得其同情和支持，并与发包人沟通。这就要求承包商对这些单位的关键人物进行分析，与他们搞好关系，利用他们与发包人的微妙关系从中斡旋、调停，能使索赔达到十分理想的效果。

5. 谈判过程分析

索赔一般在谈判桌上最终解决，索赔谈判是合同双方面对面的较量，是索赔能否取得成功的关键。一切索赔的计划和策略都要在谈判桌上体现和接受检验，因此，在谈判之前一定要做好充分准备，对谈判的可能过程要做好分析。

因为索赔谈判是承包商要求业主承认自己的索赔，承包商处于很不利的地位，如果一开始谈判就气氛紧张，情绪对立，有可能导致发包人拒绝谈判，使谈判旷日持久，这是最不利于解决索赔问题的。

任务三　反索赔

任务导读

索赔管理的任务不仅是对已产生的损失的追索，还包括对将产生或可能产生的损失的防止。追索损失主要通过索赔手段进行，而防止损失主要靠反索赔进行。

任务目标

1. 了解反索赔的定义及种类，掌握反索赔的内容。
2. 掌握反索赔工作的步骤、承包商预防反索赔的措施、发包人防范索赔的措施。

知识准备

一、反索赔的定义及种类

反索赔是反驳、反击或者防止对方提出的索赔，不让对方索赔成功或者全部成功。人们一般认为，索赔是双向的，业主和承包商都可以向对方提出索赔要求，任何一方给出都可以对对方提出的索赔要求进行反驳和反击，而这种反驳和反击就是反索赔。

依据建设工程承包的惯例和实践，常见的发包人反索赔主要有表 9-2 中给出的几种。

表 9-2　反索赔的种类

序号	类别	内容
1	工程质量缺陷反索赔	对于建设工程承包合同，都严格规定了工程质量标准，有严格细致的技术规范和要求。因为工程质量的好坏直接与发包人的利益和工程效益紧密相关。发包人只承担直接负责设计所造成的质量问题，工程师虽然对承包商的设计、施工方法、施工工艺、施工工序，以及对材料进行过批准、监督、检查，但只是间接责任，并不能因而免除或减轻承包商对工程质量应负的责任。在工程施工过程中，若承包商所使用的材料或设备不符合合同规定或工程质量不符合施工技术规范和验收规范的要求，或出现缺陷而未在缺陷责任期满之前完成修复工作，发包人均有权追究承包商的责任，并提出由承包商所造成的工程质量缺陷所带来的经济损失的反索赔。另外，发包人向承包商提出工程质量缺陷的反索赔要求时，往往不仅包括工程缺陷所产生的直接经济损失，还包括该缺陷带来的间接经济损失

序号	类别	内容
2	工期拖延反索赔	依据合同条件的规定,承包商必须在合同规定的时间内完成工程的施工任务。如果由于承包商的原因导致不可原谅的完工日期拖延,则会影响发包人对该工程的使用和运营生产计划,从而给发包人带来经济损失。此项发包人的索赔并不是发包人对承包商的违约罚款,而只是发包人要求承包商补偿拖期完工给发包人造成的经济损失。承包商则应按签订合同时双方约定的赔偿金额,以及拖延时间长短向发包人支付这种赔偿金,而无须再去寻找和提供实际损失的证据详细计算。在有些情况下,拖期损失赔偿金若按该工程项目合同价的一定比例计算,且在整个工程完工之前,工程师已经对一部分工程颁发了移交证书,则对于整个工程所计算的延误赔偿金数量应适当减少
3	经济担保反索赔	经济担保是国际工程承包活动中不可缺少的部分,担保人要承诺在其委托人不适当履约的情况下代替委托人来承担赔偿责任或原合同所规定的权利与义务。在土木工程项目承包施工活动中,常见的经济担保有以下几种。 　　(1)预付款担保反索赔。预付款是指在合同规定开工前或工程价款支付之前,由发包人预付给承包商的款项。预付款的实质是发包人向承包商发放的无息贷款。对预付款的偿还,一般由发包人在应支付给承包商的工程进度款中直接扣还。为了保证承包商偿还发包人的预付款,施工合同中都规定承包商必须对预付款提供等额的经济担保。若承包商不能按期归还预付款,发包人就可以从相应的担保款额中取得补偿,这实际上是发包人向承包商的索赔。 　　(2)履约担保反索赔。履约担保是承包商和担保方为了发包人的利益不受损害而做的一种承诺,担保承包商按施工合同所规定的条件进行工程施工。履约担保有银行担保和担保公司担保两种形式,其中以银行担保较常见,担保金额一般为合同价的10%~20%,担保期限为工程竣工期或缺陷责任期满。 　　当承包商违约或不能履行施工合同时,持有履约担保文件的发包人,可以很方便地在承包商担保人的银行账户中取得金钱补偿。 　　(3)保留金的反索赔。保留金的作用是对履约担保的补充形式。一般的工程合同中都规定有保留金的数额,为合同价的5%左右。保留金是从应支付给承包商的月工程进度款中扣下一笔合同价百分比的基金,由发包人保留下来,以便在承包商违约时直接补偿发包人的损失。所以保留金也是发包人向承包商索赔的手段之一。保留金一般应在整个工程或规定的单项工程完工时退还保留金款额的50%,最后在缺陷责任期满后再退还剩余的50%
4	其他损失反索赔	依据合同规定,除上述发包人的反索赔外,当发包人在受到其他由于承包商原因造成的经济损失时,发包人仍可提出反索赔要求,如由于承包商的原因导致在运输施工设备或大型预制构件时损坏;承包商的工程保险失效,给发包人造成的损失等

二、反索赔的内容

反索赔的目的是防止发生损失,其内容应该包括以下两个方面。

1. 防止对方提出索赔

在合同实施中进行积极防御,使自己处于不被索赔的地位,这是合同管理的主要任务。积极防御通常表现为以下几个方面。

(1)尽量防止自己违约,完全按合同办事。加强施工管理(特别是合同管理)可以使对方找不到索赔的理由和根据。工程按合同顺利实施,没有损失发生,无须提出索赔,合同双方没有争执,达到最佳的合作效果。

(2)上述仅为一种理想状态,在合同实施过程中,干扰事件总是存在的,而且通常是承包商不能避免和控制的。干扰事件一经发生，就应着手研究，收集证据，一方面做索赔处理，另一方面准备反击对方索赔。这两方面都不可缺少。

（3）在实际工程中，干扰事件常常是双方都有责任，许多承包商采取先发制人的策略，首先提出索赔。

2. 反击对方的索赔要求

为了避免和减少损失，必须反击对方的索赔要求。对承包商来说，索赔要求可能来自业主、总（分）包商、合伙人、供应商等。

三、反索赔工作的步骤

在接到对方索赔报告后，就应着手进行分析、反驳。反索赔与索赔有相似的处理过程，但也有其特殊性。反索赔工作的步骤如图 9-2 所示。

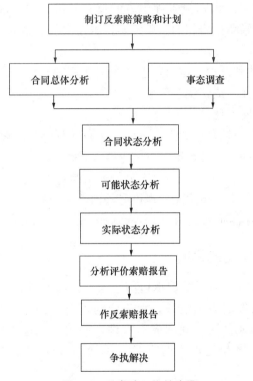

图 9-2　反索赔工作的步骤

1. 合同总体分析

反索赔同样以合同为法律依据及反驳的理由和根据。合同分析的目的是分析、评价对方索赔要求的理由和依据。在合同中找出对对方不利、对本方有利的合同条文，以构成对对方索赔要求否定的理由。合同总体分析的重点是与对方索赔报告中提出的问题有关的合同条款，通常有合同的法律基础；合同的组成及合同变更情况；合同规定的工程范围和承包商责任；工程变更的补偿条件、范围和方法；合同价格，工期的调整条件、范围和方法，以及对方应承担的风险；违约责任；争执解决方法等。

2. 事态调查与分析

反索赔仍然基于事实基础，以事实为依据。这个事实必须有己方对合同实施过程跟踪和监督的结果，即以各种实际工程资料作为证据，用以对照索赔报告所描述的事情经过和所附证据。通过调查可以确定干扰事件的起因、经过、持续时间、影响范围等真实、详细的情况。同时，收集整理所有与反索赔相关的工程资料。

在事态调查和收集、整理工程资料的基础上，进行合同状态、可能状态、实际状态分析。

3. 对索赔报告进行全面分析与评价

分析评价索赔报告，可以通过索赔分析评价表进行，即分别列出对方索赔报告中的干扰事件、索赔理由、索赔要求，提出己方的反驳理由、证据、处理意见或对策等。

4. 起草并向对方递交反索赔报告

在调解或仲裁中，对方的索赔报告和己方的反索赔报告应一起递交调解人或仲裁人。反索赔报告的基本要求与索赔报告相似。反索赔报告通常包括如下主要内容。

(1)合同总体分析简述。

(2)合同实施情况简述和评价。这里重点针对对方索赔报告中的问题和干扰事件，叙述事实情况，对双方合同责任完成情况和工程施工情况做评价。目标是推卸自己对对方索赔报告中提出干扰事件的合同责任。

(3)反驳对方索赔要求。按具体的干扰事件，逐条反驳对方的索赔要求，详细叙述自己的反索赔理由和证据，全部或部分否定对方的索赔要求。

(4)提出索赔。对经合同分析和三种状态分析得出的对方违约责任，提出己方的索赔要求。通常可以在反索赔报告中提出索赔，也可另外出具己方的索赔报告。

(5)总结。对反索赔做全面总结。

四、承包商预防反索赔的措施

依据施工合同条件规定，为了维护承包商应得的经济利益，赋予承包商索赔的权利，所以承包商是索赔事件的发起者。但是，承包商为了自身的利益和信誉，应慎重使用自己的权利。一方面，要加强合同管理和成本管理，控制好工程进度，预防发包人的反索赔；另一方面，要善于申报和处理索赔事项，尽量减少索赔金额，并实事求是地进行索赔。

一般来说，承包商在预防和减少索赔与反索赔方面，可以采取如下措施。

(1)严肃认真对待投标报价。在每项工程招标、投标与报价过程中，承包商都应仔细研究招标文件，全面细致地进行施工现场勘察，认真地进行投标估算，正确地决定报价。切不可疏忽大意地进行报价，或者为了中标故意压低标价，企图在中标后靠索赔弥补损失。如果在工程施工过程中，千方百计地去寻找索赔的机会，实际上这种索赔很难成功，并往往会影响承包商的经济效益和承包信誉。

(2)注意签订合同时的协商与谈判。承包商在中标以后，在与发包人正式签订合同的谈判过程中，应对工程项目合同中存在的疑问进行澄清，并将重大工程风险问题提出来，与发包人协商谈判，以修改合同中不适当的地方。特别是对于工程项目承包合同中的特殊合同条件，如不允许索赔、付款无限制期限、无利息等，都要据理力争，促成对这些合同条款的修改，以"合同谈判纪要"的形式写成书面材料，作为本合同文件的有效组成部分。这样，对合同中的问题都补充为明文条款，也可预防和避免施工中不必要的索赔争端。

(3)加强施工质量管理。承包商应严格按照合同文件中规定的设计、施工技术标准和规范进行工作，并注意按设计图施工，对原材料的质量要求各道工艺工序严格把关，推行全面质量管理，尽量避免和消除工程质量事故的缺陷，避免发包人对施工缺陷反索赔事项的发生。

(4)加强施工进度计划与控制。承包商应尽力做好施工组织与管理，从各个方面保证施工进度计划的实现，防止由于承包商自身管理不善造成的工程进度拖延。若由于发包人或其他客观原因造成工程进度延误，承包商应及时申报延期索赔申请，以获得合理的工期延长，预防和减少发包人的因"拖期竣工的赔偿金"的反索赔。

(5)注意发包人不得随意变更工程及扩大工程范围。承包商应注意发包人不能随意扩大工程范围。另外，所有的工程变更都必须有书面的工程变更指令，以便对变更工程进行计价。若发包人或工程师下达了口头变更指令，要求承包商执行变更工作，承包商可以予以书面记录，并请发包人或工程师签字确认；若工程师不愿确认，承包商可以不执行该变更工程，以免得不到应有的经济补偿。

(6)加强工程成本的核算与控制。承包商的工程成本管理工作是保证实现施工经济效益的关键工作，也是避免和减少索赔与反索赔工作的关键所在。承包商自身要加强工程成本核算，严格控制工程开支，使施工成本不超过投标报价时的成本计划。当成本中某项直接费用的支出款额超过计划成本时，要立即分析，并查清原因，若属于自身的原因，要对成本进行分指标分工艺工序控制；若属于发包人原因或其他客观原因，就要熟悉施工单价调整方法，熟悉和掌握索赔款的具体计价方法，采用实际工程成本法、总费用法或修正的总费用法等，使索赔款额的计算比较符合实际，切不可抬高过多，反而导致索赔失败或发包人的反索赔发生。

五、发包人防范索赔的措施

发包人是工程承包合同的主导方，关键问题的决策要由发包人掌握。有经验的发包人总是预先采取措施防止索赔的发生，还善于针对承包商提出的索赔为自己辩护，以减少责任。此外，发包人还经常主动提出反索赔，以抵消、反击承包商提出的索赔。在实际工程中，发包人防范索赔可采取如下措施。

(1)增加限制索赔的合同条款。发包人最常用的方式是通过对某些常用合同条件的修改，增加一些限制索赔条款，以减少责任，将工程中的风险转移到承包商一方，防止可能产生的索赔。由于招标文件和合同条件一般由发包人准备并提供，发包人往往聘请有经验的法律专家和工程咨询顾问起草合同，并在合同中加入限制索赔条款，如发包人对招标文件中的地质资料和试验数据的准确性不负责任，要求承包商自己进行勘察和试验；发包人对不利的自然条件引起的工程延误的经济损失不承担责任等。

(2)提高招标文件的质量。发包人可通过做好招标前的准备工作来提高招标文件的质量，委托技术力量强的咨询公司准备招标文件，以提高规范和图纸的质量，减少设计错误和缺陷，防止漏项，并减少规范和图纸的矛盾和冲突，避免承包商由此而提出的索赔。

(3)全面履行合同规定的义务。发包人要做好合同规定的工程施工前期准备工作(如按时移交无障碍物的工地、支付预付款、移交图纸），并按时履行合同规定的义务（如按时向承包商提供应由发包人提供的设备、材料等，协助承包商办理劳动证、居住证），防止和减少由于发包人的延误或违约而引起的索赔。

（4）改变建设工程承包方式和合同形式。在传统的建设工程承包中，发包人常常采用施工合同，由发包人委托设计单位提供图纸，并委托工程师对项目实施过程进行监理，承包商只负责按照发包人提供的图纸和规范施工。在这种承包方式中，往往由于图纸变更和规范缺陷产生大量索赔。近些年来，在英国、美国等一些国家，发包人为了减少索赔，增加建设项目成本的确定性，减少风险，往往将设计和施工一并委托一家承包商总承包，由承包商对设计和施工质量负责，达到预防和减少索赔，以及控制工程建设成本的目的。

（5）建立索赔信号系统。发包人预防并减少索赔的一个有效方法，就是尽早发现索赔征兆与信号，及时采取准备措施，有针对性地做好详细记录，以便提出索赔与反索赔，避免延误索赔时机，使索赔权利受到限制。常见的索赔信号包括合同文件含糊不清、承包商的投标报价过低或工程出现亏损、工程中变更频繁或工程变更通知单对工程范围规定不详等。通过对这些索赔信号的分析辨识，发现其产生的原因并预测其产生后果，防止并减少工程索赔，为索赔和反索赔提供依据。

任务四　建设工程施工索赔及计算

任务导读

建设工程施工过程中常常会发生一些未能预见的干扰事件使施工不能顺利进行，使预订的施工计划受到干扰，导致工期延长。工期索赔就是获得发包人对于合理延长工期的合法性的确认。

任务目标

掌握工期索赔及其计算方法，费用索赔及其计算方法。

知识准备

一、工期索赔及计算

工期索赔的计算方法包括网络分析计算法和比例分析计算法两种。

1. 网络分析计算法

网络分析计算法是指通过分析延误发生前后的网络计划，对比两种工期计算结果，计算索赔值。

网络分析计算法的基本思路：假设工程施工一直按原网络计划确定的施工顺序和工期进行，现发生了一个或多个延误，使网络中的某个或某些活动受到影响，如延长持续时间或活动之间逻辑关系变化，或增加新的活动。将这些活动受影响后的持续时间代入网络，重新进行网络分析，得到新工期。新工期与原工期之差即为延误对总工期的影响，即工期索赔值。通常，如果在关键线路上延误，则该延误引起的持续时间的延长即为总工期的延长值。如果该延误出现在非关键线路上，受影响后仍在非关键线路上，则该延误对工期无影响，故不能提出工期索赔。

这种考虑延误影响后的网络计划作为新的实施计划，如果有新的延误发生，则在此基础上可进行新一轮分析，提出新的工期索赔。由此可知，工程实施过程中的进度计划是动态的，会不断被调整，延误引起的工期索赔也可以随之同步进行。

网络分析计算法是一种科学、合理的分析方法，适用于各种延误的索赔。但它以采用计算机网络分析技术进行工期计划和控制作为前提条件，因为稍微复杂的工程、网络活动可能有几百个，甚至几千个，个人分析和计算是不可能的。

【例 9-1】 某工程主要活动的实施计划如图 9-3 所示，经网络分析，计划工期为 23 周，现由于受到干扰，计划实施发生了一些变化。

(1)活动 L25 工期延长 2 周，即实际工期为 6 周。

(2)活动 L46 工期延长 3 周，即实际工期为 8 周。

(3)增加活动 L78，持续时间为 6 周，L78 在 L13 结束后开始，在 L89 开始前结束。将它们一起代入原网络，得到一新网络图，经过新一轮分析，总工期为 25 周(图 9-4)。即工程受到上述干扰事件的影响，总工期延长仅 2 周，这就是承包商可以有理由提出索赔的工期拖延。

从上面的网络分析可知，总工期延长 2 周完全是由于 L25 活动的延长造成的，因为它在干扰前即为关键线路活动。它的延长直接导致总工期的延长。而 L46 的延长不影响总工期，该活动在干扰前为非关键线路活动，在干扰发生后与 L56 等活动在非关键线路上并立。

同样，L78 活动的增加也不影响总工期。在新网络中，它位于非关键线路上。

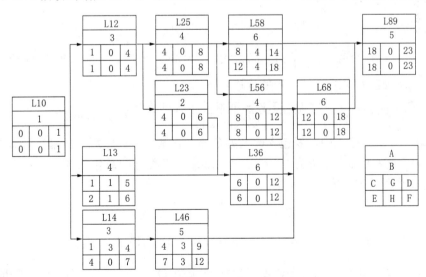

图 9-3 某工程主要活动的实施计划

A—工程活动信号；B—持续时间；C—最早开始期；D—最早结束时间；
E—最迟开始时间；F—最迟结束时间；G—总时差；H—自由时差

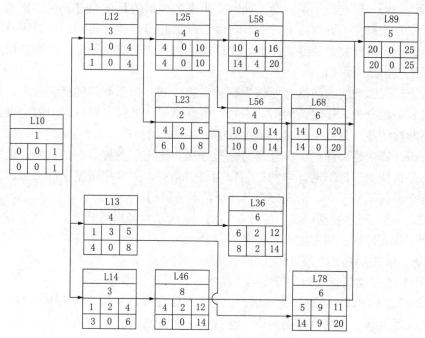

图 9-4　干扰后的网络计划

2. 比例分析计算法

网络分析计算法虽然最科学，也最合理，但在实际工程中，干扰事件常常仅影响某些单项工程、单位工程或分部分项工程的工期，分析它们对总工期的影响，可以采用更为简单的比例分析计算法，即以某个技术经济指标作为比较基础，从而计算出工期索赔值。

比例分析计算法简单方便，但有时不符合实际情况，不适用于变更施工顺序、加速施工、删减工程量等事件的索赔。

(1)合同价比例法。对于已知部分工程的延期时间：

$$工期索赔值 = \frac{受干扰部分工程的合同价}{原整个工程合同总价} \times 该部分工程受干扰工期拖延时间$$

对于已知增加工程量或额外工程的价格：

$$工期索赔值 = \frac{增加的工程量或额外工程的价格}{原合同总价} \times 原合同总工期$$

【例 9-2】　某工程施工中，发包人改变办公楼工程基础设计图纸的标准，使该单项工程延期 10 周，该单项工程合同价为 80 万美元，而整个工程合同总价为 400 万美元。则承包商提出工期索赔额可按上述公式计算：

$$工期索赔值 = \frac{80}{400} \times 10 = 2(周)$$

(2)按单项工程拖期的平均值计算。如有若干单项工程 A_1，A_2，…，A_n，分别拖期 d_1，d_2，…，d_m 天，求出平均每个单项工程拖期天数 $\bar{D} = \sum_{i=1}^{m} d_i / m$，则工期索赔值为 $T = \bar{D} + \Delta d$，Δd 为考虑各单项工程拖期对总工期的不均匀影响而增加的调整量（$\Delta d > 0$）。

【例 9-3】　某工程有 A、B、C、D、E 五个单项工程，合同规定由发包人提供水泥。在实际工程中，由于发包人没能按合同规定的日期供应水泥，造成了停工待料的情况。根据现场工程资料和合同双方的通信等证据证明，由于发包人水泥提供不及时对工程造成如下影响。

①单项工程 A 500 m³ 混凝土基础推迟 21 天。

②单项工程 B 850 m³ 混凝土基础推迟 7 天。

③单项工程 C 225 m³ 混凝土基础推迟 10 天。

④单项工程 D 480 m³ 混凝土基础推迟 10 天。

⑤单项工程 E 120 m³ 混凝土基础推迟 27 天。

承包商在一揽子索赔中，对发包人材料供应不及时造成工期延长提出索赔的要求如下：

$$总延长天数 = 21 + 7 + 10 + 10 + 27 = 75（天）$$

$$平均延长天数 = \frac{75}{5} = 15（天）$$

工期索赔值 = 15 + 5 = 20（天）（加 5 天是由于考虑了单项工程的不均匀性对总工期的影响）

二、费用索赔及计算

费用索赔是指承包商在非自身因素影响下而遭受经济损失时向发包人提出补偿其额外费用损失的要求。因此，费用索赔应是承包商根据合同条款的有关规定，向发包人索取的合同价款以外的费用。索赔费用的存在是由于建立合同时还无法确定的某些应由发包人承担的风险因素导致的结果。承包商的投标报价中一般不考虑应由发包人承担的风险对报价的影响，因此一旦这类风险发生并影响承包商的工程成本时，承包商提出费用索赔是一种正常现象和合情合理行为。

费用索赔的计算方法一般有两种：一是总费用法；二是分项法。

1. 总费用法

总费用法的基本思路是把固定总价合同转化为成本加酬金合同，以承包商的额外成本为基点加上管理费和利润等附加费作为索赔值。这是一种最简单的计算方法，但通常用得较少，且不容易被对方、调解人和仲裁人认可，因为它的使用有以下几个条件。

（1）合同实施过程中的总费用核算是准确的；工程成本核算符合普遍认可的会计原则；成本分摊方法、分摊基础选择合理；实际总成本与报价总成本所包括的内容一致。

（2）承包商的报价是合理的，反映实际情况。如果报价计算不合理，则按这种方法计算的索赔值也不合理。

（3）费用损失的责任，或干扰事件的责任完全在于发包人或其他人，承包商在工程中无任何过失，而且没有发生承包商风险范围内的损失。

小提示

采用总费用法计算费用索赔值时应注意以下几个问题。

（1）索赔值计算中的管理费费率一般采用承包商实际的管理费分摊率。这符合赔偿实际损失的原则。但实际管理费费率的计算和核实是很困难的，所以通常都用合同报价中的管理费费率，或双方商定的费率。这在于双方商讨。

（2）在费用索赔的计算中，利润是一个复杂的问题，故一般不计利润，以保本为原则。

（3）由于工程成本增加使承包商支出增加，这会引起工程中负现金流量的增加。为此，在索赔中可以计算利息支出（作为资金成本）。利息支出可按实际索赔数额、拖延时间和承包商向银行贷款的利率（或合同中规定的利率）计算。

（4）合同争执的性质不适用其他计算方法。例如，由于发包人原因造成工程性质发生根本变化，原合同报价已完全不适用。这种计算方法常用于对索赔值的估算。有时，发包人和承包商签订协议，或在合同中规定，对于一些特殊的干扰事件，例如，特殊的附加工程、发包人要求加速施工、承包商向发包人提供特殊服务等，可采用成本加酬金的方法计算赔（补）偿值。

2. 分项法

分项法是按每个（或每类）干扰事件，以及这事件所影响的各个费用项目分别计算索赔值的方法。在实际工程中，费用索赔计算通常都采用分项法。但对具体的干扰事件和具体费用项目，分项法的计算方法又千差万别。分项法计算索赔值，通常分为以下三步。

（1）分析每个或每类干扰事件所影响的费用项目。这些费用项目通常应与合同报价中的费用项目一致。

（2）确定各费用项目索赔值的计算基础和计算方法，计算每个费用项目受干扰事件影响后的实际成本或费用值，并与合同报价中的费用值对比，即可得到该项费用的索赔值。

（3）将各费用项目的计算值列表汇总，得到总费用索赔值。

案例

背景材料：某综合楼工程项目合同价为 1 750 万元，该工程签订的合同为可调值合同。合同开工日期为 2014 年 3 月，合同工期为 12 个月，每季度结算一次。工程开工日期为 2014 年 4 月 1 日。施工单位 2014 年第四季度完成产值是 710 万元。工程的人工费、材料费构成比例及相关季度造价指数见表 9-3。

表 9-3　工程的人工费、材料费构成比例及相关季度造价指数　　单位：万元

项目	人工费	材料费						不可调值费用
		钢材	水泥	集料	砖	砂	木材	
比例/%	28	18	13	7	9	4	6	15
2014 年第一季度造价指数	100	100.8	102.0	93.6	100.2	95.4	93.4	
2014 年第四季度造价指数	116.8	100.6	110.5	95.6	98.9	93.7	95.5	

在施工过程中，发生如下事件。

事件 1：2014 年 4 月，在基础开挖过程中，个别部位实际土质与给定地质资料不符，造成施工费用增加 2.5 万元，相应工序持续时间延长了 4 天。

事件 2：2014 年 5 月，施工单位为了保证施工质量，扩大基础底面，开挖量增加导致费用增加 3.0 万元，相应工序持续时间延长了 3 天。

事件 3：2014 年 7 月，在主体砌筑工程中，因施工图设计有误，实际工程量增加导致费用增加 3.8 万元，相应工序持续时间延长了 2 天。

事件 4：2014 年 8 月，进入雨期施工，恰逢 20 天大雨，造成停工，损失 2.5 万元，工

期延长了 4 天。

以上事件中，除事件 4 外，其余工序均不是发生在关键线路上，并对总工期无影响。针对上述事件，施工单位提出如下索赔要求。

(1)增加合同工期 13 天。

(2)增加费用 11.8 万元。

问题：

(1)施工单位对施工过程中发生的以上事件可否索赔？为什么？

(2)计算 2014 年第四季度应确定的工程结算款额。

(3)如果在工程保修期间发生了由施工单位原因引起的屋顶漏水、墙面剥落等问题，业主在多次催促施工单位修理而施工单位一再拖延的情况下，另请其他施工单位维修，所发生的维修费用该如何处理？

分析：

(1)判定如下。

事件 1 费用索赔成立，工期不予延长。因为业主提供的地质资料与实际情况不符是承包商不可预见的，但该工序未处在关键线路上，故只给予费用补偿。

事件 2 费用索赔不成立，工期索赔不成立，该工作属于承包商采取的质量保证措施。

事件 3 费用索赔成立，工期不予延长，因为设计方案有误，应由建设单位承担责任；但该工序未处在关键线路上，因此只能给予费用补偿。

事件 4 费用索赔不成立，工期可以延长，因为出现了异常的气候条件变化，承包商不应得到费用补偿。

(2)2014 年第四季度监理工程师应批准的结算款额＝710×(0.15＋0.28×116.8/100.0＋0.18×100.6/100.8＋0.13×110.5/102.0＋0.07×95.6/93.6＋0.09×98.9/100.2＋0.04×93.7/95.4＋0.06×95.5/93.4)＝710×1.058 8≈751.75(万元)。

(3)所发生的维修费应从乙方保修金(或质量保证金、保留金)中扣除。

📺 ➢ 项目小结

本项目主要介绍了工程索赔的概念、特征、分类、起因、要求、事件、事件发生率、依据、证据，施工索赔程序和策略，反索赔，建设工程施工索赔及计算等内容。通过本项目的学习，学生可以对工程合同索赔管理有一定的认识，能在工作中正确进行工程合同索赔与反索赔。

📺 ➢ 课后练习

1. 什么是建设工程索赔？

2. 简述工程索赔的特征。

3. 简述工程索赔的分类。

4. 工程索赔的起因有哪些？

5. 承包人可以提出的索赔事件有哪些？

6. 索赔证据的要求有哪些?
7. 施工索赔策略一般应研究哪几个方面?
8. 反索赔的内容有哪些?
9. 采用总费用法计算费用索赔值时应注意哪些问题?

项目十 建设工程施工合同争议处理

　　某施工单位根据领取的某 2 000 m² 两层厂房工程项目招标文件和全套施工图纸，采用低报价策略编制了投标文件，并获得中标。该施工单位（乙方）于某年某月某日于建设单位（甲方）签订了该工程项目的固定价格施工合同。合同工期为 8 个月。甲方在乙方进入施工现场后，因资金紧缺，无法如期支付工程款，口头要求乙方暂停施工 1 个月。乙方也口头答应。

课件：建设工程施工合同争议处理

工程按合同规定期限验收时，甲方发现工程质量有问题，要求返工。两个月后，返工完毕。结算时甲方认为乙方延迟交付工程，应按合同约定偿付逾期违约金。乙方认为临时停工是甲方要求的。乙方为抢工期，加快施工进度才出现了质量问题，因此延迟交付的责任不在乙方。甲方则认为临时停工和不顺延工期是当时乙方答应的。乙方应履行承诺，承担违约责任。

　　问题：

　　1. 该工程采用固定价格合同是否合适？

　　2. 改施工合同的变更形式是否妥当？此合同争议依据合同法律规范应如何处理？

　　能制订有效解决建设工程争议的方案；能解决施工合同中常见的争议。

　　有效地计划并实施各种活动并恰当有效地利用时间；熟知安全常识，保证自己的行为不会给自己和他人带来危险。

任务一 建设工程施工合同常见争议及产生原因

　　在建设工程中，由于设计、施工、合同等多方面因素存在不确定性，争议时常发生。这些争议无论是对业主还是承包商都带来了很大的风险和不确定性。制订一套有效的解决方案来解决建设工程争议是非常重要的。

了解建设工程施工合同常见争议，掌握建设工程施工合同争议产生原因。

知识准备

一、建设工程施工合同常见争议

建设工程合同争议是指建设工程合同订立至完全履行前，合同当事人因对合同的条款理解产生歧义或因当事人违反合同的约定，不履行合同中应承担的义务等原因而产生的纠纷。建设工程施工合同中，常见的争议有以下几个方面。

（一）工程进度款支付、竣工结算及审价争议

尽管合同中已列出了工程量，约定了合同价款，但实际施工中会有很多变化，包括设计变更、现场工程师签发的变更指令、现场条件变化（如地质、地形等），以及计量方法等引起的工程数量的增减。这种工程量的变化每月甚至每天都会发生，而且承包商通常在其每月申请工程进度付款报表中列出，希望得到（额外）付款，但常因与现场监理工程师有不同意见而遭拒绝或者拖延不决。这些实际已完的工程而未获得付款的金额，由于日积月累，后期这个数字可能很大，发包人更加不愿支付，因此便会造成更大的分歧和争议。

在整个施工过程中，发包人在按进度支付工程款时往往会根据监理工程师的意见，扣除那些他们未予确认的工程量或存在质量问题的已完工程的应付款项，这种未付款项累积起来往往可能形成一笔很大的金额，使承包商感到无法承受而引起争议，而且这类争议在工程施工的中后期可能会越来越严重。承包商会认为由于未得到足够的应付工程款而不得不将工程进度放慢下来，而发包人则会认为在工程进度拖延的情况下更不能多支付给承包商任何款项，这就会形成恶性循环，使争端越演越烈。

（二）工程价款支付主体争议

施工企业被拖欠巨额工程款已成为整个建设领域经常性的问题。工程的发包人往往并非工程真正的建设单位，也非工程的权利人。在这种情况下，发包人通常不具备工程价款的支付能力，施工单位该向谁主张权利，以维护其合法权益会成为争议的焦点。在此情况下，施工企业应理顺关系，寻找突破口，向真正的发包方主张权利，以保证自己的合法权利不受侵害。

（三）工程工期拖延争议

一项工程的工期延误，往往是由错综复杂的原因造成的。许多合同条件中都约定了竣工逾期违约金。由于工期延误的原因可能是多方面的，分清各方的责任往往十分困难。发包人经常要求承包商承担工程竣工逾期的违约责任，而承包商提出因诸多发包方的原因或不可抗力等因素而要求工期相应顺延，有时承包商还就工期的延长要求发包人承担停工、窝工的费用。

（四）安全损害赔偿争议

安全损害赔偿争议包括相邻关系纠纷引发的损害赔偿、设备安全、施工人员安全、施工导致第三人安全、工程本身发生安全事故等方面的争议。其中，建筑工程相邻关系纠纷发生的频率已越来越高，其牵涉的主体和财产价值也越来越高，并已成为城市居民十分关心的问题。《建筑法》第三十九条为建筑施工企业规定了这样的义务：施工现场对毗邻的建筑物、构筑物和特殊作业环境可能造成损害的，建筑施工企业应当采取安全防护措施。

（五）合同终止及终止争议

终止合同造成的争议有承包商因这种终止造成的损失严重而得不到足够的补偿；发包人对承包商提出的就终止合同的补偿费用计算持有异议；承包商因设计错误或发包人拖欠应支付的工程款而提出终止合同；发包人不承认承包商提出的终止合同的理由，也不同意承包商的责难及其补偿要求等。

小提示

> 除不可抗拒力外，任何终止合同的争议往往都是难以调和的矛盾造成的。终止合同一般会给某一方或者双方造成严重的损害。而怎样合理处置终止合同后的双方的权利和义务，往往是这类争议的焦点。

（六）工程质量及保修争议

质量方面的争议包括工程中所用材料不符合合同约定的技术标准要求，提供的设备性能和规格不符，或者不能生产合同规定的合格产品，或者是通过性能试验不能达到规定的产量要求，施工和安装有严重缺陷等。这类质量争议在施工过程中主要表现为工程师或发包人要求拆除和移走不合格材料，或者返工重做，或者修理后予以降价处置。对于设备质量问题，则常见于在调试和性能试验后，发包人不同意验收移交，要求更换设备或部件，甚至退货并赔偿经济损失。而承包商认为缺陷是可以改正的，或者业已改正；对生产设备质量认为是性能测试方法错误，或者制造产品所投入的原料不合格或者是操作方面的问题等，质量争议往往变成责任问题争议。此外，保修期的缺陷修复问题往往是发包人和承包商的争议焦点。

二、建设工程施工合同争议产生原因

（1）业主与承包商不能正视彼此的相互关系，造成对合同管理的错误认识。业主和承包商通过合同联结到一起，最终目标是把项目做好。为此，双方应当在签订和履行合同时采取积极合作的态度。但是由于各自利益的制约，在项目实施中始终不能采取良好合作的态度，业主想花最少的钱办最好的事，而承包商追求的是最大利润。因此，在合同签订时业主凭借其在建筑市场中的相对优势地位，往往制定十分苛刻的合同条件，有时无视承包商的合理要求与利益，承包商也会利用一些办法甚至不正当手段降低成本。这样一来，双方的争议就是在所难免的。

（2）专业的合同管理人员缺乏。合同管理是一项专业性强、技术要求高的工作。其合同管理人员不仅要通晓法律知识，还要熟悉建筑项目的运作规律。目前这类人才缺乏。

（3）合同条款完整性、严密性不足，存在错误或疏漏。合同条款是合同双方履行权益与义务的依据。然而，在实际合同的签订过程中，由于各种原因，往往造成合同条款的完整性、严密性不足，甚至存在一些错误或疏漏，这些问题的存在极易引起承包商与业主之间的纠纷。

（4）现场签证不及时、不规范。现场签证是施工现场由业主代表和监理工程师签批，用以证实施工活动中某些特殊情况的一种书面手续。其作用是为工程结算和索赔与反索赔提供依据。但在实际运作中，有的监理工程师时常只发口头指令，而疏于及时用书面形式发布指令或对索赔进行书面答复。待工程结算时，有的给予补签，有的则不予认可，而且补签的内容也不一定准确，造成承发包方在结算时矛盾重重，纠纷不断。

任务二　建设工程施工合同争议解决方式

任务导读

建设工程施工合同常见纠纷有的处理方式是双方当事人和解、申请第三方调解或者直接向人民法院提起诉讼等。

任务目标

掌握和解、调解、仲裁、经济诉讼的含义、原则及解决方式。

知识准备

一、和解

1. 和解的含义

和解是指争议的合同当事人，依据有关法律规定或合同约定，以合法、自愿、平等为原则，在互谅互让的基础上，经过谈判和磋商，自愿对争议事项达成协议，从而解决分歧和矛盾的一种方法。和解方式无须第三者介入，简便易行，能及时解决争议，避免当事人经济损失的扩大，有利于双方的协作和合同的继续履行。

2. 和解的原则

建设工程合同双方当事人之间自行协商，和解解决合同纠纷，应遵守表 10-1 中的原则。

表 10-1　建设工程合同争议和解的原则

序号	项目	内容
1	合法原则	合法原则要求建设工程合同当事人在和解解决合同纠纷时，必须遵守国家法律、行政法规中的规定，所达成协议的内容不得违反法律、行政法规的规定，也不得损害国家利益、社会公共利益和他人的利益。这是和解解决建设工程合同纠纷的当事人应当遵守的首要原则。如果违背了合法原则，双方当事人即使达成了和解协议也是无效的。为此，建设工程合同双方当事人都应是执行法律、行政法规的模范，任何违反法律、行政法规的行为都是不允许的

序号	项目	内容
2	自愿原则	自愿原则是指建设工程合同当事人对于采取自行和解解决合同纠纷的方式，是自己选择或愿意接受的，并非受到对方当事人的强迫、威胁或其他的外界压力。同时，双方当事人协议的内容也必须是出于当事人的自愿，绝不允许任何一方对对方施加压力，以终止协议等手段相威胁，迫使对方达成只有对方尽义务而不需要自己负责任的"霸王协议"
3	平等原则	平等原则表现为建设工程合同双方当事人在订立合同时法律地位平等，在合同发生争议时双方当事人在自行和解解决合同争议过程中的法律地位也是平等的，不论当事人经济实力雄厚还是薄弱，也不论当事人是法人还是非法人的其他经济组织，双方当事人要互相尊重，平等对待，都有权提出自己的理由和建议，有权对对方的观点进行辩论；不允许以强欺弱、以大欺小，达成不公平的所谓和解协议
4	互谅互让原则	互谅互让原则就是建设工程合同双方当事人在如实陈述客观事实和理由的基础上，也要多从自身找原因，认识在引起合同纠纷问题上自己应当承担的责任，而不能片面强调对自己有利的事实和理由而不顾及全部事实，或片面指责对方当事人，要求对方承担责任。即使自身没有过错，也不能得理不让人。这也正是合同的协作履行原则在处理建设工程合同争议中的具体运用

3. 和解解决合同争议的程序

建设工程合同争议和解采用要约、承诺方式。其程序一般是在建设工程合同纠纷发生后，由一方当事人以书面的方式向对方当事人提出解决纠纷的方案，方案应当是比较具体、比较完整的。另一方当事人对提出的方案可以根据自己的意愿做一些必要修改，也可以再提出一个新的解决方案。接下来，对方当事人又可以对新的解决方案提出新的修改意见。这样，双方当事人经过反复协商，直至达成一致意见，从而产生"承诺"的法律后果，达成双方都愿意接受的和解协议。对于建设工程合同所发生的纠纷用自行和解的方式来解决，应订立书面形式的协议作为对原合同的变更或补充。

二、调解

1. 调解的含义及种类

调解是指争议的合同当事人，在第三方的主持下，通过劝说引导，以合法、自愿、平等为原则，在分清是非的基础上，自愿达成协议，以解决合同争议的一种方法。运用调解方式解决争议，双方不伤和气，有利于今后继续履行合同。调解可分为民间调解、仲裁调解和法庭调解三种。

(1)民间调解。民间调解又称人民调解，是指合同发生纠纷后，当事人共同协商，请有威望、受信赖的第三人(包括人民调解委员会、企事业单位或其他经济组织、一般公民，以及律师、专业人士)作为中间调解人，双方合理、合法地达成解决纠纷的协议。民间调解属于诉讼外的调解，双方达成的调解协议并不具有法律的强制力，它是依靠当事人自愿来履行的。如果当事人不愿调解、调解不成或者达成协议后又反悔，可以向仲裁机构申请仲裁或向人民法院起诉。

(2)仲裁调解。仲裁调解是指在仲裁庭的主持下，仲裁当事人在自愿协商、互谅互让基础上达成协议，从而解决纠纷的一种制度。《仲裁法》第五十一条规定："仲裁庭在作出裁决前，可以先行调解。当事人自愿调解的，仲裁庭应当调解。调解不成的，应当及时作出裁决。调解达成协议的，按照当事人的请求，仲裁庭也可以根据调解协议的结果制作裁决书。

调解书与裁决书具有同等的法律效力。"

(3)法庭调解。法庭调解是指在审判人员的主持和协调下，双方当事人就合同争议进行平等协商，自愿达成解决合同争议的调解协议。对于已经生效的调解书，当事人不得提起上诉。调解未达成协议或者调解书送达前一方反悔的，调解即告终结，法院应当及时裁决而不得久调不决。

2. 调解的原则

建设工程合同争议的调解，一般应遵循表10-2中的原则。

表 10-2　建设工程合同争议调解原则

序号	项目	内容
1	自愿原则	建设工程合同争议的调解过程，是双方当事人弄清事实真相、分清是非、明确责任、互谅互让、提高法律观念、自愿取得一致意见并达成协议的过程。调解人在调解过程中要耐心听取双方当事人和关系人的意见，并对这些意见进行分析研究，在查明事实、分清是非的基础上，对双方当事人进行说服教育，耐心劝导，促使双方当事人互相谅解，达成协议。调解人不能代替当事人达成协议，也不能把自己的意志强加给当事人
2	合法原则	合法原则首先要求建设工程合同双方当事人达成协议的内容必须合法，不得同法律和政策相违背。凡是有法律、法规规定的，按法律、法规的规定办；法律、法规没有明文规定的，应根据党和国家的方针、政策，并参照合同规定的条款进行处理。达成的调解协议，不得损害国家利益和社会公共利益，也不得损害其他人的合法权益，只有这样才是真正意义上的正确调解
3	公平原则	公平原则要求调解建设工程合同争议的第三人秉公办事，不徇私情、平等待人、公平合理地解决问题，采取权利与义务对等、责权利相一致的公平原则。这样才能够取得双方当事人的信任，促使他们自愿达成协议。在处理具体问题时，第三人要鼓励各方互谅互让，承担相应责任

3. 调解解决合同争议的程序

建设工程合同争议的调解通常可以按以下程序进行。

(1)提出调解意向。争议当事人一方选择好调解方式之后，把自己的想法和方案提出来，由调解人向争议另一方当事人提出，另一方也可将有关想法或方案告诉调解人。

(2)调解准备。调解人初步审核合同的内容、发生争议的问题，确定主持调解的人员。选择调解的时间、地点，确定调解的方式、方法。

(3)协调和说服。调解人召集当事人说明争议的问题、原因和要求，并验明提供的证据材料，双方当事人进行核对，在弄清事实情况的基础上，以事实为依据，以法律和合同为准绳，分别说服。

(4)达成协议。如果双方当事人想法接近或经过做说服工作后缩短了差距，调解人可以提出调解意见，促使纠纷双方当事人达成协议，并制作调解书。

三、仲裁

1. 仲裁的含义

仲裁也称公断，是双方当事人通过协议自愿将争议提交第三者（仲裁机构）作出裁决，并负有履行裁决义务的一种解决争议的方式。仲裁包括国内仲裁和国际仲裁。仲裁须经双方同意并约定具体的仲裁委员会。仲裁可以不公开审理，从而达到保守当事人的商业秘密和节省费用的目的，一般不会影响双方日后的正常交往。

2. 仲裁的原则

建设工程合同争议的仲裁，一般应遵循表 10-3 中的原则。

表 10-3　建设工程合同争议仲裁的原则

序号	项目	内容
1	自愿原则	自愿原则是指当事人发生合同纠纷后，是否申请仲裁，以及当事人在仲裁过程中是否同意接受调解，而这完全由当事人自行决定，任何人不得强迫其进行仲裁和达成调解
2	先行调解原则	先行调解原则是指仲裁机关对于提请仲裁的合同纠纷，应在查明事实、分清责任的基础上先行调解，促使当事人互相谅解，自愿达成协议
3	权利平等原则	权利平等原则是指在仲裁过程中双方当事人处于同等地位，在法律适用上一律平等
4	辩论原则	辩论原则是指双方当事人在仲裁庭的主持下，有权对发生争议的事实各抒己见，提出各自的理由和主张，进行反驳和答辩
5	处分原则	处分原则是指仲裁活动中的当事人有权依法独立处分自己享有的实体权利和程序权利。这一原则贯穿仲裁的全过程，如是否申请仲裁、是否放弃或变更仲裁请求、是否同意调解、是否不服裁决结果，向法院起诉等

3. 仲裁解决合同争议的程序

建设工程合同争议的仲裁通常可以按以下程序进行。

(1)申请和受理。申请仲裁是法律赋予当事人的权利，任何单位和个人不得干涉。仲裁委员会在收到申请书之日起 5 日内，根据受理条件决定受理或不受理。受理仲裁申请后，仲裁委员会应当将仲裁规则和仲裁员名册送达申请人，并将申请书副本和仲裁规则、仲裁员名册送达被申请人。被申请人收到申请书副本后，应当向仲裁委员会提交答辩书，仲裁委员会将答辩书副本送达申请人。

(2)准备与调查。审核有关材料是仲裁前做好准备的一个重要环节，也是仲裁庭调查取证的基础。仲裁机构有权查阅有关单位保管的与争议有关的档案资料和原始凭证，有权组织现场勘察或物证技术鉴定。

当事人达成仲裁协议，一方向人民法院起诉未声明有仲裁协议人，另一方在首次开庭前提交仲裁协议的，人民法院应当驳回起诉，但仲裁协议无效的除外。另一方在首次开庭前未对人民法院受理该案提出异议的，视为放弃仲裁协议，人民法院应当继续审理。

(3)保全。在证据可能灭失或者以后难以取得的情况下，当事人可以申请证据保全。仲裁委员会应将当事人的申请提交证据所在地的基层人民法院，由人民法院采取必要的保全措施；仲裁委员会在处理房地产纠纷时，可以根据当事人提出的申请，以及为保证裁决生效后的执行和防止造成更大财产损失的需要，对当事人申请仲裁范围内的有关房地产提请有管辖权的人民法院依照有关法律做出停用、停建、停止拆除、停止办理变更登记手续等保全措施的裁定。

(4)审理。案件受理后，应组成仲裁庭，仲裁庭可以由 3 名仲裁员或者 1 名仲裁员组成。当事人未在仲裁规定的期限内约定仲裁庭的组成方式或者选定仲裁员的，由仲裁委员会主任指定。

仲裁庭组成人员如果认为办理案件不适宜，应当自行申请回避；当事人发现仲裁庭组成人员与案件有关联，有权用口头或者书面方式申请让他们回避，并说明理由。仲裁员必须认真审阅申请书、答辩书，进行调查研究，收集证据。当事人对争议的问题，自己有权进行陈述和辩论，也可以委托律师或其他公民 1 或 2 人担任代理人。委托他人担任代理人，必须向仲裁委员会提交由当事人载明委托事项和权限的授权委托书。

（5）开庭与裁决。仲裁庭开庭前应将开庭时间、地点以书面方式通知当事人和其他参与人。当事人经仲裁庭两次通知，无正当理由不到庭的，或未经仲裁庭许可中途退庭的，可做缺席裁决。仲裁应当开庭进行，一般不公开进行。在作出裁决前可以先行调解，当事人也可自行和解。

（6）裁决的撤销和执行。当事人提出证据证明裁决有《仲裁法》第五十八条规定的下列情形之一的，应当自收到裁决书之日起 6 个月内向仲裁委员会所在地的中级人民法院提出申请撤销裁决。

1）没有仲裁协议的。

2）裁决的事项不属于仲裁协议的范围或仲裁委员会无权仲裁的。

3）仲裁庭的组成或仲裁程序违反法定程序的。

4）裁决所依据的证据是伪造的。

5）对方当事人隐瞒了足以影响公正裁决的证据的。

6）仲裁员在仲裁该案件时有索贿、徇私舞弊、枉法裁决行为的。

小提示

> 人民法院应在受理之日起 2 个月内作出撤销裁决或者驳回申请的裁定。人民法院认为可以重新裁决的，应通知仲裁庭重新裁决并裁定中止撤销程序。

四、经济诉讼

1. 经济诉讼的含义

诉讼是指合同当事人相互间发生争议后，只要不存在有效的仲裁协议，任何一方向有管辖权的法院起诉并在其主持下，维护自己合法权益的活动。通过诉讼，当事人的权利可得到法律的严格保护。

经济诉讼，也称经济审判，是指人民法院在当事人和其他诉讼参与人的参加下，依法审理经济纠纷并作出裁判的诉讼活动。经济诉讼主要发生在平等的民事主体之间。因此，其诉讼活动主要适用于《民事诉讼法》及其相关规定。

2. 经济诉讼的原则

建设工程合同争议的诉讼，一般应遵循表 10-4 中的原则。

表 10-4　建设工程合同争议仲裁的原则

序号	项目	内容
1	平等原则	平等原则是指民事诉讼当事人有平等的诉讼权利。人民法院审理民事案件，应当保障和便利当事人行使诉讼权利，对当事人在适用法律上一律平等。外国人、无国籍人、外国企业和组织在人民法院起诉、应诉，同中华人民共和国公民、法人和其他组织有同等的诉讼权利和义务

序号	项目	内容
2	调解原则	调解原则是指人民法院审理民事案件，应当根据自愿和合法的原则进行调解。依据调解原则，法院在调解过程中，不得久调不决。调解不成的，应当及时判决
3	辩论原则	辩论原则是指人民法院审理民事案件时，当事人有权进行辩论。这里的辩论范围包括案件实体问题、程序问题和所适用法律等方面。辩论形式可以是言辞辩论，也可以是书面辩论
4	处分原则	处分原则是指当事人有权在法律规定的范围内处分自己的民事权利和诉讼权利
5	支持起诉原则	支持起诉原则是指机关、社会团体、企事业单位对损害国家、集体或者个人民事权益的行为，可以支持受损害的单位或者个人向人民法院起诉

3. 人民法院对经济案件的管辖

管辖是指在人民法院系统内确定各级人民法院之间，以及同级人民法院之间受理第一审民事案件的分工和权限。经济案件的管辖主要有级别管辖、地域管辖和专属管辖。

(1)级别管辖。级别管辖是指人民法院系统内部划分上下级法院之间受理第一审民事案件的分工和权限。我国各级人民法院对第一审民事案件的管辖分工如下。

1)基层人民法院管辖的第一审民事案件除法律和司法解释规定由中级人民法院、高级人民法院和最高人民法院管辖的第一审案件外，其他的第一审民事案件都由基层人民法院管辖。

2)中级人民法院管辖的每一审民事案件有三种，即重大涉外案件、在本辖区内有重大影响的案件、最高人民法院确定由中级人民法院管辖的案件，这些案件包括海事、海商案件，专利民事纠纷案件及诉讼标的额较大的案件。

3)高级人民法院管辖在本辖区内有重大影响的第一审民事案件。

4)最高人民法院管辖的第一审民事案件：在全国范围内有重大影响的案件、最高人民法院认为应当由其审理的案件。

(2)地域管辖。地域管辖是指确定同级人民法院之间受理第一审民事案件的分工和权限。《民事诉讼法》规定的地域管辖包括一般地域管辖和特殊地域管辖。

1)一般地域管辖。一般地域管辖是指根据当事人所在地与人民法院辖区的隶属关系确定案件的管辖法院。一般地域管辖的原则是"原告就被告"。

一般地域管辖的例外情况如下。

①对不在我国领域内居住的人提起的有关身份关系的诉讼。

②对下落不明或者宣告失踪的人提起的有关身份关系的诉讼。

③对被采取强制性教育措施的人提起的诉讼。

④对被监禁的人提起的诉讼。

2)特殊地域管辖。特殊地域管辖是指以被告所在地、诉讼标的或者引起法律关系发生、变更、消灭的法律事实所在地为标准，确定诉讼案件在管辖法院。《民事诉讼法》规定了9种诉讼案件适用特殊地域管辖。

(3)专属管辖。专属管辖是指法律规定某些类型的案件只能由特定人民法院行使管辖权的诉讼管辖。下列案件由特定的人民法院专属管辖。

1)因不动产纠纷提起的诉讼，由不动产所在地人民法院管辖。

2)因港口作业中发生纠纷提起的诉讼，由港口所在地人民法院管辖。

3)因继承遗产提起的诉讼，由被继承人死亡时居住所在地或者主要遗产所在地人民法院管辖。

4. 经济诉讼的基本程序

(1)第一审普通程序。对合同纠纷案件的审理要依据《民事诉讼法》规定的程序进行，第一审普通程序如下。

1)起诉和受理。合同纠纷民事诉讼的起诉必须符合《民事诉讼法》的规定：原告是与本案有直接利害关系的公民、法人和其他组织；有明确的被告；有具体的诉讼请求和事实、理由；属于人民法院受理民事诉讼的范围和受诉人民法院管辖的范围。起诉的方式有口头和书面两种。

人民法院收到合同民事起诉状或者口头起诉，经审查认为符合起诉条件的，应当在 7 日内立案，并通知当事人；认为不符合起诉条件的，应当在 7 日内裁定不予受理；原告对裁定不服的，可以提起上诉。

小提示

> 立案后，发现起诉不符合受理条件的，裁定驳回起诉。
>
> 裁定不予受理、驳回起诉的案件，原告再次起诉的，如果符合起诉条件，人民法院应予受理。
>
> 人民法院对公开审理或不公开审理的案件，一律公开宣告判决。一般合同纠纷案件应在立案之日起 6 个月内审结。

2)审理前的准备。人民法院应在立案受理之日起 5 日内将起诉状副本发送被告，被告应在 15 日内提交答辩状，人民法院应当在收到答辩状之日起 5 日内将答辩状副本发送原告。

人民法院应当在受理案件通知书和应诉通知书中告知当事人有关的诉讼权利和义务，合议庭组成人员确定后，应当在 3 日内告知当事人。

3)开庭审查。人民法院审理民事案件，应当在开庭 3 日前通知当事人和其他诉讼参与人；公开审理的案件，应当公告当事人的姓名、案由和开庭的时间、地点。

(2)第二审程序。第二审程序是指上级人民法院根据当事人的上诉请求，对下级人民法院尚未发生法律效力的判决和裁定进行审理和裁判的程序。当事人不服地方人民法院一审判决的，有权在判决书送达之日起 15 日内向上级人民法院提起上诉；不服裁定的上诉期限为 10 日。

(3)审判监督程序。审判监督程序是指法定机关行使监督权，对人民法院的民事审判活动进行监督的程序。各级人民法院院长、上级人民法院、上级人民检察院等对已发生法律效力的判决、裁定，可以按照审判监督程序进行监督。当事人对已经发生法律效力的调解书、判决书、裁定书也可以在 6 个月之内申请再审，再审期间不停止原裁判的执行。

(4)执行程序。执行程序是保证人民法院的裁判得以顺利执行，以及当事人合法权益得以实现的法律程序。执行分为申请执行和移送执行两种。申请执行是指当事人一方不履行生效的法律文书所确定的义务，对方当事人可以向有管辖权的人民法院提出申请，请求人民法院强制执行，以实现自己的合法权益。双方或一方是公民的申请执行的期限为 1 年；双方都为法人或其他组织的，执行期限为 6 个月。

任务三　建设工程施工合同的争议管理

任务导读

对建设工程施工合同进行争议管理可以减少不必要的争议和纠纷。在施工过程中，各方可以清晰地知道自己的权利和义务，避免不必要的矛盾与冲突，保证工程建设的正常进行。

任务目标

熟悉建设工程施工合同的争议管理方法。

知识准备

一、有理有礼有节，争取协商调解

施工企业面临着众多存在争议而且又必须设法解决的问题，不少企业参照国际惯例，设置并逐步完善自己的内部法律机构或部门，专职实施对争议的管理，这是企业进入市场之必需。要注意预防"解决争议找法院打官司"的单一思维，通过诉讼解决争议未必是最有效的方法。因为工程施工合同争议情况复杂，专业问题多，有许多争议法律无法明确的规定，往往使主审法官难以判断、无所适从。因此，要深入研究案情和对策，处理争议要有理有礼有节，能采取协商、调解，甚至争议评审方式解决争议的，尽量不要采取诉讼或仲裁方式。因为，通常情况下，工程合同纠纷案件经法院几个月的审理，由于解决困难，法庭只能采取反复调解的方式，以求调解结案。

二、重视诉讼、仲裁时效，及时主张权利

通过仲裁、诉讼的方式解决建设工程合同纠纷的，应当特别注意有关仲裁时效与诉讼时效的法律规定，在法定诉讼时效或仲裁时效内主张权利。

1. 时效制度

所谓时效制度，是指一定的事实状态经过一定的期间之后即发生一定法律后果的制度。民法上所称的时效，可分为取得时效和消灭时效。一定事实状态经过一定的期间之后即取得权利的，为取得时效；一定事实状态经过一定的期间之后即丧失权利的，为消灭时效。

法律确立时效制度首先是为了防止债权债务关系长期处于不稳定状态，其次是为了催促债权人尽快实现债权。另外，也可以避免债权债务纠纷因年长日久而难以举证，不便于解决纠纷。

所谓仲裁时效，是指当事人在法定申请仲裁的期限内没有将其纠纷提交仲裁机关进行仲裁的，即丧失请求仲裁机关保护其权利。在明文约定合同纠纷由仲裁机关仲裁的情况下，若合同当事人在法定提出仲裁申请的期限内没有依法申请仲裁的，则该权利人的民事权利

不受法律保护，债务人可依法免于履行债务。

所谓诉讼时效，是指权利人在法定提起诉讼的期限内如不主张其权利，即丧失请求法院依诉讼程序强制债务人履行债务的权利。诉讼时效实质上就是消灭时效，诉讼时效期间届满后，债务人依法可免除其应负义务。换言之，若权利人在诉讼时效期间届满后才主张权利的，则会丧失胜诉权，其权利不受司法保护。

2. 关于仲裁时效期间和诉讼时效期间的计算问题

追索工程款、勘察费、设计费，仲裁时效期间和诉讼时效期间均为 2 年，从工程竣工之日起计算，双方对付款时间有约定的，从约定的付款期限届满之日起计算。

工程因建设单位的原因中途停工的，仲裁时效期间和诉讼时效期间应当从工程停工之日起计算。

工程竣工或工程中途停工，施工单位应当积极主张权利。实践中，施工单位提出工程竣工结算报告或对停工工程提出中间工程竣工结算报告，是施工单位主张权利的基本方式，可引起诉讼时效的中断。

追索材料款、劳务款，仲裁时效期间和诉讼时效期间也为 2 年，从双方约定的付款期限届满之日起计算；没有约定期限的，从购方验收之日起计算，或从劳务工作完成之日起计算。

出售质量不合格的商品未声明的，仲裁时效期间和诉讼时效期间均为 1 年，从商品售出之日起计算。

3. 适用时效规定、及时主张自身权利的具体做法

诉讼时效因提起诉讼、债权人提出要求或债务人同意履行债务而中断。从中断时起，诉讼时效期间重新计算。因此，对于债权，具备申请仲裁或提起诉讼条件的，应在诉讼时效的期限内提请仲裁或提起诉讼。尚不具备条件的，应设法引起诉讼时效中断，具体办法如下。

（1）工程竣工后或工程中间停工的，应尽早向建设单位或监理单位提出结算报告；对于其他债权，也应以书面形式主张债权，对于履行债务的请求，应争取到对方有关工作人员签名、盖章，并签署日期。

（2）债务人不予接洽或拒绝签字盖章的，应及时将要求该单位履行债务的书面文件制作一式数份，至少自存一份备查后，将该文件以电报的形式或其他妥善的方式，及时将请求履行债务的要求通知对方。

债权人主张债权超过诉讼时效期间的，除非债务人自愿履行，否则债权人依法不能通过仲裁或诉讼的途径使其履行。在这种情况下，应设法与债务人协商，并争取达成履行债务的协议。只要签订该协议，债权人仍可通过仲裁或诉讼途径使债务人履行债务。

三、全面收集证据，确保客观充分

收集证据是一项十分重要的准备工作，根据法律规定和司法实践，收集证据应当符合以下要求。

（1）为了及时发现和收集到充分、确凿的证据，在收集证据之前应当认真研究已有材料，分析案情，并在此基础上制订收集证据的计划，确定收集证据的方向、调查的范围和对象及应当采取的步骤和方法。同时，还应考虑可能遇到的问题和困难，以及解决问题和克服困难的办法等。

（2）收集证据的程序和方式必须符合法律规定。凡是收集证据的程序和方式违反法律规定的，例如以贿赂的方式使证人作证的，或不经过被调查人同意擅自进行录音的，等等，所收集到的材料一律不能作为证据来使用。

（3）收集证据必须客观、全面。收集证据必须尊重客观事实，按照证据的本来面目进行收集，不能弄虚作假，断章取义，制造假证据。全面收集证据就是要收集能够收集到的、能够证明案件真实情况的全部证据，不能只收集对自己有利的证据。

（4）收集证据必须深入、细致。实践证明，只有深入、细致地收集证据，才能把握案件的真实情况，因此，收集证据必须杜绝粗枝大叶、马虎行事、不求甚解的做法。

（5）收集证据必须积极主动、迅速。证据虽然是客观存在的事实，但可能由于外部环境或外部条件的变化而变化，如果不及时予以收集，就有可能灭失。

四、摸清财务状况，做好财产保全

1. 调查债务人的财产状况

对建设工程承包合同的当事人而言，提起诉讼的目的，大多数情况下是实现金钱债权，因此，必须在申请仲裁或者提起诉讼前调查债务人的财产状况，为申请财产保全做好充分准备。根据司法实践，调查债务人的财产范围应包括以下几项。

（1）固定资产，如房地产、机器设备等，尽可能查明其数量、质量、价值、是否抵押等具体情况。

（2）开户行、账号、流动资金的数额等情况。

（3）有价证券的种类、数额等情况。

（4）债权情况，包括债权的种类、数额、到期日等。

（5）对外投资情况（如与他人合股、合伙创办经济实体），应了解其股权种类、数额等。

（6）债务情况。债务人是否对他人尚有债务未予清偿，以及债务数额、清偿期限的长短等，都会影响债权人实现债权的可能性。

（7）如果债务人是企业，还应调查其注册资金与实际投入资金的具体情况，两者之间是否存在差额，以便确定是否请求该企业的开办人对该企业的债务在一定范围内承担清偿责任。

2. 做好财产保全

《民事诉讼法》第一百零三条规定："人民法院对于可能因当事人一方的行为或者其他原因，使判决难以执行或者造成当事人其他损害的案件，根据对方当事人的申请，可以裁定对其财产进行保全、责令其作出一定行为或者禁止其作出一定行为；当事人没有提出申请的，人民法院在必要时也可以裁定采取保全措施。"第一百零四条中同时规定："利害关系人因情况紧急，不立即申请财产保全将会使其合法权益受到难以弥补的损害的，可以在提起诉讼前或者申请仲裁前向被保全财产所在地、被申请人住所地或者对案件有管辖权的人民法院申请采取财产保全措施。"应当注意，申请财产保全一般应当向人民法院提供担保，且起诉前申请财产保全的，必须提供担保。担保应当以金钱、实物或者人民法院同意的担保等形式实现，所提供的担保的数额应相当于请求保全的数额。

五、聘请专业律师，尽早介入争议处理

施工单位不论是否有自己的法律机构，当遇到案情复杂难以准确判断的争议时，应当尽早聘请专业律师，避免走弯路。目前，不少施工单位的经理抱怨，官司打赢了，得到的

却是一纸空文，判决无法执行，这往往和起诉时未确定真正的被告和未事先调查执行财产并及时采取诉讼保全有关。施工合同争议的解决不仅取决于对行业情况的熟悉，很大程度上还取决于诉讼技巧和正确策略，而这些都是专业律师的专长。

➤ 项目小结

本项目主要介绍了建设工程施工合同常见争议及产生原因，建设工程施工合同争议解决方式，建设工程施工合同的争议管理等内容。通过本项目的学习，学生可以对建设工程施工合同争议处理有一定的认识，能在工作中正确进行建设工程施工合同争议处理。

➤ 课后练习

1. 建设工程施工合同常见争议有哪些？
2. 和解解决合同争议的程序是什么？
3. 什么是调解？其可分为哪几种？
4. 建设工程合同争议的仲裁应遵循哪些原则？
5. 什么是经济诉讼？
6. 什么是诉讼时效？

项目十一　工程合同风险与保险管理

项目引例

　　某业主拟开发建设一工程项目，已经与施工单位按《建设工程施工合同(示范文本)》(GF—2017—0201)签订了工程施工合同，未对工程项目未投保。但在工程施工过程中，遭受台风不可抗力的袭击，造成了相应的损失，但施工单位在有效时间内向业主提出索赔要求，并附索赔有关的资料和证据。索赔报告的基本要求如下。

课件：工程合同
风险与保险管理

　　遭台风袭击是非施工单位原因造成的损失，故应由业主承担赔偿责任。

　　(1)已建分部工程遭受不同程度破坏，损失计22万元，应由业主承担修复的经济责任，施工单位不承担修复的经济责任。

　　(2)施工单位进场的正在使用机械、设备受到损坏，造成损失6万元；由于现场停工造成台班费损失4万元，业主应负担赔偿和修复的经济责任，工人窝工费4万元，业主应予支付。

　　(3)施工单位人员因此灾害而有几人受伤，处理伤病医疗费用和补偿金总计4万元，业主应给予补偿。

　　(4)因风灾造成现场停工6天，要求合同工期顺延6天。

　　(5)由于工程破坏，清理现场需要费用2.8万元，业主应予支付。

　　施工单位的索赔：6天，42.8万元。

　　问题：

　　(1)监理工程师接到索赔报告后，应进行哪些工作？

　　(2)由于不可抗力发生而造成呼救后，风险承担的原则是什么？对施工单位的要求应如何处理？

职业能力

　　通过风险识别、风险分析，风险评估等多种方法和手段，对项目活动涉及的风险进行有效的防范与控制，以最少的成本，保证安全，可靠实现项目的总目标。

职业道德

　　培育严谨的工作作风和敬业爱岗的工作态度；自觉遵守职业道德和行业标准。

任务一 工程风险与风险管理

任务导读

建筑业的安全生产是关系到国家经济持续发展、社会和谐稳定的大事。如何做好施工过程中的安全风险管理已成为支撑建筑业可持续发展，乃至于构建和谐社会的课题。

任务目标

1. 了解风险与责任的分担，熟悉风险识别。
2. 掌握风险分析、风险评估、风险响应和风险控制。

知识准备

一、风险与责任的分担

建设工程项目风险是指在项目决策和实施过程中，造成实际结果与预期目标的差异性及其发生的概率。项目风险的差异性包括损失的不确定性和收益的不确定性。工程项目风险管理是工程项目管理的重要内容。

按照风险来源，风险分为自然风险、社会风险、经济风险、法律风险和政治风险；按照风险涉及的当事人，风险分为业主的风险、承包商的风险；按照风险可否管理，风险分为可管理风险和不可管理风险；按照风险影响范围，风险分为局部风险和总体风险。

建筑工程项目承包合同中一般都有风险条款和一些明显的或隐含的对承包商不利的条款，它们会造成承包商的损失，因此是进行合同风险分析的重点。

建筑工程项目承包合同中有关合同风险的类型主要有以下几种。

1. 合同中明确规定的承包商应承担的风险

承包商的合同风险首先与所签订的合同的类型有关。如果签订的是固定总价合同，则承包商承担全部物价和工作量变化的风险；而对成本加酬金合同，承包商则不承担任何风险；对常见的单价合同，风险则由双方共同承担。

此外，在建筑工程承包合同中一般都应有明确规定承包商应承担的风险的条款，常见的风险条款如下。

(1)工程变更的补偿范围和补偿条件。

(2)合同价格的调整条件。

(3)工程范围不确定，特别是固定总价合同。

(4)业主和工程师对设计、施工、材料供应的认可权和各种检查权。

(5)其他形式的风险型条款，如索赔有效期限制等。

2. 合同条文不全面、不完整导致承包商损失的风险

合同条文不全面、不完整，没有将合同双方的责权利关系全面表达清楚，没有预计到合同实施过程中可能发生的各种情况，引起合同实施过程中合同双方的激烈争执，最终导致承包商的损失。例如以下情况。

(1)缺少工期拖延违约金最高限额的条款或限额太高；缺少工期提前的奖励条款；缺少业主拖欠工程款的处罚条款。

(2)对工程量变更、通货膨胀、汇率变化等引起的合同价格的调整没有具体规定调整方法、计算公式、计算基础等；对材料价差的调整没有具体说明是否对所有材料，是否对所有相关费用(包括基价、运输费、税收、采购保管费等)进行，没有说明价差的支付时间等。

(3)合同中缺少对承包商权益的保护条款，如在工程受到外界干扰情况下的工期和费用的索赔权等。

(4)在某国际工程施工合同中遗漏工程价款的外汇额度条款，结果承包商无法获得已商定的外汇款额。

由于没有具体规定，如果发生以上这些情况，业主完全可以以"合同中没有明确规定"为理由，推卸自己的合同责任，使承包商蒙受损失。

3. 合同条文不清楚、不细致、不严密导致承包商蒙受损失的风险

如果合同条文不清楚、不细致、不严密，承包商不能清楚地理解合同内容，造成失误。这可能是由招标文件的语言表达方式、表达能力，承包商的外语水平，专业理解能力或工作不细致，以及做标期太短等原因所致。例如以下情况。

(1)在某些工程承包合同中有如下条款："承包商为施工方便而设置的任何设施，均由他自己付款。"这种提法对承包商很不利，在工程过程中业主对承包商在施工中需要使用的某些永久性设施会以"施工方便"为借口而拒绝支付。

(2)合同中对一些问题不做具体规定，仅用"另行协商解决"等字眼。

(3)业主要求承包商提供业主的现场管理人员(包括监理工程师)的办公和生活设施，但又没有明确列出提供的具体内容和水准，承包商无法准确报价。

(4)对业主供应的材料和生产设备，合同中未明确规定详细的送达地点，没有"必须送达施工和安装现场"的规定。这样很容易就场内运输，甚至场外运输责任引起争执。

(5)某合同中对付款条款规定："工程款根据工程进度和合同价格，按照当月完成的工程量支付。乙方在月底提交当月工程款账单，在经过业主上级主管审批后，业主在 15 天内支付。"因为没有业主上级主管的审批时间限定，所以在该工程中，业主上级利用拖延审批的办法大量拖欠工程款，而承包商无法对业主进行约束。

4. 发包商提出单方面约束性的、责权利不平衡的合同条款的风险

发包商为了转嫁风险提出单方面约束性的、过于苛刻的、责权利不平衡的合同条款。明显属于这类条款的有对业主责任的开脱条款。这在合同中经常表现为"业主对……不负任何责任。"例如以下情况。

(1)业主对任何潜在的问题，如工期拖延、施工缺陷、付款不及时等所引起的损失不负责。

(2)业主对招标文件中所提供的地质资料、试验数据、工程环境资料的准确性不负责。

(3)业主对工程实施中发生的不可预见风险不负责。

(4)业主对由于第三方干扰造成的工期拖延不负责等。

5. 其他对承包商要求苛刻条款的风险

其他对承包商苛刻的要求，如要承包商大量垫资承包，工期要求太紧，超过常规，过于苛刻的质量要求等。

二、风险识别

风险识别是进行风险管理的第一步重要的工作。风险识别具有个别性、主观性、复杂性及不确定性。

1. 风险识别原则

(1)由粗及细、由细及粗。由粗及细是指对风险因素进行全面分析，并通过多种途径对工程风险进行分解，逐渐细化，以获得对工程风险的广泛认识，从而得到工程初始风险清单；由细及粗是指从工程初始风险清单的众多风险中，根据同类工程建设的经验，以及对拟建工程建设具体情况的分析和风险调查，确定那些对建设工程目标实现有较大影响的工程风险，作为主要风险，即作为风险评价及风险对策决策的主要对象。

(2)严格界定风险内涵并考虑风险因素之间的相关性。对各种风险的内涵要严加界定，不能出现重复和交叉现象。另外，还要尽可能考虑各种风险因素之间的主次关系、因果关系、互斥关系、正相关关系、负相关关系等相关性。但在风险识别阶段考虑风险因素之间的相关性有一定的难度，因此，至少应做到严格界定风险内涵。

(3)先怀疑，后排除。对于所遇到的问题都要考虑其是否存在不确定性，不要轻易否定或排除某些风险，要通过认真的分析来确认或排除。

(4)排除与确认并重。对于肯定可以排除和肯定可以确认的风险应尽早予以排除和确认。对于一时既不能排除又不能确认的风险再做进一步的分析，予以排除或确认。最后，对于肯定不能排除但又不能肯定予以确认的风险按确认考虑。

(5)必要时可做试验论证。对于某些按常规方式难以判定其是否存在，也难以确定其对工程建设目标影响程度的风险，尤其是技术方面的风险，必要时可做试验论证，如抗震试验、风洞试验等。这样做的结论可靠，但要以付出费用为代价。

2. 风险识别方法

工程建设的风险识别可以根据其自身特点，采用相应的方法，即专家调查法、财务报表法、流程图法、初始清单法、经验数据法和风险调查法。

(1)专家调查法。专家调查法分为两种方式：一种是召集有关专家开会，让专家各抒己见，充分发表意见，起到集思广益的作用；另一种是采用问卷式调查，各专家不知道其他专家的意见。

采用专家调查法时，所提出的问题应具体，并具有指导性和代表性，还要有一定的深度。对专家发表的意见要由风险管理人员加以归纳分类、整理分析，有时可能还需要排除个别专家的个别意见。

(2)财务报表法。财务报表法有助于确定一个特定企业或特定的工程建设可能遭受到的损失，以及在何种情况下遭受的这些损失。通过分析资产负债表、现金流量表、营业报表及有关补充资料，可以识别企业当前的所有资产、责任及人身损失风险。将这些报表与财务预测、预算结合起来，可以发现企业或工程建设未来的风险。

采用财务报表法进行风险识别，要对财务报表中所列的各项会计科目做深入的分析研究，并提出分析研究报告，以确定可能产生的损失，还应通过一些实地调查及其他信息资料来补充财务记录。工程财务报表与企业财务报表不尽相同，因此，工程建设的风险识别时需要结合工程财务报表的特点。

(3)流程图法。将一项特定的生产或经营活动按步骤或阶段顺序以若干个模块形式组成一个流程图，在每个模块中都标出各种潜在的风险因素或风险事件，从而给决策者一个清晰的总体印象。一般来说，对流程图中各步骤或阶段的划分比较容易，关键在于找出各步骤或各阶段不同的风险因素或风险事件。

(4)初始清单法。如果对每一个工程建设风险的识别都从头做起，至少有三方面缺陷：第一，耗费时间和精力多，风险识别工作的效率低；第二，由于风险识别的主观性，可能导致风险识别的随意性，其结果缺乏规范性；第三，风险识别成果资料不便积累，对今后的风险识别工作缺乏指导作用。因此，为了避免以上三方面的缺陷出现，有必要建立初始风险清单。

初始风险清单只是为了便于人们较全面地认识风险的存在，而不至于遗漏重要的工程风险，但并不是风险识别的最终结论。在初始风险清单建立后，还需要结合特定工程建设的具体情况进一步识别风险，从而对初始风险清单做一些必要的补充和修正。为此，需要参照同类工程建设风险的经验数据或针对具体工程建设的特点进行风险调查。

(5)经验数据法。经验数据法也称为统计资料法，即根据已建各类工程建设与风险有关的统计资料来识别拟建工程建设的风险。不同的风险管理主体都应有自己关于工程建设风险的经验数据或统计资料。在工程领域建设，可能有工程风险经验数据或统计资料的风险管理主体包括咨询公司(含设计单位)、承包商，以及长期有工程项目的业主(如房地产开发商)。由于这些不同的风险管理主体的角度不同、数据或资料来源不同，其各自的初始风险清单一般多少有些差异。但是，工程建设风险本身是客观事实，有客观的规律性，当经验数据或统计资料足够多时，这种差异性就会大大减小。何况，风险识别只是对工程建设风险的初步认识，也是一种定性分析。因此，这种基于经验数据或统计资料的初始风险清单可以满足对工程建设风险识别的需要。

(6)风险调查法。风险调查法是工程建设风险识别的重要方法。风险调查应当从分析具体工程建设的特点入手。一方面，对通过其他方法已识别出的风险(如初始风险清单所列出的风险)进行鉴别和确认；另一方面，通过风险调查有可能发现此前尚未识别出的重要的工程风险。通常，风险调查可以从组织、技术、自然及环境、经济、合同等方面分析拟建工程的特点及相应的潜在风险。

三、风险分析

风险分析有狭义和广义两种。狭义的风险分析是指通过定量分析的方法给出完成任务所需的费用、进度、性能三个随机变量的可实现值的概率分布。而广义的风险分析是一种识别和测算风险，开发、选择和管理方案来解决这些风险的有组织的手段。

风险分析的方法包括风险综合评价法、蒙特卡洛模拟和专家调查法。

1. 风险综合评价法

在风险综合评价的方法中，最常用、最简单的分析方法是通过调查专家的意见，获得风险因素的权重和发生概率，进而获得项目的整体风险程度。其步骤主要包括建立风险调查表(在风险识别完成后，建立投资项目主要风险清单，将该投资项目可能遇到的所有重要风险全部列入表中)→判断风险权重→确定每个风险发生的概率(可以采用1~5标度，分别表示可能性很小、较小、中等、较大、很大，代表5种程度)→计算每个风险因素的等级→将风险调查表中全部风险因素的等级相加，得出整个项目的综合风险等级。

2. 蒙特卡洛模拟

当在项目评价中输入的随机变量个数多于三个，每个输入变量可能出现三个以上以至无限多种状态时(如连续随机变量)，就不能用理论计算法进行风险分析，这时就必须采用蒙特卡洛模拟技术。

用随机抽样的方法抽取一组输入变量的数值，并根据这组输入变量的数值计算项目评价指标，抽样计算足够多的次数可获得评价指标的概率分布，并计算出累计概率分布、期望值、方差、标准差，计算项目由可行转变为不可行的概率，从而估计项目投资所承担的风险。

蒙特卡洛模拟的程序：确定风险分析所采用的评价指标(如净现值、内部收益率等)→确定对项目评价指标有重要影响的输入变量→经调查确定输入变量的概率分布→为各输入变量独立抽取随机数→由抽得的随机数转化为各输入变量的抽样值→根据抽得的各输入随机变量的抽样值组成一组项目评价基础数据→根据抽样值组成的基础数据计算出评价指标值→重复第四步到第七步，直至预定模拟次数→整理模拟结果所得评价指标的期望值、方差、标准差和期望值的概率分布，绘制累计概率图→计算项目由可行转变为不可行的概率。

在运用蒙特卡洛模拟时，假设输入变量之间是相互独立的，在风险分析中会遇到输入变量的分解程度问题。输入变量分解得越细，输入变量个数也就越多，模拟结果的可靠性也就越高。但变量分解过细往往造成变量之间有相关性，就可能导致错误的结论。为避免此问题，可采用限制输入变量的分解程度或限制不确定变量个数或进一步搜集有关信息，确定变量之间的相关性，建立函数关系的方法。

从理论上讲，蒙特卡洛模拟的模拟次数越多越正确，但实际上一般应为200~500次。

3. 专家调查法

专家调查法是基于专家的知识、经验和直觉，发现项目潜在风险的分析方法。专家调查法适用于风险分析的全过程。

采用专家调查法时，专家应有合理的规模，人数一般应为10~20。专家的人数取决于项目的特点、规模、复杂程度和风险的性质，没有绝对规定。

四、风险评估

风险评估是对风险的规律性进行研究和量化分析。工程建设中存在的每一个风险都有自身的规律和特点、影响范围和影响量，通过分析可以将它们的影响统一为成本目标的形式，按货币单位来度量，并对每一个风险进行评价。

1. 风险评估指标

(1)风险因素发生概率。风险发生的可能性可用概率表示。它的发生有一定的规律性，但也有不确定性。既然被视为风险，则它必然在必然事件(概率＝1)和不可能事件(概率＝0)之间。风险发生的概率需要利用已有数据资料和相关专业方法进行估计。

(2)风险损失量。风险损失量是个非常复杂的问题，有的风险造成的损失较小，有的风险造成的损失很大，可能引起整个工程的中断或报废。风险之间常常是有联系的，某个工程活动受到干扰而拖延，则可能影响它后面的许多活动。工程建设风险损失包括投资风险、进度风险、质量风险和安全风险。

2. 风险评估方法

(1)专家评分比较法。专家评分比较法主要是找出各种潜在的风险，并对风险后果作出定性估计。对那些风险很难在较短时间内用统计方法、实验分析方法或因果关系论证得到的情形特别适用。该方法的具体步骤如下。

1)由投标小组成员及有投标和工程施工经验的成员组成专家小组，共同就某一项目可能遇到的风险因素进行分类、排序。

2)列出表格(表 11-1)。确定每个风险因素的权重 W，W 表示该风险因素在众多因素中影响程度的大小，所有风险因素的权重之和为1。

3)确定每个风险因素发生的概率等级值 P，按发生概率很大、比较大、中等、较小、很小五个等级，分别以 1.0、0.8、0.6、0.4、0.2 给 P 值打分。

4)每位专家或参与的决策人，分别按表 11-1 判断概率等级。判断结果画"√"表示，计算出每一风险因素的 $P \times W$，合计得出 $\sum(P \times W)$。

表 11-1　专家评分比较法分析风险表

可能发生的风险因素	权重/W	风险因素发生的概率/P					风险因素得分 W×P
		很大	比较大	中等	较小	很小	
		1.0	0.8	0.6	0.4	0.2	
1. 物价上涨	0.15		√				0.12
2. 报价漏项	0.10				√		0.04
3. 竣工拖期	0.10			√			0.06
4. 业主拖欠工程款	0.15	√					0.15
5. 地质特殊处理	0.20				□		0.08
6. 分包商违约	0.10			□			0.06
7. 设计错误	0.15					□	0.03
8. 违反扰民规定	0.05				□		0.02
合计							0.56

5)根据每位专家和参与的决策人的工程承包经验、对招标项目的了解程度、招标项目的环境及特点、知识的渊博程度确定其权威性权重值 k。k 可取 0.5～1.0。再确定投标项目的最后风险度值。风险度值的确定采用加权平均值的方法，见表 11-2。

表 11-2　风险因素得分汇总表

决策人或专家	权威性权重 k	风险因素得分 W×P	风险度(W×P)×k/∑k
决策人	1.0	0.58	0.176
专家甲	0.5	0.65	0.098

决策人或专家	权威性权重 k	风险因素得分 $W \times P$	风险度 $(W \times P) \times k / \sum k$
专家乙	0.6	0.55	0.100
专家丙	0.7	0.55	0.117
专家丁	0.5	0.55	0.083
合计	3.3	—	0.574

6)根据风险度判断是否投标。一般风险度在 0.4 以下可认为风险很小，可较乐观地参加投标；0.4～0.6 可视为风险属中等水平，报价时不可预见费也可取中等水平；0.6～0.8 可看作风险较大，不仅投标时不可预见费取上限值，还应认真研究主要风险因素的防范；超过 0.8 可认为风险很大，应采用回避此风险的策略。

(2)风险相关性评价法。风险之间的关系可以分为三种，即两种风险之间没有必然联系；一种风险出现，另一种风险一定会发生；一种风险出现后，另一种风险发生的可能性增加。后两种情况的风险是相互关联的，有交互作用。用概率来表示各种风险发生的可能性，设某项目中可能会遇到 i 个风险，$i=1$，2，…，P_i 表示各种风险发生的概率($0 \leqslant P_i \leqslant 1$)，$R_i$ 表示第 i 个风险一旦发生给项目造成的损失值。

风险相关性评价法的步骤如下。

1)找出各种风险之间相关概率 P_{ab}。设 P_{ab} 表示一旦风险 a 发生后风险 b 发生的概率($0 \leqslant P_{ab} \leqslant 1$)。$P_{ab}=0$，表示风险 a、b 之间无必然联系；$P_{ab}=1$，表示风险 a 出现必然会引起风险 b 发生。根据各种风险之间的关系，可以找出各风险之间的 P_{ab}(表 11-3)。

表 11-3 风险相关概率分析表

风险		1	2	3	…	i	…
1	P_1	1	P_{12}	P_{13}	…	P_{1i}	…
2	P_2	P_{21}	1	P_{23}	…	P_{2i}	…
⋮	⋮						
i	P_i	P_{i1}	P_{i2}	P_{i3}	…	1	…
⋮	⋮						

2)计算各风险发生的条件概率 $P(b/a)$。已知风险 a 发生概率为 P_a，风险 b 的相关概率为 P_b，则在 a 发生情况下 b 发生的条件概率 $P(b/a)=P_a \cdot P_{ab}$(表 11-4)。

表 11-4 风险发生条件概率分析表

风险		1	2	3	…	i	…
1	P_1		$P(2/1)$	$P(3/1)$	…	$P(i/1)$	…
2		$P(1/2)$	P_2	$P(3/2)$	…	$P(i/2)$	…
⋮							
i		$P(1/i)$	$P(2/i)$	$P(3/i)$	…	P_i	…
⋮							

3)计算出各种风险损失情况 R_i。

$$R_i = 风险 i 发生后的工程成本 - 工程的正常成本$$

4）计算各风险损失期望值 W。

$$W = \begin{bmatrix} P_1 & P(2/1) & P(3/1) & \cdots & P(i/1) & \cdots \\ P(1/2) & P_2 & P(3/2) & \cdots & P(i/1) & \cdots \\ \vdots & \vdots & \vdots & & \vdots & \\ P(1/i) & P(2/i) & P(3/i) & \cdots & P(i) & \cdots \\ \vdots & \vdots & \vdots & & \vdots & \end{bmatrix} \times \begin{bmatrix} R_1 \\ R_2 \\ \vdots \\ R_i \\ \vdots \end{bmatrix} = \begin{bmatrix} W_1 \\ W_2 \\ \vdots \\ W_i \\ \vdots \end{bmatrix}$$

其中，$W_i = \sum P(j/i) \cdot R_j$。

5）将损失期望值按从大到小的顺序进行排列，并计算出各期望值在总损失期望值中所占百分率。

6）计算累计百分率并分类。损失期望值累计百分率在 80% 以下的风险为 A 类风险，是主要风险；累计百分率在 80%～90% 的风险为 B 类风险，是次要风险；累计百分率在 90%～100% 的风险为 C 类风险，是一般风险。

（3）期望损失法。风险的期望损失指的是风险发生的概率与风险发生造成的损失的乘积。期望损失法首先要辨识出工程面临的主要风险；其次推断每种风险发生的概率及损失后果，求出每种风险的期望损失值；最后将期望损失值累计，求出总和并分析每种风险的期望损失占总价的百分比、占总期望损失的百分比。

（4）风险状态图法。工程建设项目风险有时会有不同的状态，根据它的各种状态的概率累计风险状态曲线，从风险状态曲线上可以反映出风险的特性和规律，如风险的可能性、损失的大小及风险的波动范围等。

五、风险响应

对分析出来的风险应有响应，即确定针对风险的对策。风险响应是通过采用将风险转移给另一方或将风险自留等方式，研究如何对风险进行管理，包括风险规避、风险减轻、风险转移、风险自留及其组合等策略。

1. 风险规避

风险规避是指承包商设法远离、躲避可能发生风险的行为和环境，从而达到避免风险发生的可能性，其具体做法有以下三种。

（1）拒绝承担风险。承包商拒绝承担风险大致有以下几种情况。

1）对某些存在致命风险的工程拒绝投标。

2）利用合同保护自己，不承担应该由业主承担的风险。

3）不接受实力差、信誉不佳的分包商和材料、设备供应商，即使是业主或者有实权的其他任何人的推荐。

4）不委托道德水平低下或其他综合素质不高的中介组织或个人。

（2）承担小风险回避大风险。这在项目决策时要注意，放弃明显导致亏损的项目。对于风险超过自己的承受能力，成功把握不大的项目，不参与投标，不参与合资。甚至有时在工程进行到一半时，预测后期风险很大，必然有更大的亏损，不得不采取中断项目的措施。

（3）为了避免风险而损失一定的较小利益。利益可以计算，但风险损失是较难估计的，在特定情况下，采用此种做法。如在建材市场有些材料价格波动较大，承包商与供应商提前订立购销合同并付一定数量的定金，从而避免因涨价带来的风险；采购生产要素时应选择信誉好、实力强的分包商，虽然价格略高于市场平均价，但分包商违约的风险降低了。

小提示

> 规避风险虽然是一种风险响应策略，但应该承认这是一种消极的防范手段。因为规避风险固然能避免损失，但同时也失去了获利的机会。如果企业想生存、图发展，又想回避其预测的某种风险，最好的办法是采用除规避以外的其他策略。

2. 风险减轻

承包商的实力越强，市场占有率越高，抵御风险的能力也就越强，一旦出现风险，其造成的影响就相对显得小些。如承包商承担一个项目，出现风险会使承包商难以承受；若承包若干个工程，其中一旦在某个项目上出现了风险损失，还可以有其他项目的成功加以弥补。这样，承包商的风险压力就会减轻。

在分包合同中，通常要求分包商接受建设单位合同文件中的各项合同条款，使分包商分担一部分风险。有的承包商直接把风险比较大的部分分包出去，将建设单位规定的误期损失赔偿费如数订入分包合同，将这项风险分散。

3. 风险转移

风险转移是指承包商不能回避风险的情况下，将自身面临的风险转移给其他主体来承担。风险转移一般指对分包商和保险机构。

(1)转移给分包商。工程风险中的很大一部分可以分散给若干分包商和生产要素供应商。例如：对待业主拖欠工程款的风险，可以在分包合同中规定在业主支付给总包后若干日内向分包方支付工程款。

承包商在项目中投入的资源越少越好，以便一旦遇到风险，可以进退自如。可以租赁或指令分包商自带设备等措施来减少自身资金、设备沉淀。

(2)工程保险。购买保险是一种非常有效的转移风险的手段，将自身面临的风险很大一部分转移给保险公司来承担。

工程保险是指业主和承包商为了工程项目的顺利实施，向保险人(公司)支付保险费，保险人根据合同约定对在工程建设中可能产生的财产和人身伤害承担赔偿保险金责任。

(3)工程担保。工程担保是指担保人(一般为银行、担保公司、保险公司以及其他金融机构、商业团体或个人)应工程合同一方(申请人)的要求向另一方(债权人)作出的书面承诺。工程担保是工程风险转移的一项重要措施，它能有效地保障工程建设的顺利进行。许多国家政府都在法规中规定要求进行工程担保，在标准合同中也含有关于工程担保的条款。

小提示

> 风险的转移并不是在转嫁损失，有对于承包商无法控制的一些风险因素，其他主体则可以控制。

4. 风险自留

风险自留是指承包商将风险留给自己承担，不予转移。这种手段有时是无意识的，即当初并不曾预测的，不曾有意识地采取种种有效措施，以致最后只好自己承受；但有时也可以是主动的，即经营者有意识、有计划地将若干风险主动留给自己。

决定风险自留必须符合以下任一条件。

（1）自留费用低于保险公司所收取的费用。

（2）企业的期望损失低于保险人的估计。

（3）企业有较多的风险单位，且企业有能力准确地预测其损失。

（4）企业的最大潜在损失或最大期望损失较小。

（5）短期内企业有承受最大潜在损失或最大期望损失的经济能力。

（6）风险管理目标可以承受年度损失的重大差异。

（7）费用和损失支付分布于很长的时间里，因而导致很大的机会成本。

（8）投资机会很好。

（9）内部服务或非保险人服务优良。

如果实际情况与以上条件相反，则应放弃风险自留的决策。

六、风险控制

在整个工程建设风险控制过程中，应收集和分析与项目风险相关的各种信息，获取风险信号，预测未来的风险并提出预警，纳入项目进展报告。同时还应对可能出现的风险因素进行监控，根据需要制订风险应急计划。

1. 风险预警

要做好工程建设项目过程中的风险管理，就要建立完善的项目风险预警系统，通过跟踪项目风险因素的变动趋势，测评风险所处状态，尽早地发出预警信号，及时向业主、项目监管方和施工方发出警报，为决策者掌握和控制风险争取更多的时间，尽早采取有效措施防范和化解项目风险。

在工程建设项目过程中，捕捉风险前奏的信号途径包括天气预测警报；股票信息；各种市场行情、价格动态；政治形势和外交动态；各投资者企业状况报告；在工程中通过工期和进度的跟踪、成本的跟踪分析、合同监督、各种质量监控报告、现场情况报告等手段，了解工程风险；在工程的实施状况报告中应包括风险状况报告。

2. 风险监控

在工程建设项目推进过程中，各种风险在性质和数量上都是在不断变化的，有可能会增大或者减小。因此，在项目整个生命周期中，需要时刻监控风险的发展与变化情况，并确定随着某些风险的消失而带来的新的风险。

风险监控常用的方法主要有风险审计、偏差分析和技术指标三种。

（1）风险审计。专人检查监控机制是否得到执行，并定期做风险审核。例如在大的阶段点重新识别风险并进行分析，对没有预计到的风险制订新的应对计划。

（2）偏差分析。与基准计划比较，分析成本和时间上的偏差。例如，未能按期完工、超出预算等都是潜在的问题。

（3）技术指标。比较原定技术指标和实际技术指标的差异。例如，测试未能达到性能要求，缺陷数大大超过预期等。

3. 风险应急计划

在工程建设项目实施过程中必然会遇到大量未曾预料到的风险因素，或风险因素的后果比已预料的更严重，使事先编制的计划不能奏效，所以，必须重新研究应对措施，即编制附加的风险应急计划。

风险应急计划应当清楚地说明当发生风险事件时要采取的措施，以便可以快速有效地对这些事件做出响应。

风险应急计划的内容如下。

(1)应急预案的目标。

(2)参考文献。

(3)适用范围。

(4)组织情况说明。

(5)风险定义及其控制目标。

(6)组织职能(职责)。

(7)应急工作流程及其控制。

(8)培训。

(9)演练计划。

(10)演练总结报告。

真题解读

根据《标准施工招标文件》中的通用合同条款，在工程整个施工期间应为其现场雇佣的全部人员投保人身意外伤害险并缴纳保险费的投保人是(　　)。(2022年全国监理工程师职业资格考试真题)

A. 发包人和设计人　　B. 承包人和分包人　　C. 发包人和监理人　　D. 发包人和承包人

【精析】根据《标准施工招标文件》，承包人应在整个施工期间为其现场机构雇佣的全部人员，投保人身意外伤害险，缴纳保险费，并要求其分包人也进行此项保险。发包人应在整个施工期间为其现场机构雇佣的全部人员，投保人身意外伤害险，缴纳保险费，并要求其监理人也进行此项保险。

任务二　工程保险与保险合同管理

任务导读

由于工程安全事关国计民生，许多国家对工程险有强制性投保的规定，我国目前施工单位职工的意外伤害险是强制险，健全的工程保险合同管理是市场秩序的保障体系。

任务目标

1. 了解保险的概念及工程建设设计的主要险种，熟悉保险合同的概念及类型。
2. 掌握保险决策、保险合同的履行、保险索赔的流程。

知识准备

一、保险的概念及工程建设涉及的主要险种

保险是指投保人根据合同约定，向保险人支付保险费，保险人对于合同约定的可能发

生的事故因其发生所造成的财产损失承担赔偿保险金责任，或者当被保险人死亡、伤残、疾病或者达到合同约定的年龄、期限时承担给付保险金责任的商业行为。保险是一种受法律保护的分散危险、消化损失的法律制度。保险的目的是分散危险，因此，危险的存在是保险产生的前提。保险制度上的危险是一种损失发生的不确定性，其表现为发生与否的不确定性、发生时间的不确定性及发生后果的不确定性。

工程建设由于涉及的法律关系较为复杂，风险的种类也较多，因此，工程建设涉及的险种也较多，主要包括建筑工程一切险(及第三者责任险)、安装工程一切险(及第三者责任险)、机器损坏险、机动车辆险、施工企业职工意外伤害险、货物运输险等。但狭义的工程险则是针对工程的保险，只有建筑工程一切险(及第三者责任险)和安装工程一切险(及第三者责任险)，其他险种并非专门针对工程的保险。

1. 建筑工程一切险(及第三者责任险)

建筑工程一切险是承保各类民用、工业和公用事业建筑工程项目，包括道路、桥梁、水坝、港口等，在建造过程中因自然灾害或意外事故而引起的一切损失的险种。因在建工程抗灾能力差，危险程度高，一旦发生损失，不仅会对工程本身造成巨大的物质财富损失，甚至可能殃及邻近人员与财物。因此，建筑工程一切险作为转移工程风险的重要措施，也是取得经济保障的有效手段，受到广大工程业主、承包商、分包商等工程有关人士的青睐。随着各种新建、扩建、改建工程项目日益增多，为与之相适应，需要更多全方位、多层次、高水平的工程保险服务，许多保险公司已经开设了这一保险。

建筑工程一切险往往还加保第三者责任险。第三者责任险是指凡工程期间的保险有效期内因工地上发生意外事故造成工地及邻近地区的第三者人身伤亡或财产损失，依法应由被保险人承担的经济赔偿责任，以及因此而支付的诉讼费用和经保险人书面同意支付的其他费用。

在国外，建筑工程一切险的投保人一般是承包商。如有的施工合同条件要求，承包商以承包商和业主的共同名义对工程及其材料、配套设备装置投保保险。住房和城乡建设部、国家工商行政管理总局发布的《建设工程施工合同(示范文本)》(GF—2017—0201)规定，发包人应当为建筑工程办理保险，支付保险费用。因此，在采用《建设工程施工合同(示范文本)》(GF—2017—0201)时，应当由发包人投保建筑工程一切险。

建筑工程一切险的被保险人范围较宽，所有在工程进行期间，对该项工程承担一定风险的有关各方(具有可保利益的各方)，均可作为被保险人。如果被保险人不止一家，则各家接受赔偿的权利以不超过其对保险标的的可保利益为限。被保险人具体包括业主或工程所有人；承包商或者分包商；技术顾问，包括业主聘用的建筑师、工程师及其他专业顾问。

保险人对自然事件及意外事故造成的损失和费用负责赔偿，自然事件指地震、海啸、雷电、飓风、台风、龙卷风、风暴、暴雨、洪水、水灾、冻灾、冰雹、地崩、山崩、雪崩、火山爆发、地面下陷下沉及其他人力不可抗拒的破坏力强大的自然现象；意外事故指不可预料的，以及被保险人无法控制并造成物质损失或人身伤亡的突发性事件，包括火灾和爆炸。对于设计错误引起的损失和费用；自然磨损、内在或潜在缺陷、物质本身变化、自燃、自热、氧化、锈蚀、渗漏、鼠咬、虫蛀、大气(气候或气温)变化、正常水位变化或其他渐变原因造成的保险财产自身的损失和费用；因原材料缺陷或工艺不善引起的保险财产本身的损失，以及为换置、修理或矫正这些缺点、错误所支付的费用；非外力引起的机械或电气装置的本身损失，或施工用机具、设备、机械装置失灵造成的本身损失；维修保养或正常检修的费用；档案、文件、账簿、票据、现金、各种有价证券、图表资料及包装物料的损失；盘点时发现的短缺；领有公共运输行驶执照的，或已由其他保险予以保障的车辆、船舶和飞机的损失，保险人均不负责赔偿。另外，除非另有约定，在保险工程开始以前已经存在或形成的位于工地范围内或其周围的属于被保险人的财产的损失或在本保险单保险期限终止以前，保险财产中已由工程所有人签发完工验收证书或验收合格或实际占有或使用或接受的部分，保险人也不负责赔偿。

保险人对每次事故引起的赔偿金额以法院或政府有关部门根据现行法律裁定的应由被保险人偿付的金额为准，但在任何情况下，均不得超过保险单明细表中对应列明的每次事故赔偿限额。在保险期限内，保险人经济赔偿的最高赔偿责任不得超过本保险单明细表中列明的累计赔偿限额。

建筑工程一切险的保险责任自保险工程在工地动工或用于保险工程的材料、设备运抵工地之时起始，至工程所有人对部分或全部工程签发完工验收证书或验收合格，或工程所有人实际占用或使用或接受该部分或全部工程之时终止，以先发生者为准。但在任何情况下，保险人承担损害赔偿义务的期限不超过保险单明细表中列明的建筑期保险终止日。

2. 安装工程一切险（及第三者责任险）

安装工程一切险是承保安装机器、设备、储油罐、钢结构工程、起重机、吊车，以及包含机械工程因素的各种建造工程的险种。由于科学技术日益进步，现代工业的机器设备已进入电子计算机操纵的时代，工艺精密、构造复杂，技术高度密集、价格很高。在安装、调试机器设备的过程中遇到自然灾害和意外事故的发生都会造成巨大的经济损失。传统的财产保险适应不了现代安装工程的需要。因此，在保险市场上逐渐发展成一种保障广泛、专业性强的综合性险种——安装工程一切险，以保障机器设备在安装、调试过程中，被保险人可能遭受的损失能够得到经济补偿。

安装工程一切险往往还加保第三者责任险。安装工程一切险的第三者责任险负责被保险人在保险期限内，因发生意外事故，造成在工地及邻近地区的第三者人身伤亡、疾病或财产损失，依法应由被保险人赔偿的经济损失，以及因此而支付的诉讼费用和经保险人书面同意支付的其他费用。

保险人对自然事件及意外事故造成的损失和费用负责赔偿。对于因设计错误、铸造或原材料缺陷或工艺不善引起的保险财产本身的损失以及为换置、修理或矫正这些缺点、错误所支付的费用；由于超负荷、超电压、碰线、电弧、漏电、短路、大气放电及其他电气原因造成电气设备或电气用具本身的损失；施工用机具、设备、机械装置失灵造成的本身损失；自然磨损、内在或潜在缺陷、物质本身变化、自燃、自热、氧化、锈蚀、渗漏、鼠咬、虫蛀、大气(气候或气温)变化、正常水位变化或其他渐变原因造成的保险财产自身的损失和费用；维修保养或正常检修的费用；档案、文件、账簿、票据、现金、各种有价证券、图表资料及包装物料的损失；盘点时发现的短缺；领有公共运输行驶执照的，或已由其他保险予以保障的车辆、船舶和飞机的损失，保险人不负责赔偿。另外，除非另有约定，在保险工程开始以前已经存在或形成的位于工地范围内或其周围的属于被保险人的财产的损失及在保险期限终止以前，保险财产中已由工程所有人签发完工验收证书或验收合格或实际占有或使用或接受的部分，保险人也不负责赔偿。

安装工程一切险的保险期限，通常应以整个工期为保险期限。一般是从被保险项目被卸至施工地点时起生效到工程预计竣工验收交付使用之日止。如果验收完毕先于保险单列明的终止日，则验收完毕时，保险期也随之终止。

3. 施工企业职工意外伤害险

《建筑法》规定，建筑施工企业必须为从事危险作业的职工办理意外伤害保险，支付保险费。《建设工程安全生产管理条例》进一步规定，施工单位应当为施工现场从事危险作业的人员办理意外伤害保险。意外伤害保险费由施工单位支付。实行施工总承包的，由总承包单位支付意外伤害保险费。意外伤害保险期限自建设工程开工之日起至竣工验收合格止。

保险期限应涵盖工程项目开工之日到工程竣工验收合格日。提前竣工的，保险责任自行终止。因故延长工期的，应当办理保险顺延手续。

二、保险合同的概念及类型

1. 概念

保险合同是指投保人与保险人约定保险权利义务关系的协议。投保人是指与保险人订立保险合同，并按照保险合同负有支付保险费义务的人。保险人是指与投保人订立保险合同，并承担赔偿或者给付保险金责任的保险公司。

保险合同在履行中还会涉及被保险人和受益人的概念。被保险人是指其财产或者人身受保险合同保障，享有保险金请求权的人，投保人可以为被保险人。受益人是指人身保险合同中由被保险人或者投保人指定的享有保险金请求权的人，投保人、被保险人可以为受益人。

2. 类型

保险合同一般是以保险单的形式订立的，包括财产保险合同及人身保险合同。

财产保险合同是以财产及其有关利益为保险标的的保险合同。在财产保险合同中，保险合同的转让应当通知保险人，经保险人同意继续承保后，依法转让合同。在合同的有效期内，保险标的的危险程度增加的，被保险人按照合同约定应当及时通知保险人，保险人有权要求增加保险费或者变更保险合同。建筑工程一切险和安装工程一切险即为财产保险合同。

人身保险合同是以人的寿命和身体为保险标的的保险合同。投保人应向保险人如实申报被保险人的年龄、身体状况。投保人于合同成立后，可以向保险人一次支付全部保险费，也可以按照合同规定分期支付保险费。人身保险的受益人由被保险人或者投保人指定。保险人对人身保险的保险费，不得用诉讼方式要求投保人支付。

三、保险决策

保险决策主要表现在两个方面，即是否投保和选择保险人。

工程建设的风险，可以自留也可以转移。在进行这一决策时，需要考虑期望损失与风险概率、机会成本、费用等因素。例如：期望损失与风险发生的概率高，则尽量避免风险自留。如果机会成本高，则可以考虑风险自留。当决定将工程建设的风险进行转移后，还需要决策是否投保。风险转移的方法包括保险风险转移和非保险风险转移。非保险风险转移是指通过各种合同将本应由自己承担的风险转移给他人，例如设备租赁、房屋出租等。保险风险转移是指通过购买保险的办法将风险转移给保险公司或者其他保险机构。在许多国家，强制规定承包商必须投保建筑工程一切险（包括第三者责任险）、安装工程一切险（包括第三者责任险）。在这些国家对于必须要求保险的险种，建设工程的主体是没有投保决策问题的。但是，在没有强制性保险规定的国家或者针对没有强制性保险规定的险种，则存在投保决策的问题。当一个项目的风险无法回避，风险自留的损失高于保险的成本时，应当进行投保。在比较风险自留的损失和保险的成本时，可以采用定量的计算方法。

在进行选择保险人决策时，一般至少应当考虑安全、服务、成本这三项因素。安全是指保险人在需要履行承诺时的赔付能力。保险人的安全性取决于保险人的信誉、承保业务的大小、盈利能力、再保险机制等。保险人的服务也是一项必须考虑的因素，在工程保险中，好的服务能够减少损失、公平合理地得到索赔。决定保险成本的主要因素则是保险费率，当然也要考虑到资金的时间价值。在进行决策时应当选择安全性高、服务质量好、保险成本低的保险人。

四、保险合同的履行

保险合同订立后，当事人双方必须严格地、全面地按保险合同订立的条款履行各自的义务。在订立保险合同前，当事人双方均应履行告知义务。即保险人应将办理保险的有关事项告知投保人；投保人应当按照保险人的要求，将主要危险情况告知保险人。在保险合同订立后，投保人应按照约定期限，交纳保险费，应遵守有关消防、安全、生产操作和劳动保护方面的法规及规定。保险人可以对被保险财产的安全情况进行检查，如发现不安全因素，应及时向投保人提出清除不安全因素的建议。在保险事故发生后，投保人有责任采取一切措施，避免扩大损失，并将保险事故发生的情况及时通知保险人。保险人对保险事故所造成的保险标的损失或者引起的责任，应当按照保险合同的规定履行赔偿或给付责任。

对于保险标的损坏的，保险人可以选择赔偿或者修理。如果选择赔偿，保险事故发生后，保险人已支付了全部保险金额，并且保险金额相等于保险价值，则受损保险标的的全部权利归于保险人；保险金额低于保险价值的，保险人按照保险金额与保险时此保险标的的的价值取得保险标的的的部分权利。

五、保险索赔

对于投保人而言，保险的根本目的是发生灾难事件时能够得到补偿，而这一目的必须通过索赔实现。

工程投保人在进行保险索赔时，必须提供必要的、有效的证据作为索赔的依据。证据应当能够证明索赔对象及索赔人的索赔资格，证明索赔能够成立且属于保险人的保险责任。这就要求投保人在日常的管理中注意证据的收集和保存；当保险事件发生后更应注意证据收集，有时还需要有关部门的证明。索赔的证据包括保单、建设工程合同、事故照片、鉴定报告、保单中规定的证明文件。

投保人应当及时提出保险索赔，这不仅与索赔的成功与否有关，而且与索赔是否能够获得补偿和索赔的难易有关。因为资金有时间价值，如果保险事件发生后很长时间才取得索赔，即使是全额赔偿也不足以补偿自己的全部损失。时间一长，不论是索赔人的取证还是保险人的理赔都会增加很大的难度。

要计算损失大小。如果保险单上载明的保险财产全部损失，则应当按照全损进行保险索赔。如果财产虽然没有全部毁损或者灭失，但其损坏程度已经达到无法修理，或者虽然能够修理但修理费将超过赔偿金额，都应当按照全损进行索赔。如果保险单上载明的保险财产没有全部损失，则应当按照部分损失进行保险索赔。如果一个建设项目同时由多家保险公司承保，则只能按照约定的比例分别向不同的保险公司提出索赔要求。

1. 对于投保建筑工程一切险的工程，下列属于保险人应负责赔偿的损失的是( )。(2023年全国监理工程师职业资格考试真题)

A. 因设计错误引起的工程损失　　　　B. 因原材料缺陷造成的工程损失

C. 因地面下陷下沉造成的工程　　　　D. 非外力原因引起的机械装置损坏

【精析】建筑工程一切险保险人的赔偿范围包括：①不可预料及无法控制的意外事故，如爆炸、火灾等；②人力不可抗拒的、破坏力较强的自然灾害，如地震、台风、海啸、洪水、雪崩、地面下沉下陷等。

2. 美国建筑师学会(AIA)制定的风险型CM合同模式，采用的计价方式是( )。(2023年全国监理工程师职业资格考试真题)

A. 成本加酬金　　B. 固定单价　　　C. 变动总价　　　D. 可调总价

【精析】美国建筑师学会(AIA)制定的风险型CM合同的计价方式是成本加酬金，成本部分由业主承担，约定的酬金由CM承包商获取。

3. 安装工程一切险通常以( )为保险期限。(2021年全国监理工程师职业资格考试真题)

A. 整个工期　　　　　　　B. 设备生产至安全完成期间

C. 工程全寿命期　　　　　D. 施工安全合同有限期限

【精析】安装工程的保险期限自保险工程在工地动工和用于保险工程的材料、设备运抵工地之时起至工程所有人对部分或全部工程签发完工验收证书或验收合格，或工程所有人实际占有或使用接受该部分或全部工程之时终止，即整个工期。

➤ 项目小结

本项目主要介绍了风险与责任的分担，风险识别，风险分析，风险评估，风险响应，风险控制，保险的概念，工程建设涉及的主要险种，保险合同的概念、类型，保险决策，保险合同的履行，保险索赔等内容。通过本项目的学习，学生可以对工程合同风险与保险管理有一定的认识，能在工作中正确进行工程合同风险与保险管理。

➤ 课后练习

1. 简述建设工程项目风险的分类。
2. 建筑工程项目承包合同中有关合同风险的类型主要有哪几种？
3. 风险识别的方法有哪些？
4. 简述风险评估指标。
5. 工程建设涉及的主要险种有哪些？
6. 保险合同的类型有哪些？

参 考 文 献

[1] 方俊，胡向真. 工程合同管理 [M]. 2版. 北京：北京大学出版社，2023.

[2] 刘庭江. 建设工程合同管理[M]. 北京：北京大学出版社，2013.

[3] 王瑞玲，吴耀兴. 工程招投标与合同管理[M]. 北京：中国电力出版社，2011.

[4] 龚小兰. 工程招标投标与合同管理案例教程[M]. 北京：化学工业出版社，2009.

[5] 孙占红. 工程项目招标投标与合同管理[M]. 武汉：华中科技大学出版社，2012.

[6] 杨春香，李伙穆. 工程招标投标与合同管理[M]. 北京：中国计划出版社，2010.

[7] 丁晓欣，宿辉. 建设工程合同管理[M]. 北京：清华大学出版社，2015.

[8] 董巍. 建设工程合同管理[M]. 北京：中国电力出版社，2014.

[9] 宋春岩. 建设工程招投标与合同管理[M]. 3版. 北京：北京大学出版社，2014.